JN111666

EXAM PRESS®
施工管理技術検定学習書

出るとこだけ！

建築土木
教科書

1級
土木施工
管理技士 第一次検定

保坂成司 著

SE
SHOEISHA

本書内容に関するお問い合わせについて

このたびは翔泳社の書籍をお買い上げいただき、誠にありがとうございます。弊社では、読者の皆様からのお問い合わせに適切に対応させていただくため、以下のガイドラインへのご協力をお願い致しております。下記項目をお読みいただき、手順に従ってお問い合わせください。

●ご質問される前に
弊社 Web サイトの「正誤表」をご参照ください。これまでに判明した正誤や追加情報を掲載しています。

    正誤表　https://www.shoeisha.co.jp/book/errata/

●ご質問方法
弊社 Web サイトの「書籍に関するお問い合わせ」をご利用ください。

    書籍に関するお問い合わせ　https://www.shoeisha.co.jp/book/qa/

インターネットをご利用でない場合は、FAX または郵便にて、下記"翔泳社 愛読者サービスセンター"までお問い合わせください。
電話でのご質問は、お受けしておりません。

●回答について
回答は、ご質問いただいた手段によってご返事申し上げます。ご質問の内容によっては、回答に数日ないしはそれ以上の期間を要する場合があります。

●ご質問に際してのご注意
本書の対象を越えるもの、記述個所を特定されないもの、また読者固有の環境に起因するご質問等にはお答えできませんので、予めご了承ください。

●郵便物送付先および FAX 番号
送付先住所　〒 160-0006　東京都新宿区舟町 5
FAX 番号　　03-5362-3818
宛先　　　　（株）翔泳社 愛読者サービスセンター

はじめに

　建設業法等の一部改正により，令和3年度から1級土木施工技術検定第一次検定の合格者に対し「1級土木施工管理技士補」，第二次検定合格者に対し「1級土木施工管理技士」の称号が与えられることになりました。また，1級土木施工管理技士補は，監理技術者補佐として現場に従事できるため，第一次検定合格がキャリアアップに繋がることとなりました。

　本書は，過去10年くらいの1級土木施工管理技術検定第一次検定（学科試験）において，よく出題されている選択肢やキーワード，また出題回数は少ないものの，今後出題されそうな選択肢やキーワードについてまとめた要点集です。

　本書は，ある程度学習が進んだ方の利用を想定して作成していますので，過去問を過去3年分くらい，出来れば5年分くらい解いたあとに本書を読むことで，知識の整理や定着，以降の学習を効率的に進める助けになると思います。特に過去10年間で3回以上出題された選択肢については，「よく出る」のマークが付けてありますので，重点的に覚えてください。

　また，B問題の設計図の読図はほぼ隔年で出題されていますが，1級を受検する方であれば，設計図を読めない方は少ないと考え，本書では省略しています。

　合格ラインは全体で6割，かつ施工管理法で6割です。毎日の忙しい業務の中で試験対策を行うことは大変ですが，スキマ時間に本書を手に取られ，知識の定着を図り，効率的に合格を勝ち取ることを願っています。また第一次検定合格後も，第二次検定対策用として，また現場でのポケットブックとして役立てて頂けましたら幸いです。

2023年2月

日本大学教授　保坂成司

試験について

　1級土木施工管理技術検定試験とは、国土交通大臣指定機関による国家試験であり、建設業法第27条第1項に基づきます。合格者には「1級 土木施工管理技士」の称号が付与され、建設業法で定められた専任技術者、建設工事の現場に置く主任技術者及び監理技術者としての資格を得ることができます。

　なお、令和3年度の制度改正から新たに「施工管理技士補」の称号が追加され、第一次検定に合格すると「1級土木施工管理技士補」の称号が付与されるようになりました。

●試験の概要

受験資格	最終学歴および卒業した学科によって、必要な実務経験年数が異なる。また、規程の職業訓練を修了している場合、必要な実務経験年数に算入することができる
試験申込期間	第一次検定・第二次検定ともに3月中旬〜3月下旬
受験票送付	第一次検定：6月中旬 第二次検定：9月中旬
試験日	第一次検定：7月上旬 第二次検定：10月上旬
合格発表	第一次検定：8月上旬 第二次検定：翌年1月上旬
受験料	第一次検定、第二次検定それぞれにつき10,500円
受験地	全国（13地区）

●第一次検定の試験内容

検定科目と出題形式	解答はすべて四肢択一・マークシート方式 科目：土木工学等・施工管理法・法規
試験時間	入室時刻　9:45まで ●午前（試験問題A） 受検に関する説明　9:45〜10:00 試験時間　10:00〜12:30

試験時間	●午後（試験問題 B） 受検に関する説明　13:35 ～ 13:45 試験時間　13:45 ～ 15:45
問題数	●試験問題 A 問題番号 No.1 ～ No.15 までの 15 問題のうちから 12 問題を選択 問題番号 No.16 ～ No.49 までの 34 問題のうちから 10 問題を選択 問題番号 No.50 ～ No.61 までの 12 問題のうちから 8 問題を選択 ●試験問題 B 問題番号 No.1 ～ No.35 まですべて必須問題 ※過去問より
合格基準	全体の得点が 60%以上かつ検定科目（施工管理法（応用能力）） の得点が 60%以上

●第二次検定の試験内容

検定科目と 出題形式	解答は記述式 科目：施工管理法
試験時間	入室時刻　13:00 まで 受検に関する説明　13:00 ～ 13:15 試験時間　13:15 ～ 16:00
問題数	必須問題が 3 問。 選択問題は以下のそれぞれの問題において 2 問ずつ選択。 選択問題（1）（問題 4 ～問題 7） 選択問題（2）（問題 8 ～問題 11） ※過去問より
合格基準	得点が 60%以上

●問合せ先

　以上の情報は、本書執筆時のものです。検定に関する詳細・最新情報は、下記の試験運営団体のホームページを必ず確認するようにしてください。

一般財団法人　全国建設研修センター

https://www.jctc.jp/exam/doboku-1
試験業務局　TEL:042-300-6860

本書の使い方

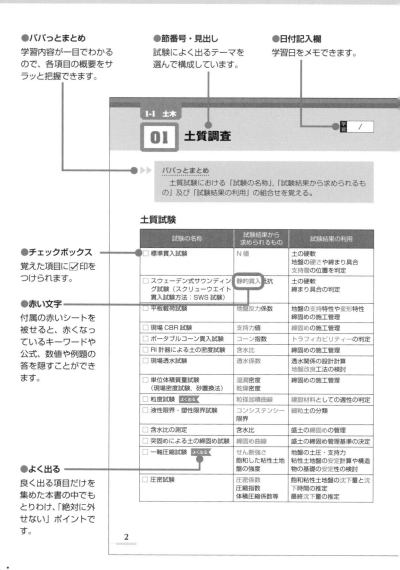

●パパっとまとめ
学習内容が一目でわかるので、各項目の概要をサラッと把握できます。

●節番号・見出し
試験によく出るテーマを選んで構成しています。

●日付記入欄
学習日をメモできます。

1-1 土木

学習 /

01 土質調査

▶▶ パパっとまとめ
　土質試験における「試験の名称」、「試験結果から求められるもの」及び「試験結果の利用」の組合せを覚える。

土質試験

試験の名称	試験結果から求められるもの	試験結果の利用
□ 標準貫入試験	N 値	土の硬軟 地盤の硬さや締まり具合 支持層の位置を判定
□ スウェーデン式サウンディング試験（スクリューウエイト貫入試験方法：SWS 試験）	静的貫入抵抗	土の硬軟 締まり具合の判定
□ 平板載荷試験	地盤反力係数	地盤の支持特性や変形特性 締固めの施工管理
□ 現場 CBR 試験	支持力値	締固めの施工管理
□ ポータブルコーン貫入試験	コーン指数	トラフィカビリティーの判定
□ RI 計器による土の密度試験	含水比	締固めの施工管理
□ 現場透水試験	透水係数	透水関係の設計計算 地盤改良工法の検討
□ 単位体積質量試験 （現場密度試験、砂置換法）	湿潤密度 乾燥密度	締固めの施工管理
□ 粒度試験 **よく出る**	粒径加積曲線	建設材料としての適性の判定
□ 液性限界・塑性限界試験	コンシステンシー限界	細粒土の分類
□ 含水比の測定	含水比	盛土の締固めの管理
□ 突固めによる土の締固め試験	締固め曲線	盛土の締固め管理基準の決定
□ 一軸圧縮試験 **よく出る**	せん断強さ 飽和した粘性土地盤の強度	地盤の土圧・支持力 粘性土地盤の安定性や構造物の基礎の安定性の検討
□ 圧密試験	圧密係数 圧縮指数 体積圧縮係数等	飽和粘性土地盤の沈下量と沈下時間の推定 最終沈下量の推定

●チェックボックス
覚えた項目に☑印をつけられます。

●赤い文字
付属の赤いシートを被せると、赤くなっているキーワードや公式、数値や例題の答を隠すことができます。

●よく出る
良く出る項目だけを集めた本書の中でもとりわけ、「絶対に外せない」ポイントです。

2

●過去問題番号
この問題の場合、
令和 4 年度 問題 A【No.1】の改題
という意味になります。

●例題
過去の試験問題から、テーマに添った問題を掲載しています。内容に変更を加えた場合は「改題」と記載しています。
※例題は一部表現を変更している場合があります。

●章タイトル
学習分野が一目でわかります。

土質調査・試験結果資料からわかる土の性質

□ 粒度試験の粒径加積曲線において、粒径が広い範囲にわたって分布する特性を有するものを締固め特性が良い土として用いられる。

□ 粒径加積曲線において、曲線の立っているような土は粒径の範囲が狭く、粒径の均一な土で、締固め特性の悪い土として判断される。

□ 土粒子の密度は、2.30〜2.75g/cm^3 の間にあるものが多く、あまり変動の大きいものはないが、2.5g/cm^3 以下のものは有機物を含んでいる。

□ N 値は、盛土の基礎地盤を評価する上で有益な指標であるが、砂質土で N 値 30 以上では非常に密な地盤判定に分類される。

□ 自然含水比は、一般に粗粒なほど小さく細粒になるにつれて大きくなり、粘性土では沈下と安定の傾向を推定することができる。

□ 土のコンシステンシーは、含水比に左右され、かたい、やわらかい、もろいなどの言葉で表される。

1
土木一般

例題

R4【A-No. 1 改題】

土質試験における「試験の名称」、「試験結果から求められるもの」及び「試験結果の利用」の組合せとして、次のうち**適当なもの**はどれか。

[試験の名称]	[試験結果から求められるもの]	[試験結果の利用]
(1) 土の液性限界・塑性限界試験	コンシステンシー限界	地盤の沈下量の推定
(2) 突固めによる土の締固め試験	締固め曲線	盛土の締固め管理基準の決定
(3) 土の一軸圧縮試験	最大圧縮応力	基礎工の施工法の決定

解答 2
解説 1 の土の液性限界・塑性限界試験によりコンシステンシー特性が得られ、細粒土の分類に用いられる。2 は組合せの通りである。3 の土の一軸圧縮試験からは一軸圧縮強さからせん断強さが求められ、試験結果は粘性土地盤の安定計算や構造物の基礎の安定性の検討に用いられる。

3

目 次

1

第 1 章

土木一般

01 土質調査

> **パパっとまとめ**
>
> 土質試験における「試験の名称」,「試験結果から求められるもの」及び「試験結果の利用」の組合せを覚える。

土質試験

試験の名称	試験結果から求められるもの	試験結果の利用
□ 標準貫入試験	N 値	土の硬軟 地盤の硬さや締まり具合 支持層の位置を判定
□ スウェーデン式サウンディング試験（スクリューウエイト貫入試験方法：SWS 試験）	静的貫入抵抗	土の硬軟 締まり具合の判定
□ 平板載荷試験	地盤反力係数	地盤の支持特性や変形特性 締固めの施工管理
□ 現場 CBR 試験	支持力値	締固めの施工管理
□ ポータブルコーン貫入試験	コーン指数	トラフィカビリティーの判定
□ RI 計器による土の密度試験	含水比	締固めの施工管理
□ 現場透水試験	透水係数	透水関係の設計計算 地盤改良工法の検討
□ 単位体積質量試験（現場密度試験，砂置換法）	湿潤密度 乾燥密度	締固めの施工管理
□ 粒度試験 よく出る	粒径加積曲線	建設材料としての適性の判定
□ 液性限界・塑性限界試験	コンシステンシー限界	細粒土の分類
□ 含水比の測定	含水比	盛土の締固めの管理
□ 突固めによる土の締固め試験	締固め曲線	盛土の締固め管理基準の決定
□ 一軸圧縮試験 よく出る	せん断強さ 飽和した粘性土地盤の強度	地盤の土圧・支持力 粘性土地盤の安定計算や構造物の基礎の安定性の検討
□ 圧密試験	圧密係数 圧縮指数 体積圧縮係数等	飽和粘性土地盤の沈下量と沈下時間の推定 最終沈下量の推定

土質調査・試験結果資料からわかる土の性質

☐ 粒度試験の粒径加積曲線において，粒径が広い範囲にわたって分布する特性を有するものを締固め特性が良い土として用いられる。

☐ 粒径加積曲線において，曲線の立っているような土は粒径の範囲が狭く，粒径の均一な土で，締固め特性の悪い土として判断される。

☐ 土粒子の密度は，2.30〜2.75g/cm³ の間にあるものが多く，あまり変動の大きいものはないが，2.5g/cm³ 以下のものは有機物を含んでいる。

☐ N値は，盛土の基礎地盤を評価する上で有益な指標であるが，砂質土でN値30以上では非常に密な地盤判定に分類される。

☐ 自然含水比は，一般に粗粒なほど小さく細粒になるにつれて大きくなり，粘性土では沈下と安定の傾向を推定することができる。

☐ 土のコンシステンシーは，含水比に左右され，かたい，やわらかい，もろいなどの言葉で表される。

例題
R4【A-No. 1 改題】

土質試験における「試験の名称」，「試験結果から求められるもの」及び「試験結果の利用」の組合せとして，次のうち**適当なもの**はどれか。

[試験の名称]	[試験結果から求められるもの]	[試験結果の利用]
(1) 土の液性限界・塑性限界試験	コンシステンシー限界	地盤の沈下量の推定
(2) 突固めによる土の締固め試験	締固め曲線	盛土の締固め管理基準の決定
(3) 土の一軸圧縮試験	最大圧縮応力	基礎工の施工法の決定

解答 2

解説 1の土の液性限界・塑性限界試験によりコンシステンシー特性が得られ，細粒土の分類に用いられる。2は組合せの通りである。3の土の一軸圧縮試験からは一軸圧縮強さからせん断強さが求められ，試験結果は粘性土地盤の安定計算や構造物の基礎の安定性の検討に用いられる。

02 土量の変化率

▶▶ **パパっとまとめ**
土量の変化率の計算方法とその利用方法を覚える。

土量の変化率

土量の変化率 L（ほぐし率）及び変化率 C（締固め率）は、以下の式により定義され、それぞれの変化率は以下の計画に用いられる。

□ 変化率 $L = \dfrac{\text{ほぐした土量}（m^3）}{\text{地山土量}（m^3）}$ …… 土の運搬計画 **よく出る**

□ 変化率 $C = \dfrac{\text{締固めた土量}（m^3）}{\text{地山土量}（m^3）}$ …… 土の配分計画 **よく出る**

地山土量：地山の状態の土量、ほぐした土量：掘削されほぐされた状態の土量、締固めた土量：締め固められた状態の土量

□ 土量の変化率は、実際の土工の結果から推定するのが最も的確な決め方で類似現場の実績の値を活用できる。 **よく出る**

□ 土の掘削・運搬中の損失及び基礎地盤の沈下による盛土量の増加は、原則として変化率に含まない。 **よく出る**

例題

H30【A-No. 2 改題】

土工における土量の変化率に関する次の記述のうち、**適当でないも**のはどれか。

(1) 土量の変化率 C は、土工の配分計画を立てる上で重要であり、地山の土量をほぐした土量の体積比を測定して求める。

(2) 土の掘削・運搬中の土量の損失及び基礎地盤の沈下による盛土量の増加は、原則として変化率に含まれない。

(3) 土量の変化率は、実際の土工の結果から推定するのが最も的確な決め方で類似現場の実績の値を活用できる。

解答 1

解説 土量の変化率 C は、地山を締め固めた際の土量の変化率である。

03 盛土材料，盛土の施工，情報化施工

▶▶ パパっとまとめ

盛土材料，盛土の施工について理解しておく。情報化施工については，第5章施工管理，5-4品質管理，05盛土の締固めの品質管理（情報化施工）も併せて読んでおく。

盛土材料

☐ 試験施工と同じ土質・含水比の盛土材料を使用し，試験施工で決定した施工仕様（まき出し厚，締固め回数等）で施工した盛土は，所定の締固め度を確保していると言えるので，現場密度試験を省略する。

☐ 盛土材料が，事前の土質試験や試験施工で品質・施工仕様を確認したものと異なっている場合は，その材料について土質試験・試験施工を改めて実施し，品質や施工仕様を確認したうえで使用する。

☐ 情報化施工による盛土の締固め管理では，土質が変化した場合や締固め機械を変更した場合，改めて試験施工を実施し，所定の締固め回数を定めなければならない。

☐ 土の締固めの特性は，締固め曲線で示され，一般に礫や砂では最大乾燥密度が高く，締固め曲線は平坦ではなく山型になる。

基礎地盤の処理

☐ 基礎地盤の地下水が毛管水となって盛土内に浸入するのを防ぐ場合には，厚さ0.5〜1.2mのサンドマットを設けて排水を図る。

☐ 基礎地盤に極端な凹凸や段差がある場合，十分な締固めや，均一な盛土ができなくなる。また，円滑な盛土作業にも支障をきたすため，盛土高さにかかわらず，段差をできるだけ平坦にかきならす。

☐ 基礎地盤の段差処理で，特に盛土高の低い場合には，田のあぜなど小規模なものでもかきならしを行う。盛土高が高く，路面に影響を及ぼさないものでも，施工上支障となるものはその処理を考慮する。

☐ 基礎地盤の勾配が1：4程度より急な場合には，盛土との密着を確実にするため，地山の段切りを行うとともに，敷均し厚さを管理して十分に締め固めることが重要である。

☐ 傾斜地盤上の盛土は，豪雨や地震時に変状が生じやすいので，締固め度の管理基準値を通常より高めに設定するとよい。

地下排水工
☐ 地下排水溝は，施工中における盛土の変位や不慮の破損及び目詰まりなどを考慮して網目状に配置する。

☐ 水平排水層は，盛土内部の間隙水圧を低下させて盛土の安定性を高めるため，透水性のよい材料を用い層厚 30 cm 以上で施工する。

☐ 地山の表面に設ける基盤排水層は，地盤基盤面に層厚 50 cm 程度以上で砕石や砂などで施工する。

盛土の施工
☐ 盛土施工時の盛土面には，盛土内に雨水などが浸入し土が軟弱化するのを防ぐため，4〜5％程度の横断勾配を付けておく。

☐ 盛土端部や隅部などは締固めが不十分になりやすいので注意する。

情報化施工
☐ まき出し厚さは，試験施工で決定したまき出し厚さと締固め回数の施工結果である締固め層厚分布の記録により，間接的に管理する。

☐ 情報化施工による盛土の締固め管理技術は，事前の試験施工の仕様に基づき，品質規定方式をまき出し厚の管理，締固め回数の管理を行う工法規定方式とすることで，品質の均一化や過転圧の防止に加え，締固め状況の早期把握による工期短縮が図られる。

☐ 情報化施工による工法規定方式の施工管理では，使用する締固め機械の種類，締固め回数，走行軌跡が綿密に把握できる。

☐ 締固め管理は，締固め機械の走行軌跡を自動追跡することによって，所定の締固め回数が確認でき，踏み残し箇所を大幅に削減できる。

☐ 情報化施工による盛土の施工管理にあっては，施工管理データの取得によりトレーサビリティが確保されるとともに，高精度の施工やデータ管理の簡略化・書類の作成に係る負荷の軽減等が可能となる。

盛土の締固め管理システム
☐ 締固め管理システムは，使用機械，施工現場の地形や立地条件，施工規模及び土質の変化等の条件を踏まえて適用可否を判断する。

- [ ] 位置把握に TS を採用するか，GNSS を採用するか検討し，双方の適用が困難な範囲では従来の品質管理方法を用いる。
- [ ] 締固め管理システムは，TS と締固め機械との視通を遮るようなことが多い現場では適用できない。
- [ ] 情報化施工を実施するためには，個々の技術に適合した 3 次元データと機器・システムが必要である。
- [ ] 基本設計データの間違いは出来形管理に致命的な影響を与えるので，基本設計データが設計図書を基に正しく作成されていることを必ず確認する。
- [ ] マシンガイダンス技術は，TS や GNSS の計測技術を用いて，施工機械の位置情報・施工情報及び施工状況と 3 次元設計データとの差分をオペレータに提供する技術である。

例題

TS・GNSS を用いた盛土の情報化施工に関する次の記述のうち，**適当でないもの**はどれか。

(1) 盛土の締固め管理技術は，工法規定方式を品質規定方式にすることで，品質の均一化や過転圧の防止などに加え，締固め状況の早期把握による工程短縮がはかられるものである。

(2) まき出し厚さは，試験施工で決定したまき出し厚さと締固め回数による施工結果である締固め層厚分布の記録をもって，間接的に管理をするものである。

(3) 盛土の締固め管理は，締固め機械の走行位置を追尾・記録することで，規定の締固め度が得られる締固め回数の管理を厳密に行うものである。

解答 1

解説 TS・GNSS を用いた盛土の締固め管理技術は，事前の試験施工において規定の締固め度を達成する施工仕様（まき出し厚，締固め層厚，締固め回数）を決定し，その施工仕様に基づき，まき出し厚の適切な管理，締固め回数の面的管理を行っていく工法規定方式であり，品質の均一化や過転圧の防止等に加え，締固め状況の早期把握による工程短縮が図られる。

04 構造物の裏込め・埋戻し / 建設発生土

▶▶ パパっとまとめ

構造物取付け部の段差対策，裏込め排水工について理解する。また，建設発生土による埋戻し，盛土の施工について理解する。

構造物取付け部の段差対策

☐ 裏込め材料は，締固めが容易で，**非圧縮性**，**透水性**があり，かつ，水の浸入によっても強度の低下が少ない安定した材料を使用する。

☐ 盛土と構造物との取付け部に**踏掛版**を設ける。

☐ 軟弱地盤上の裏込め部は，特に沈下が大きくなりがちであるので，**プレロード**等の必要な処理を行って，供用開始後の基礎地盤の沈下をできるだけ少なくする。

☐ 裏込め部は，確実な締固めができるスペースの確保，施工時の排水処理の容易さから，盛土に**先行**して施工するのが望ましい。

排水工

☐ 構造物裏込め部付近は，施工中，施工後において，**水**が集まりやすく，これに伴う沈下や崩壊も多いことから，施工中の排水勾配の確保，**地下排水溝**の設置等の十分な排水対策を講じる。

☐ 裏込め排水工は，構造物壁面に沿って設置し栗石や土木用合成繊維で作られた透水性材料などを用い，これに**水抜き孔**を接続して集水したものを盛土**外**に排水する。

☐ 湧水量の多い場所に設置する構造物の裏込め部には，**透水性**の高い砂利，切込み砕石などを用いた**基盤排水層**を設置するとよい。

建設発生土による埋戻し

☐ 埋戻し材の最大粒径に関する基準は，所定の締固め度が得られるとともに，埋設物への損傷防止のための配慮も含まれているため，埋設物の種類によって異なる。

☐ 埋戻しに用いる土は，埋戻し材上部に路盤・路床と同等の**支持力**を要求される場合もあるので，使用場所に応じて材料を選定する。

□ 工作物の埋戻し材に用いる場合は，供用開始後に工作物との間にすきまや段差が生じないように圧縮性の小さい材料を用いる。

□ 建設発生土を安定処理して裏込め材として利用する場合は，安定処理された土は一般的に透水性が低くなるので，裏面排水工は，十分な排水能力を有するものを設置する。

□ 発生土を安定処理して使う場合は，改良土の品質や強度を画一的に定めるのではなく，埋戻し後の機能や原地盤の土質性状などの諸条件を幅広く検討して柔軟な対応をする。

建設発生土による盛土

□ 路体盛土に用いる土は，敷均し・締固めの施工が容易で，かつ締め固めた後の強さが大きく，雨水などの侵食に対して強く，吸水による膨潤性が低いことなどが求められる。

□ 路体盛土に第1種から第3種建設発生土を用いる場合は，巨礫などを取り除き粒度分布に留意すれば，一般的にそのまま利用できる。

□ 道路の路床盛土に第3種及び第4種建設発生土を用いる場合は，締固めを行っても強度が不足するおそれがあるので，一般的にセメントや石灰などによる安定処理が行われる。 `よく出る`

□ 締固めに対するトラフィカビリティーが確保できない場合は，水切り・天日乾燥，強制脱水，良質土混合などの土質改良を行う。

□ 高含水比の粘性土の建設発生土は，高盛土に用いる場合，盛土の安定性をはかる目的で，盛土内の含水比を低下させるために，ある一定の高さごとに透水性のよい山砂を用い，盛土内に排水層を設ける。

□ 自然由来の重金属などが基準を超え溶出する発生土は，遮水シートによる封じ込め，不溶化処理，盛土底部への吸着層の敷設など，重金属の漏出・拡散防止対策を行う。

□ ガラ混じり土は，土砂としてではなく全体を産業廃棄物として判断される可能性が高いため，都道府県などの環境部局などに相談して有効利用することが望ましい。

□ 泥土は，土質改良を行うことにより十分利用が可能であるが，建設汚泥に該当するものを利用する場合は，「廃棄物の処理及び清掃に関する法律」に従った手続きが必要である。

R4【A-No. 4 改題】

道路の盛土区間に設置するボックスカルバート周辺の裏込めの施工に関する次の記述のうち，**適当でないもの**はどれか。

(1) 裏込め材料は，供用開始後の段差を抑制するため，締固めが容易で，非圧縮性，透水性があり，かつ，水の浸入によっても強度の低下が少ないような安定した材料を使用する。

(2) 軟弱地盤上の裏込め部は，特に沈下が大きくなりがちであるので，プレロード等の必要な処理を行って，供用開始後の基礎地盤の沈下をできるだけ少なくする。

(3) 裏込め部は，確実な締固めができるスペースの確保，施工時の排水処理の容易さから，盛土を先行した後に施工するのが望ましい。

解答 3

解説 裏込め部の盛土後の施工は，裏込め材が高まきになりやすく，締固めの施工面積が限られるため転圧機械の大きさも制限され，また雨水も溜まりやすいことから，後施工は避ける。

H30【A-No. 4 改題】

建設発生土の利用に関する次の記述のうち，**適当でないもの**はどれか。

(1) 建設発生土を工作物の埋戻し材に用いる場合は，供用開始後に工作物との間にすきまや段差が生じないように圧縮性の小さい材料を用いなければならない。

(2) 建設発生土を安定処理して裏込め材として利用する場合は，安定処理された土は一般的に透水性が高くなるので，裏面排水工は，十分な排水能力を有するものを設置する。

(3) 道路の路体盛土に第 1 種から第 3 種建設発生土を用いる場合は，巨礫などを取り除き粒度分布に留意すれば，一般的な場合そのまま利用が可能である。

解答 2

解説 建設発生土を安定処理して裏込め材として利用する場合は，安定処理された土は一般的に透水性が低くなるので，裏面排水工は，十分な排水能力を有するものを設置する。

05 のり面（法面）保護工

▶▶ パパっとまとめ

のり面保護工の選定方法と施工方法について理解する。

のり面保護工の選定

☐ 一般に軟岩や粘性土では 1 : 1.0～1.2，砂や砂質土では 1 : 1.5 より緩い場合は，安定勾配とされ植生工のみで対応可能である。

☐ 砂質土で浸食されやすい土砂からなるのり面の場合は，湧水や表流水による浸食の防止にのり枠工や柵工などの緑化基礎工と植生工を併用する。

☐ 湧水が多いのり面の場合は，地下排水溝や水平排水孔などの地下排水施設とともに，のり面保護工として井げた組擁壁，ふとんかご，じゃかご，中詰にぐり石を用いたのり枠などが用いられる。

☐ シルト分の多い土質ののり面で凍上や凍結融解作用によって植生がはく離したり滑落するおそれのある場合は，のり面勾配をできるだけ緩くしたり，のり面排水工を行う。

☐ 土質や湧水の状況が一様でないのり面については，排水工などの地山の処理を行った上で，景観に配慮してなるべく類似した工法を採用することが望ましい。

のり面保護工の施工

☐ 種子散布工は，各材料を計量した後，水，木質材料，浸食防止材，肥料，種子の順序でタンクへ投入し，十分撹拌してのり面へムラなく散布する。

☐ 植生マット工は，のり面の凹凸が大きいと浮き上がったり風に飛ばされやすいので，あらかじめ凹凸をならして設置する。

☐ 植生土のう工は，のり枠工の中詰とする場合には，施工後の沈下やはらみ出しが起きないように，土のうの表面を平滑に仕上げる。

□ コンクリートブロック枠工は，枠の交点部分にはすべり止めのため，長さ 50～100cm の長さのアンカーバー等を設置し，一般に枠内は良質土で埋め戻し，植生で保護する。

□ モルタル吹付工は，のり面の浮石，ほこり，泥等を清掃した後，一般に菱形金網をのり面に張り付けて凹凸に沿いアンカーピンで固定し，モルタルを吹付けを行う。

　法面保護工の施工に関する次の記述のうち，**適当でないもの**はどれか。

(1)　種子散布工は，各材料を計量した後，水，木質材料，浸食防止材，肥料，種子の順序でタンクへ投入し，十分撹拌して法面へムラなく散布する。

(2)　植生マット工は，法面が平滑だとマットが付着しにくくなるので，あらかじめ法面に凹凸を付けて設置する。

(3)　モルタル吹付工は，吹付けに先立ち，法面の浮石，ほこり，泥等を清掃した後，一般に菱形金網を法面に張り付けてアンカーピンで固定する。

(4)　コンクリートブロック枠工は，枠の交点部分に所定の長さのアンカーバー等を設置し，一般に枠内は良質土で埋め戻し，植生で保護する。

解答　2

解説　1 は記述の通りである。2 の植生マット工は，法面の凹凸が大きいと浮き上がったり，風に飛ばされやすいので，あらかじめ凹凸を均して設置する。特にマットの端部は十分に固定し，法肩部では巻き込んで固定する。凹凸の大きい法面に施工する場合は，法面への密着を高めるために金網をマット上に設置して固定するとよい。3 のモルタル吹付工は，吹付けに先立ち，法面の浮石，ほこり，泥等を人力又は水・空気圧により清掃した後，一般に菱形金網を法面に張り付けて凹凸に沿いアンカーピンで固定するが，凹凸の少ない場合には溶接金網を用いることもある。アンカーピンの数は 1 m^2 に 1～2 本を標準とする。4 のコンクリートブロック枠工は，枠の交点部分にはすべり止めのため，長さ 50～100cm 程度のアンカーバー等を設置し，枠内は良質土で埋め戻し，植生で保護する。

06 軟弱地盤の対策工法

▶▶ パパっとまとめ

軟弱地盤の対策工法である,圧密・排水工法,締固め工法,固結法,荷重軽減工法における各工法とその概略を覚える。

圧密・排水工法

☐ 圧密・排水工法は,地盤の排水や圧密促進によって地盤の強度を増加させることにより,道路供用後の残留沈下量の低減を図るなどを目的とするもので,サンドマット工法,サンドドレーン工法,緩速載荷工法,盛土載荷重工法などがある。

☐ 緩速載荷工法は,できるだけ軟弱地盤の処理を行わない代わりに,圧密の進行に合わせ時間をかけてゆっくり盛土することで,地盤の強度増加を進行させて安定を図るものである。

☐ 盛土載荷重工法のプレロード工法は,構造物あるいは構造物に隣接する盛土などの荷重と同等又はそれ以上の盛土荷重を載荷したのち,盛土を取り除いて地盤の強度増加を図る工法である。

☐ サンドマット工法は,軟弱地盤上の表面に厚さ 0.5〜1.2m 程度の砂を敷設し,軟弱層の圧密のための上部排水の促進と,施工機械のトラフィカビリティーの確保を図るものである。 **よく出る**

☐ サンドドレーン工法は,透水性の高い砂を用いた砂柱を地盤中に鉛直に造成し,水平方向の排水距離を短くして圧密を促進することで,地盤の強度増加を図るものである。 **よく出る**

☐ 地下水位低下工法は,地盤中の地下水位を低下させ,それまで受けていた浮力に相当する荷重を下層の軟弱地盤に載荷して,圧密を促進するとともに地盤の強度増加を図る工法でウェルポイントやディープウェル等がある。 **よく出る**

締固め工法

☐ 締固め工法は,地盤に砂などを圧入又は動的な荷重を与え地盤を締め固めることにより,液状化の防止や沈下量の低減を図ることなどを目的とするもので,振動締固め工法と静的締固め工法がある。

□ サンドコンパクションパイル工法は，地盤内に鋼管を貫入して管内に砂などを投入し，振動により締め固めた砂杭を地中に造成することにより，支持力の増加や液状化の防止を図るものである。

□ バイブロフローテーション工法は，緩い砂質地盤中に棒状の振動機で振動させながら，水を噴射し水締めと振動をすることにより，地盤を締固め，支持力の増加を図る工法である。

固結工法

□ 固結工法は，**セメント**などの固化材を土と撹拌混合し，化学反応を利用して地盤を固結させることにより，**変形の抑制，液状化防止**などを目的とするもので，表層混合処理工法，深層混合処理工法，高圧噴射撹拌工法，石灰パイル工法，薬液注入工法，凍結工法がある。

□ 表層混合処理工法は，軟弱地盤の表層部分の軟弱なシルト・粘土とセメントや石灰等とを撹拌混合して改良することで，**地盤の安定やトラフィカビリティーの改善等**を図るものである。 **よく出る**

□ 表層混合処理工法で固化材を粉体で地表面に散布する場合は，周辺環境に対する**防塵対策**を実施するとともに，**生石灰では発熱**を伴うため**作業員の安全対策**に留意する。

□ 表層混合処理工法の地盤の安定や変形抑止の効果は，改良体の**採取コアの強度試験**などの品質管理や盛土施工後の動態観測によって確認する。

□ 深層混合処理工法は，原位置の軟弱土と固化材を撹拌混合することにより，地中に強固な**柱体状**等の安定処理土を形成し，すべり抵抗の増加，変形の抑止，沈下の低減，液状化防止などを図るものである。 **よく出る**

□ 深層混合処理工法で改良体打設時の固化材の供給量や撹拌混合の状況の確認は，**全本数**で行う。

□ 深層混合処理工法の**液状化対策効果**は，改良壁の配置や改良体の強度の確認によって間接的に得る。

荷重軽減工法

☐ 荷重軽減工法は，土に比べて軽量な材料で盛土を施工することにより，地盤や構造物にかかる荷重を軽減し，全沈下量の低減，安定確保及び変形対策を図る工法であり，軽量盛土工法とカルバート工法がある。 **よく出る**

例題

R4【A-No. 5】

軟弱地盤対策工法に関する次の記述のうち，**適当でないもの**はどれか。

(1) サンドマット工法は，軟弱地盤上の表面に砕石を薄層に敷設することで，軟弱層の圧密のための上部排水の促進と，施工機械のトラフィカビリティーの確保を図るものである。

(2) 緩速載荷工法は，できるだけ軟弱地盤の処理を行わない代わりに，圧密の進行に合わせ時間をかけてゆっくり盛土することで，地盤の強度増加を進行させて安定を図るものである。

(3) サンドドレーン工法は，透水性の高い砂を用いた砂柱を地盤中に鉛直に造成し，水平方向の排水距離を短くして圧密を促進することで，地盤の強度増加を図るものである。

(4) 表層混合処理工法は，表層部分の軟弱なシルト・粘土とセメントや石灰等とを攪拌混合して改良することで，地盤の安定やトラフィカビリティーの改善等を図るものである。

解答 1

解説 1のサンドマット工法は，軟弱地盤表面に厚さ0.5～1.2m程度の砂を敷設し，軟弱層の圧密のための上部排水の促進と，施工機械のトラフィカビリティーの確保を図るものである。バーチカルドレーン工法と併用されることが多い。2と3は記述の通りである。4の表層混合処理工法は，バックホゥ等を用いて原位置で固化材と攪拌混合し改良する原位置混合処理と，掘削・搬出した表層土にプラント内で固化材を加えて攪拌混合し改良する搬出混合処理に大別できる。

01 コンクリート用骨材及びセメント

▶▶ パパっとまとめ

　　各種コンクリート用細骨材及び粗骨材の特性及び基準を理解する。また各種セメントについて理解する。

コンクリート用細骨材

☐ 細骨材中に含まれる多孔質の粒子は，一般に密度が小さく，強度が小さく，骨材の吸水率が大きいため，コンクリートの耐凍害性を損なう原因となる。**よく出る**

☐ 砕砂は，**粒形判定実績率試験**により粒形の良否を判定し，角ばりの形状はできるだけ小さく，細長い粒や偏平な粒の少ないものを選定する。**よく出る**

☐ 砕砂に含まれる微粒分の石粉は，コンクリートの単位水量を増加させるが，材料分離を抑制する効果もある。

☐ 砂は，材料分離に対する抵抗性を持たせるため，粘土塊量が 1.0%以下のものを用いなければならない。

☐ 異なる種類の細骨材を混合して用いる場合の塩化物量については，混合後の試料で塩化物量を測定し規定に適合すればよい。

☐ 細骨材中に含まれる粘土塊量の試験方法では，**微粉分量試験**によって微粒分量を分離したものを試料として用いる。

☐ コンクリート表面が**すりへり作用**を受ける場合においては，受けない場合に比べて，細骨材に含まれる微粒分量を小さくする方がよい。

☐ 細骨材は，清浄，堅硬，耐久性をもち化学的あるいは物理的に安定し，**有機不純物，塩化物**などを有害量含まないものとする。

☐ 再生細骨材Hは，コンクリート塊に破砕，磨砕，分級等の処理を行った骨材で，レディーミクストコンクリートの骨材として用いる。

☐ 高炉スラグ細骨材は，粒度調整や塩化物含有量の低減などの目的で，細骨材の一部として山砂などの**天然細骨材**と混合して用いられる場合が多い。

☐ JIS に規定されている「コンクリート用スラグ骨材」に適合したスラグ細骨材は，**ガラス質で粒の表面組織が滑らか**であるため，天然産の細骨材よりも保水性が小さい。

コンクリート用粗骨材

☐ 砕石を用いた場合は，**ワーカビリティ**の良好なコンクリートを得るためには，砂利を用いた場合と比べて**単位水量を増加**させる。

☐ 一般に所要の**ワーカビリティ**を得るための単位水量は，最大寸法の**大きい粗骨材**を用いれば少なくでき，**乾燥収縮を小さく**できる。

☐ コンクリートの耐火性は，骨材の岩質による影響が大きく，**石灰岩**は耐火性に劣り，**安山岩**等の火山岩系のものは耐火性に優れる。

☐ 再生粗骨材 M の耐凍害性を評価する試験方法として，再生粗骨材 M の凍結融解試験方法がある。

☐ 再生骨材 H は，通常の骨材とほぼ同様の品質を有しているため，**レディーミクストコンクリート用骨材**として使用できる。

☐ 再生粗骨材 H は，吸水率が **3.0%以下**でなければならない。

☐ 舗装コンクリートに用いる粗骨材の品質を評価する試験方法として，**ロサンゼルス試験機**による粗骨材の**すりへり試験**がある。

コンクリート用骨材

☐ アルカリシリカ反応に対して耐久的なコンクリートとするために，アルカリシリカ反応性試験で区分 A「無害」と判定される骨材を用いる。 `よく出る`

☐ 同一種類の骨材を混合して使用する場合は，混合した後の**絶乾密度**の品質が満足されている場合でも，混合する前の各骨材について**絶乾密度**の品質を満足しなければならない。

☐ 凍結融解の繰返しによる気象作用に対する骨材の安定性を判断するための試験は，硫酸ナトリウムの結晶圧による**破壊作用**を応用した試験方法により行われる。

☐ 骨材の密度・吸水率の値では，密度が小さく，吸水率が大きいときには骨材が**多孔質**で強度が小さくなる。

☐ 骨材に付着している粘土の量が多い場合には，コンクリートの単位水量が**増加**し**乾燥収縮**は大きくなる。

セメント

☐ 高炉セメントB種は，**アルカリシリカ反応**や塩化物イオンの浸透の抑制に有効なセメントの1つであるが，打込み初期に湿潤養生を行う必要がある。

☐ 早強ポルトランドセメントは，初期強度を要する**プレストレストコンクリート工事**などに使用される。

☐ 普通ポルトランドセメントと**高炉セメントB種**の生産量の合計は，全セメントの90%を占めている。

☐ 普通エコセメントは，塩化物イオン量がセメント質量の0.1%以下で，一般の鉄筋コンクリートに適用が可能である。

例題

R3【A-No. 6】

コンクリート用粗骨材に関する次の記述のうち，**適当でないもの**はどれか。

(1)　砕石を用いた場合は，ワーカビリティの良好なコンクリートを得るためには，砂利を用いた場合と比べて単位水量を小さくする必要がある。

(2)　コンクリートの耐火性は，骨材の岩質による影響が大きく，石灰岩は耐火性に劣り，安山岩等の火山岩系のものは耐火性に優れる。

(3)　舗装コンクリートに用いる粗骨材の品質を評価する試験方法として，ロサンゼルス試験機による粗骨材のすりへり試験がある。

(4)　再生粗骨材Mの耐凍害性を評価する試験方法として，再生粗骨材Mの凍結融解試験方法がある。

解答 1

解説 砕石は，角ばりや表面の粗さの程度が大きいので，ワーカビリティの良好なコンクリートを得るためには，砂利を用いる場合に比べて単位水量を増加させる必要がある。特に偏平なものや細長い形状のものはこのような影響が大きくなる。

02 混和材料

▶▶ **パパっとまとめ**

混和材料はその使用量の多少に応じて，混和材と混和剤に分類されるが，それぞれの混和材料の使用による効果，特徴を覚える。

混和材

☐ フライアッシュを適切に用いると，コンクリートのワーカビリティの改善，単位水量の減少，水和熱による温度上昇の低減，長期強度の増進，乾燥収縮の低減，水密性や化学的侵食に対する抵抗性の改善，アルカリシリカ反応の抑制等，優れた効果が期待できるが，初期強度は小さくなる。 **よく出る**

☐ 膨張材は，硬化過程において膨張を起こさせる混和材であり，コンクリート1m³ 当たり標準使用量20～30kg 程度用いてコンクリートを造ることにより，コンクリートの乾燥収縮や硬化収縮などに起因するひび割れの発生を低減できる。 **よく出る**

☐ 潜在水硬性が利用できる混和材には，高炉スラグ微粉末があり，普通ポルトランドセメントの一部を高炉スラグ微粉末で置換すると，化学抵抗性の改善，アルカリシリカ反応の抑制，長期強度の増進等，優れた効果をもたらすが，養生温度及び湿潤養生の期間を十分に取らないと所定の強度が得られないだけでなく，硬化体組織が粗となり，中性化速度の増加やひび割れ抵抗性が低下するなどのおそれがある。 **よく出る**

☐ シリカフュームを適切に用いると，材料分離やブリーディングの抑制，強度の増加，水密性や化学抵抗性の向上が期待できる。

☐ ポゾラン活性が利用できる混和材には，フライアッシュ，シリカフューム，けい酸白土，火山灰，けい藻土等がある。

☐ 細骨材の一部を石灰石微粉末で置換すると，材料分離の低減やブリーディングの抑制が期待できる。

☐ オートクレーブ養生によって高強度を得る混和材には，けい酸質微粉末がある。

混和剤

☐ AE 減水剤を適切に用いると，コンクリートの**ワーカビリティ**が改善され，単位水量を減らすことができ，ブリーディング等の**材料分離**も少なく，欠陥の少ない均質なコンクリートとなる。

☐ AE 減水剤を適切に用いると，コンクリートの**水セメント比**を小さくすることができ，凍害に対して抵抗性を高めることができる。

☐ 高性能 AE 減水剤を用いたコンクリートは，通常のコンクリートと比べて，コンクリート温度や使用材料などの諸条件の変化に対して，**ワーカビリティ**などが影響を受けやすい傾向にある。

☐ 収縮低減剤は，コンクリート 1m^3 当たり 5～10kg 程度添加することでコンクリートの**乾燥収縮ひずみ**を 20～40%程度低減できる。

例題

R1【A-No. 7】

混和材を用いたコンクリートの特徴に関する次の記述のうち，**適当でないもの**はどれか。

(1) 普通ポルトランドセメントの一部をフライアッシュで置換すると，単位水量を減らすことができ長期強度の増進や乾燥収縮の低減が期待できる。

(2) 普通ポルトランドセメントの一部をシリカフュームで置換すると，水密性や化学抵抗性の向上が期待できる。

(3) 普通ポルトランドセメントの一部を膨張材で置換すると，コンクリートの温度ひび割れ抑制やアルカリシリカ反応の抑制効果が期待できる。

(4) 細骨材の一部を石灰石微粉末で置換すると，材料分離の低減やブリーディングの抑制が期待できる。

解答 3

解説 1 のフライアッシュには，ワーカビリティの改善，水和熱による温度上昇の低減，水密性や化学的浸食に対する抵抗性の改善，アルカリシリカ反応の抑制等の効果も期待できる。2 のシリカフュームは，材料分離やブリーディングの抑制，強度の増加も期待できる。3 の膨張材は，コンクリートの乾燥収縮や硬化収縮等によるひび割れ発生の低減，ケミカルプレストレス導入によるひび割れ耐力の向上等優れた効果が得られるが，**アルカリシリカ反応の抑制効果は期待できない**。4 は記述の通りである。

03 コンクリートの配合設計

> ▶▶ **パパっとまとめ**
> 水セメント比，スランプ，空気量などがコンクリートの品質に与える影響について理解する。また配合設計における留意点を理解する。

水セメント比

☐ 水セメント比は，コンクリートに要求される強度，耐久性及び水密性等を考慮して，これらから定まる水セメント比のうちで，最も小さい値を設定する。**よく出る**

☐ 水セメント比は，その値が小さくなるほど，強度，耐久性，水密性は高くなるが，その値をあまり小さくすると単位セメント量が大きくなり水和熱や自己収縮が増大する。

☐ 同一水セメント比のコンクリートでは，単位水量が大きいほど乾燥収縮は大きい。

スランプ

☐ スランプは，運搬，打込み，締固め等の作業に適する範囲内で，できるだけ小さくなるように設定する。**よく出る**

☐ 締固め作業高さによる打込み最小スランプは，締固め作業高さが高いほど大きく設定する。

☐ 荷卸しの目標スランプは，打込みの最小スランプに対して，品質のばらつき，コンクリートの運搬や時間経過に伴うスランプの低下，ポンプ圧送に伴うスランプの低下を考慮して設定する。

☐ スランプは，コンクリート単位体積当たりの鋼材量が多くなるほど大きくする。

空気量

☐ 空気量が増すとコンクリートの強度は小さくなる傾向にあり，コンクリートの品質のばらつきも大きくなる傾向にある。

- [ ] AE コンクリートは，微細な空気泡による所要の空気量を確保することにより耐凍害性の改善効果が期待できる。
- [ ] 長期的に凍結融解作用を受けるような寒冷地の AE コンクリートは，所要の強度を満足することを確認の上で 6%程度の空気量を確保するとよい。
- [ ] 同一単位水量の AE コンクリートでは，空気量が多いほど乾燥収縮は大きい。

塩化物イオンの総量

- [ ] 練混ぜ時にコンクリート中に含まれる塩化物イオンの総量は，原則として 0.30kg/m³ 以下としコンクリート内部の鋼材を腐食から保護する。

配合設計における留意点

- [ ] 単位水量が大きくなると，材料分離抵抗性が低下するとともに，乾燥収縮が増加する等，コンクリートの品質が低下する。 よく出る
- [ ] 細骨材率は，骨材全体の体積の中に占める細骨材の体積の割合で，所要のワーカビリティが得られる範囲内で単位水量ができるだけ小さくなるように，試験によって定める。
- [ ] 高性能 AE 減水剤を用いたコンクリートは，水セメント比及びスランプが同じ通常の AE 減水剤を用いたコンクリートに比較して，細骨材率を 1〜2%大きく設定する。
- [ ] コンクリートの計画配合が配合条件を満足することを実績等から確認できる場合，試し練りを省略できる。
- [ ] 圧送において管内閉塞を生じることなく円滑な圧送を行うためには，一定以上の単位粉体量を確保する必要がある。
- [ ] 単位水量や単位セメント量を小さくし経済的なコンクリートにするには，一般に粗骨材の最大寸法を大きくする方が有利である。
- [ ] 単位セメント量が増加しセメントの水和に起因するひび割れが問題となる場合には，セメントの種類の変更や，石灰石微粉末等の不活性な粉体を用いることを検討する。

- 所要の圧縮強度を満足するよう配合設計する場合は，セメント水比と圧縮強度の関係がある程度の範囲内で直線的になることを利用する。

- 所要の水密性を満足するよう配合設計する場合は，水セメント比を小さくし，単位水量を低減させる。

- コンクリートの透水係数は，コンクリート中の水分浸透のしやすさを表す指標であり，水セメント比の増加とともに指数関数的に著しく増加する。

- コンクリートの材料分離抵抗性は，一定以上の単位セメント量あるいは単位粉体量の確保や細骨材率を適切に設定することによって確保される。

1 土木一般

例題

コンクリートの配合に関する次の記述のうち，**適当でないもの**はどれか。

(1)　水セメント比は，コンクリートに要求される強度，耐久性及び水密性などを考慮して，これらから定まる水セメント比のうちで，最も小さい値を設定する。

(2)　空気量が増すとコンクリートの強度は大きくなるが，コンクリートの品質のばらつきも大きくなる傾向にある。

(3)　スランプは，運搬，打込み，締固めなどの作業に適する範囲内で，できるだけ小さくなるように設定する。

(4)　単位水量が大きくなると，材料分離抵抗性が低下するとともに，乾燥収縮が増加するなどコンクリートの品質が低下する。

解答　2

解説　1の水セメント比は，65％以下とする。2の空気量が増すとコンクリートの強度は小さくなり，コンクリートの品質のばらつきも大きくなる傾向にあるため，気象作用が激しくなく凍結融解作用を受けない場合には，過度に空気量を多くしないように留意する。なお，空気量は練り上がり時においてコンクリート容積の4～7％程度とするのが一般的である。3は記述の通りである。4の単位水量は，作業ができる範囲内でできるだけ小さくする。なお，コンクリートの単位水量の上限は175kg/m^{3}が標準である。

04 コンクリートの運搬・打込み・締固め

▶▶ パパっとまとめ

コンクリートの運搬・打込み・締固めに関する時間などの数値と運搬・打込み・締固め方法についても理解する。

練り混ぜ

☐ コンクリートの練上がり温度を下げるためには，練混ぜ水の温度を下げるよりも，骨材の温度を下げる方が効果は大きい。

☐ 練り混ぜてから打ち終わるまでの時間は，外気温が 25℃以下のときで 2 時間以内，25℃を超えるときで 1.5 時間以内を標準とする。

運搬

☐ コンクリートを圧送する場合は，これに先立ち，使用するコンクリートの水セメント比以下の先送りモルタルを圧送する。

☐ スランプが 5cm 以下の硬練りコンクリートを 10km 以下の距離に運搬する場合や 1 時間以内に運搬可能な場合には，ダンプトラックを使用してもよい。

打込み

☐ 型枠面から水分が吸われると，コンクリート品質の低下などがあるので，吸水するおそれのあるところは，あらかじめ湿らせておく。

☐ 打込み時にシュートを用いる場合は，斜めシュートを用いると材料分離を起こしやすいため，縦シュートを標準とする。 **よく出る**

☐ 打ち込んだコンクリートを棒状バイブレータを用いて横移動させると，材料分離の原因となるので行ってはならない。

☐ 打ち込んだコンクリートの粗骨材が分離してモルタル分が少ない部分があれば，その分離した粗骨材をすくい上げてモルタルの多いコンクリートの中に埋め込んで締め固める。 **よく出る**

☐ スラブのコンクリートが壁，又は柱のコンクリートと連続している場合は，壁，又は柱のコンクリートの沈下がほぼ終了してから（一般的に 1〜2 時間程度）スラブのコンクリートを打ち込む。 **よく出る**

□ コールドジョイントの発生を防ぐための**許容打重ね時間間隔**は，外気温が 25℃以下のときは 2.5 時間以内，25℃を超えるときは 2 時間以内が標準であり，外気温が高いほど短くなる。 `よく出る`

□ 打込みの 1 層の高さは，使用する内部振動機の性能などによるが，40～50cm の範囲を標準とし，内部振動機の振動部分が下層部分に貫入するように，振動部分の長さよりも小さくなるようにする。

□ コンクリートの打上がり面に**帯水（ブリーディング水）**が認められた場合は，型枠に接する面が洗われ，砂すじや打上がり面近くにぜい弱な層を形成するおそれがあるので，**スポンジやひしゃくなど**で水を取り除いてから次のコンクリートを打ち込む。 `よく出る`

□ 高さが大きい型枠内に打ち込む場合には，吐出口から打込み面までの落下の高さを**小さくして**コンクリートの材料分離を防ぐ。

□ 1 回の打込み面積が大きく**許容打重ね時間間隔の確保が困難**な場合には，**階段状**にコンクリートを打ち込むことが有効である。

□ まだ固まらないコンクリートの**プラスティック収縮ひび割れ**は，ブリーディング水の**上昇速度**に比べてコンクリート表面からの水分の**蒸発量**が大きい場合に生じるおそれがある。

締固め

□ 締固めを行う際は，あらかじめ棒状バイブレータの挿入間隔及び 1 箇所当たりの振動時間を定め（一般には 5～15 秒程度），振動時間が経過した後は，棒状バイブレータをコンクリートから徐々に引き抜き，後に穴が残らないようにする。

□ コンクリートを打ち重ねる場合は，上層と下層が一体となるよう，棒状バイブレータを下層コンクリート中に 10cm 程度挿入して締め固める。 `よく出る`

□ 再振動を行う場合には，コンクリートの締固めが可能な範囲でできるだけ遅い時期がよい。再振動を適切な時期に行うと，コンクリートは再び流動性を帯びてコンクリート中の空げきや余剰水が少なくなり，コンクリート強度及び鉄筋との**付着強度の増加**，**沈みひび割れ**の防止等に効果がある。

□ 鉄筋のかぶり部分のかぶりコンクリートの締固めには，**型枠バイブレータ**の使用が適している。

□ 呼び強度 50 以上の高強度コンクリートは，通常のコンクリートと比較して，粘性が高くバイブレータの振動が**伝わりにくい**ので，締固め時間やバイブレータの挿入間隔等を適切に定めなければならない。

暑中コンクリート

□ 暑中コンクリートは，**日平均気温が 25℃を超える時期に施工する**ことが想定される場合に適用される。

□ 暑中コンクリートでは，**コールドジョイントの発生防止**のため，減水剤，AE 減水剤及び流動化剤は遅延形のものを用いる。 **よく出る**

□ 暑中コンクリートでは，練上がりコンクリートの温度を低くするために，なるべく低い温度の練混ぜ水を用いる。通常，**水の温度± 4℃につきコンクリートの温度は± 1℃変化する。** **よく出る**

□ 暑中コンクリートでは，練上がり温度の 10℃の上昇に対し，所要のスランプを得るために単位水量が 2～5％増加する傾向がある。

□ 暑中コンクリートでは，練混ぜ後できるだけ早い時期に打ち込まなければならないことから，**練混ぜ開始から打ち終わるまでの時間は，1.5 時間以内を原則とする。** **よく出る**

□ 暑中コンクリートでは，打込み時のコンクリート温度の上限は **35℃以下を標準とする。** **よく出る**

□ 暑中コンクリートでは，運搬中の**スランプの低下，連行空気量の減少，コールドジョイントの発生**などの危険性があるため，コンクリートの打込み温度をできるだけ低くする。

寒中コンクリート

□ **日平均気温が 4℃以下になることが予想されるとき**は，寒中コンクリートとして扱う。

□ コンクリート温度が低いと型枠に作用するコンクリートの側圧が**大きくなる可能性がある**ため，打込み速度や打込み高さに注意する。

例題 1　　　　　　　　　　　　　　R1【A-No. 8】

　コンクリートの打込みに関する次の記述のうち，**適当なもの**はどれか。
（1）　型枠内に打ち込んだコンクリートは，材料分離を防ぐため，棒

状バイブレータを用いてコンクリートを横移動させながら充てんする。
(2)　コンクリート打込み時にシュートを用いる場合は，縦シュートではなく斜めシュートを標準とする。
(3)　コールドジョイントの発生を防ぐためのコンクリートの許容打重ね時間間隔は，外気温が高いほど長くなる。
(4)　コンクリートの打上がり面に帯水が認められた場合は，型枠に接する面が洗われ，砂すじや打上がり面近くにぜい弱な層を形成するおそれがあるので，スポンジやひしゃくなどで除去する。

解答　4

解説　1の棒状バイブレータを用いてコンクリートを横移動させると，材料分離の原因となるので行ってはならない。2のコンクリート打込み時に斜めシュートを用いると材料分離を起こしやすいため，縦シュートを標準とする。3のコンクリートの許容打重ね時間間隔は，外気温が25℃以下のときは2.5時間以内，25℃を超えるときは2時間以内を標準とする。4は記述の通りである。

例題2　　　　　　　　　　　　　　　　　　　　H30【A-No. 9 改題】

暑中コンクリートに関する次の記述のうち，**適当でないもの**はどれか。
(1)　暑中コンクリートでは，練混ぜ後できるだけ早い時期に打ち込まなければならないことから，練混ぜ開始から打ち終わるまでの時間は，1.5時間以内を原則とする。
(2)　暑中コンクリートは，最高気温が25℃を超える時期に施工することが想定される場合に適用される。
(3)　暑中コンクリートは，運搬中のスランプの低下，連行空気量の減少，コールドジョイントの発生防止のため打込み時のコンクリート温度の上限は35℃以下を標準としている。

解答　2

解説　1の暑中コンクリートでは，スランプは時間の経過に伴って低下しやすいため，練混ぜ開始から打ち終わるまでの時間は，1.5時間以内を原則とする。2の暑中コンクリートは，最高気温ではなく，日平均気温が25℃を超える時期に施工することが想定される場合に適用される。3は記述の通りである。

05 コンクリートの養生

▶▶ パパっとまとめ

コンクリートの湿潤養生期間を覚える。各種コンクリートの養生方法について理解する。

湿潤養生

□ コンクリートの湿潤養生期間は次表を標準とする。 よく出る

表　湿潤養生期間の標準

日平均気温	早強ポルトランドセメント	普通ポルトランドセメント	混合セメントB種
15℃以上	3日	5日	7日
10℃以上	4日	7日	9日
5℃以上	5日	9日	12日

□ 膨張材を用いた収縮補償用コンクリートは，打込み後少なくとも5日間，湿潤状態に保つ。

暑中コンクリート

□ 暑中コンクリートの養生では，打込み終了後直射日光や風により急激に乾燥してひび割れを生じることがあることから，露出面が乾燥しないように速やかに行う。 よく出る

寒中コンクリート

□ 養生温度は，初期凍害を防止できる強度が得られるまでコンクリート温度を5℃以上に保ち，さらに2日間は0℃以上に保つ。

□ 養生温度は，寒さが厳しい場合あるいは部材断面が薄い場合には10℃程度とする。

□ 型枠取外し直後にコンクリート表面が水で飽和される頻度が高い場合は，初期強度を高めておく必要があるため，養生期間が長くなる。

□ 給熱養生を行う場合は，熱によりコンクリートからの水の蒸発が促進されるため，十分な湿分を与えてコンクリートの乾燥を防止する。

□ 寒中コンクリートでは，**保温養生**あるいは**給熱養生**終了後に急に寒気にさらすと，コンクリート表面にひび割れが生じるおそれがあるので，適当な方法で保護して表面の急冷を防止する。

マスコンクリート

□ マスコンクリートの養生では，コンクリート部材内外の温度差が**大きく**ならないようにコンクリート温度をできるだけ緩やかに**外気温**に近づけるため，**断熱性**の高い材料で保温する。 よく出る

□ マスコンクリートの養生では，コンクリート温度をできるだけ緩やかに**外気温**に近づけるようにし，必要以上の**散水**は避ける。

□ 型枠脱型時にコンクリート温度と**外気温**の差が大きいと，型枠脱型後にコンクリートが急冷され，表面に**ひび割れ**が発生しやすくなるため，シート等によりコンクリート表面の保温を継続する。

□ 打込み後に実施する**パイプクーリング**通水用の水の温度が**低**すぎると，部材間及びパイプ周囲での温度差が**大きく**なり，ひび割れの発生を助長することがあるので，パイプ回りのコンクリート温度と通水用の水との差の目安は 20℃ 程度以下とする。

例題

　コンクリートの養生に関する次の記述のうち，**適当でないもの**はどれか。

(1)　マスコンクリートの養生では，コンクリート部材内外の温度差が大きくならないようにコンクリート温度をできるだけ緩やかに外気温に近づけるため，断熱性の高い材料で保温する。

(2)　日平均気温が15℃以上の場合，コンクリートの湿潤養生期間の標準は，普通ポルトランドセメント使用時で5日，早強ポルトランドセメント使用時で3日である。

(3)　コンクリートに給熱養生を行う場合は，熱によりコンクリートからの水の蒸発を促進させ，コンクリートを乾燥させるようにする。

解答 3

解説 給熱養生では，熱により**コンクリートからの水の蒸発**が促進されるため，**十分な湿分を与えて**コンクリートの乾燥を防止する。

06 型枠に作用する コンクリートの側圧

▶▶ **パパっとまとめ**

型枠に作用するコンクリートの側圧について理解する。

型枠に作用するフレッシュコンクリートの側圧

□ 打上がり速度が大きいほど，側圧は**大きく**作用する。 **よく出る**

□ スランプが大きいほど，側圧は**大きく**作用する。 **よく出る**

□ コンクリートの温度が高いほど，側圧は**小さく**作用する。 **よく出る**

□ コンクリートの圧縮強度は側圧とは**直接関係しない**。

□ コンクリートの単位重量が大きいほど，側圧は**大きく**作用する。

例題

H30【A-No.11 改題】

スランプが 10cm 程度のコンクリートを用いて高さ 4m の壁（長さ = 5m）に打上がり速度 2.5m/h 程度で打ち込んだとき，型枠に作用するコンクリートの側圧分布（P）に関する次の模式図（1）〜（4）のうち，**適当なもの**はどれか。

(1)

(2)

(3)

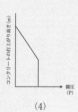
(4)

解答 4

解説 スランプが小さなコンクリートを，1 層の高さを 0.4〜0.5m として打ち重ねた場合には，型枠内におけるスランプの低下，凝結の進行あるいは鉄筋との付着等により，ある高さよりも低い位置では側圧が増加しなくなることが多い。

07 鉄筋の継手・加工・組み立て

▶▶ **ババっとまとめ**

　鉄筋の継手の施工方法及び基準値，及び鉄筋の加工・組み立てにおける留意事項を理解する。また，第5章施工管理，5−4品質管理，07 鉄筋の加工・鉄筋の継手も併せて読んでおく。

鉄筋の継手

☐ 重ね継手に焼なまし鉄線を使用したときは，焼なまし鉄線をかぶり内に残してはならない。

☐ 重ね継手部分を焼なまし鉄線で緊結する際の焼なまし鉄線を巻く長さは，コンクリートと鉄筋の付着強度が低下しないよう，適切な長さとし，必要以上に長くしない。

☐ 鉄筋の継手の位置は，一断面に集中させないように互いにずらして設け，重ね継手，ガス圧接継手の種類にかかわらず，継手の端部どうしを鉄筋直径の 25 倍以上ずらすようにする。

☐ 引張鉄筋の重ね継手の長さは，付着応力度より算出する重ね継手長以上，かつ，鉄筋直径の 20 倍以上重ね合わせる。

☐ 横方向鉄筋の継手は，鉄筋を直接接合する継手を用いることとし，原則として重ね継手を用いてはならない。

鉄筋の加工・組立

☐ 鉄筋を組み立ててからコンクリートを打ち込む前に生じた浮きさびは，鉄筋とコンクリートとの付着を害するおそれがあるため，除去する。 **よく出る**

☐ 型枠に接するスペーサは，本体コンクリートと同等程度以上の品質を有するモルタル製あるいはコンクリート製とすることを原則とする。 **よく出る**

☐ 点溶接による鉄筋組立は加熱による材質の変化や溶接による断面減少のおそれがあるため，行ってはならない。

☐ 施工継目において一時的に曲げた鉄筋は，所定の位置に曲げ戻す必要が生じた場合，900〜1000℃程度で加熱加工する。

□ **エポキシ樹脂塗装鉄筋**の塗膜は、曲げ加工及び組立時に傷つきやすいため、塗膜に損傷を与えないように、適切な方法で実施する。なお、損傷部分は**タッチアップ補修**を行う。

□ 鉄筋を保持するために用いる**スペーサ**の数は、梁、床版等で 1m² 当たり **4 個以上**、ウェブ、壁及び柱で 1m² 当たり **2〜4 個程度**を配置するのが一般的である。

□ 継足しのために構造物から露出させておく鉄筋は、**セメントペースト**を塗ったり、**高分子材料の皮膜で包んだり**して、損傷、腐食などから保護しなければならない。

例題

R1【A-No. 10】

鉄筋の重ね継手に関する次の記述のうち、**適当でないもの**はどれか。

(1) 横方向鉄筋の継手は、鉄筋を直接接合する継手を用いることとし、原則として重ね継手を用いてはならない。

(2) 重ね継手を設ける場合は、コンクリートのゆきわたりをよくするために、できるだけ同一断面に集中して配置する。

(3) 重ね継手部分を焼なまし鉄線で緊結する際の焼なまし鉄線を巻く長さは、コンクリートと鉄筋の付着強度が低下しないよう、適切な長さとし、必要以上に長くしない。

(4) 継足しのために構造物から露出させておく鉄筋は、セメントペーストを塗ったり、高分子材料の皮膜で包んだりして、損傷、腐食などから保護しなければならない。

解答 2

解説 1 の横方向鉄筋であるスターラップは、コンクリート表面に近い位置に配筋されるため、重ね継手を用いた場合、ひび割れやかぶりコンクリートのはく落によって、鉄筋とコンクリートの付着が失われて応力の伝達への影響が考えられることから、原則として重ね継手を用いてはならない。2 の重ね継手を同一断面に集中すると、継手に弱点がある場合、部材が危険となり、またその部分にコンクリートがゆきわたりにくくなるため、**継手は相互にずらして設け、ずらす距離は継手の長さに鉄筋直径の 25 倍を加えた長さ以上を標準とする**。3 と 4 は記述の通りである。

32

01 プレボーリング杭工法・中掘り杭工法

▶▶ パパっとまとめ

プレボーリング杭工法の孔壁保護の方法及び根固液，杭周固定液の注入など施工方法を理解する。また中掘り杭工法の先端処理方法など施工方法を理解する。

プレボーリング杭工法

☐ 掘削速度は，硬い地盤ではロッドの破損等が生じないように，軟弱地盤では周りの地盤への影響を考慮し，**試験杭**により判断する。

☐ 杭の沈設では，杭が所定の深さ以上に**自沈**しないように，**試験杭**での確認結果に基づき，一定の時間杭を**所定の位置**に保持する。

☐ 掘削は，掘削液を掘削ヘッド先端から吐出して地盤の掘削抵抗を減少させるとともに孔内を**泥土化**し，孔壁の崩壊を防止しながら行う。

☐ 推定した支持層にオーガ先端が近づいたら，オーガ**回転数**や**推進速度**をできるだけ一定に保ち，掘削水等も一定に保って施工する。

☐ 杭を埋設する際，孔壁を削らないように確実に行い，注入した**杭周固定液（ソイルセメント）**が杭頭部からあふれ出るように施工する。

☐ ソイルセメント柱は，あらかじめ掘削・泥土化した掘削孔内の**地盤**に**根固液**，**杭周固定液**の順に注入し，撹拌混合しながら造成する。

☐ 掘削は，掘削孔に傾斜や曲がり及び崩壊が生じないよう注意して行い，掘削孔が崩壊するような場合は**ベントナイト**などを添加した掘削液を使用する。

☐ ロッド引上げでは，拡大根固め球根築造完了後，オーガ駆動装置を正回転に戻してから**杭周固定液**の注入を開始する。

☐ **根固液**は掘削孔先端部周辺の砂質地盤と十分に撹拌しながら所定の位置まで注入し，以降は**杭周固定液**に切り替え杭頭部まで注入する。

☐ 杭周固定液に用いる**セメントミルク**は，注入量，注入速度などに留意しながら確実に注入しなければならない。

☐ 杭周固定部のソイルセメント強度は，プレボーリング杭の原位置水平載荷試験結果などを踏まえ，杭体と杭周面のソイルセメント柱間の付着力が確実に得られるように，$\sigma_{28} \geqq 1.5\text{N/mm}^2$ とする。

□ 根固液の注入は，拡大根固め球根部の先端より行い，吐出量，総注入量，ロッドの引上げ速度及び反復回数，球根高さを管理する。

□ 掘削及び沈設設備は，杭打ち機，オーガ駆動装置，ロッド，掘削ビット，回転キャップで構成され，杭径，掘削深さに応じて選定する。

□ 支持層の確認は掘削速度を一定に保ち，オーガ駆動用電動機の電流値の変化と地盤調査データと掘削深度を照らし合わせながら行う。

中掘り杭工法

□ 掘削沈設は先端部にフリクションカッターを取り付けて行うが，中間層が比較的硬質で沈設が困難な場合でも，杭径程度以上の拡大掘りは周面地盤を乱し，周面摩擦力を低減させるので行わない。 よく出る

□ 掘削沈設では，砂質土層の場合ボイリングが生じやすいので，支持層手前から杭中空部に注水しながら掘削するようにする。

□ 先端処理方法のセメントミルク噴出撹拌方式は，所定深度まで杭を沈設した後に，セメントミルクを噴出して根固部を築造する。

□ セメントミルク噴出撹拌方式は，沈設中に杭径以上の拡大掘りや1m以上の先掘りを行ってはならないが，根固部においては所定の形状となるよう先掘り，拡大掘りを行う。

□ 掘削沈設では，最終打撃の場合は締固められた杭先端地盤がボイリングによって緩まないように，オーガ引抜き時に土砂を杭先端付近の杭中空部内に若干残す。

□ 先端処理方法の最終打撃方式は，ある深さまで中掘り沈設した杭を打撃によって所定の深さまで打ち込むが，支持層上面から杭径の3倍程度以上を残して中掘りから打撃に切り替えて打止めを行う。

□ 杭先端処理を最終打撃方式で行う際，中掘りから打込みへの切替えは，時間を空けずに連続的に行う。

□ 杭の沈設後，スパイラルオーガや掘削用ヘッドを引上げる場合は，負圧によるボイリング発生防止のために徐々に引上げる。 よく出る

□ コンクリート打設方式による杭先端処理を行う場合は，コンクリート打設前に杭内面をブラシや高圧水などで清掃・洗浄し，土質などに応じた適切な方法でスライムを処理する。

□ 最終打撃を行わない場合の支持層の確認は，オーガモータ駆動電流値や土質柱状図，掘削土砂の性状などにより，総合的に判断する。

既製杭の施工一般

☐ 杭の打込みの準備作業では，施工機械の据付け地盤の強度を確認し，必要であれば敷鉄板の使用，地盤改良などの処理も検討する。

☐ 杭の打込み順序は，杭群の中央部から周辺に向かって打ち進み，既設構造物に近接して杭を打ち込む場合には，構造物の近くから離れる方向に打ち進むのがよい。

☐ 杭の打込みは，ハンマ及び杭の軸は同一線上となるようにし，杭頭の偏打は杭頭の座屈や杭の軸線を傾斜させたり，キャップやクッションなどを損傷する原因となりやすい。

☐ 杭の建込みでは，杭の鉛直性は下杭の鉛直性により決まるので，とくに下杭の鉛直性を2方向から検測する。

☐ 打撃工法では，一般に試験施工時に支持層における1打当たりの貫入量，リバウンド量などから動的支持力算定式を用いて支持力を推定し，打止め位置を決定する。

☐ バイブロハンマ工法では，一般に試験杭施工時に支持層におけるバイブロハンマモータの電流値，貫入速度などから動的支持力算定式を用いて支持力を推定し，打止め位置を決定する。

例題

既製杭の施工に関する次の記述のうち，**適当なもの**はどれか。

(1) 中掘り杭工法では，先端部にフリクションカッターを取り付けて掘削・沈設するが，中間層が比較的硬質で沈設が困難な場合は，杭径以上の拡大掘りを行う。

(2) プレボーリング杭工法では，杭を埋設する際，孔壁を削ることのないように確実に行い，ソイルセメントが杭頭部からあふれ出ることを確認する必要がある。

(3) 中掘り杭工法では，杭先端処理を最終打撃方式で行う際，中掘りから打込みへの切替えは，時間を空けて断続的に行う。

解答 2

解説 1の中間層が比較的硬質で沈設が困難な場合でも，杭径程度以上の拡大掘りは周面地盤を乱し，周面摩擦力を低減させるので行ってはならない。2は記述の通りである。3の中掘りから打込みへの切替えは，時間を空けずに連続的に行う。

02 打撃工法（鋼管杭の施工）

▶▶ パパっとまとめ

打撃工法による鋼管杭の施工方法，及び鋼管杭の現場溶接の施工条件や検査方法について理解する。

打撃工法による鋼管杭の施工

☐ 杭の打止め管理は，試験杭で定めた方法に基づき，杭の根入れ深さ，**リバウンド量**（動的支持力），**貫入量**，支持層の状態などより**総合的に判断**する必要がある。

☐ 杭先端部に取り付ける**補強バンド**は，杭の打込み性を向上させることを目的とし，周面摩擦力を低減させる働きがある。

☐ ヤットコを使用したり，地盤状況などから偏打を起こすおそれがある場合には，鋼管杭の板厚を増したりハンマの選択に注意する。

鋼管杭の現場溶接の施工

☐ 現場溶接継手は，所要の強度及び剛性を有するとともに，施工性にも配慮した構造とするため，**アーク溶接継手**を原則とし，一般に半自動溶接法によるものが多い。

☐ 現場溶接継手は，既製杭による基礎全体の信頼性に大きな影響を及ぼすので，所定の技量を有した溶接工を選定し，原則として板厚の異なる鋼管を接合する箇所に用いてはならない。

☐ 現場溶接の施工では，変形した継手部を手直し，上杭と下杭の軸線を合わせ，目違い，ルート間隔などのチェック及び修正を行う。

☐ 現場溶接は，溶接部が天候の影響を受けないように処置を行う場合を除いて，降雨，降雪あるいは**風速 10m/sec 以上**では溶接作業をしてはならない。 **よく出る**◀

☐ 気温が5℃以下では溶接作業を中止とするが，気温が−10〜＋5℃の場合で，溶接部から 100mm 以内の部分がすべて 36℃以上に予熱されていれば作業を行うことができる。

☐ 現場溶接完了後の内部きずは，**放射線透過試験**または**超音波探傷試験**で一定の頻度で検査を行う。

☐ 現場溶接完了後の外部きずの検査は，溶接部のわれ，ピット，表面の凹凸，サイズ不足，アンダーカット，オーバーラップなどの有害な欠陥を，肉眼または**磁粉探傷試験**や**浸透探傷試験**で溶接線全線を対象として行う。

☐ 溶接時にワイヤ突出し長さを短くすると**気孔**が発生しやすくなるため，ワイヤ突出し長さは 30〜50mm とする。

☐ 溶接ワイヤの吸湿は，アークの不安定，**ブローホール**などの原因となるので，よく**乾燥**したものを用いる必要がある。

☐ 現場溶接は，良好な溶接環境と適切な施工管理のもとに行い，品質が確認できるよう溶接条件，溶接作業，検査結果などを記録する。

☐ 現場溶接完了後の杭の打込みは，溶着金属の急冷を避けるため，少なくとも 200℃程度まで自然放熱させた後に行うものとする。

例題

H30【A-No. 12】

打込み杭工法による鋼管杭基礎の施工に関する次の記述のうち，**適当でないもの**はどれか。

(1) 杭の打止め管理は，試験杭で定めた方法に基づき，杭の根入れ深さ，リバウンド量（動的支持力），貫入量，支持層の状態などより総合的に判断する必要がある。

(2) 打撃工法において杭先端部に取り付ける補強バンドは，杭の打込み性を向上させることを目的とし，周面摩擦力を増加させる働きがある。

(3) 打撃工法においてヤットコを使用したり，地盤状況などから偏打を起こすおそれがある場合には，鋼管杭の板厚を増したりハンマの選択に注意する必要がある。

(4) 鋼管杭の現場溶接継手は，所要の強度及び剛性を有するとともに，施工性にも配慮した構造とするため，アーク溶接継手を原則とし，一般に半自動溶接法によるものが多い。

解答 2

解説 打撃工法において杭先端部に取り付ける補強バンドは，打込みに対する補強及び打込み性向上（地盤との周面摩擦力低減）のため，鋼管の先端外面に板厚 9mm の鋼板を溶接するものである。

03 場所打ち杭

▶▶ **ババっとまとめ**
　　場所打ち杭の施工方法，特徴を覚える。また鉄筋かごの組立・施工方法についても理解する。

オールケーシング工法

☐ 掘削孔全長にわたりケーシングチューブを用いて孔壁を保護するため，孔壁崩壊の懸念はほとんどない。

☐ 支持層の確認はハンマグラブにより掘削した土の土質と深度を設計図書及び土質調査試料等と比較して行う。

☐ 根入れ長さの確認は，支持層を確認したのち，地盤を緩めたり破壊しないように掘削し，掘削完了後に深度を測定して行う。

☐ 孔内に注入する水は土砂分混入が少ないので，鉄筋かご建込み前にハンマグラブや沈積バケットで土砂やスライムを除去できる。

☐ コンクリート打込み時に，孔壁土砂が崩れて打ち込んだコンクリート中に混入することがあるので，一般にケーシングチューブの先端をコンクリート上面より常に2m以上下げておく必要がある。

☐ コンクリート打込み時のトレミーの下端は，打込み面付近のレイタンス，押し上げられてくるスライムなどを巻き込まないよう，コンクリート上面より常に2m以上入れなければならない。

☐ コンクリート打込み完了後，ケーシングチューブを引き抜く際にコンクリートの天端が下がるので，あらかじめ下がり量を考慮する。

☐ 軟弱地盤では，コンクリート打込み時において，ケーシングチューブ引抜き後の孔壁に作用する土圧などの外圧とコンクリートの側圧などの内圧のバランスにより杭頭部付近の杭径が細ることがある。

アースドリル工法

☐ 地表部に表層ケーシングを建て込み，孔内に注入する安定液の水位を地下水位以上に保ち，孔壁に水圧をかけて孔壁を保護する。

☐ 掘削土で満杯になったドリリングバケットを孔底から急速に引き上げると，地盤との間にバキューム現象が発生する。

- 支持層確認は，掘削した試料の土質と深度を設計図書及び土質調査
資料等と対比し，確認する。
- 一次孔底処理は，掘削完了後に底ざらいバケットで掘りくずを除去
し，二次孔底処理は，コンクリート打込み直前にトレミーなどを利
用したポンプ吸上げ方式で行う。

リバース工法

- 表層部にスタンドパイプを設置し，地下水位＋2m以上の孔内水位
により孔壁を保護しながら，回転ビットを回転して土砂を切削する。
- 支持層の確認は一般にホースから排出される循環水に含まれた土砂
を採取し，設計図書及び土質調査試料等と比較して行う。
- 支持層への根入れは，支持層を確認したのち基準面を設定したうえ
で必要な根入れ長さをマーキングし，その位置まで掘削機が下がれ
ば掘削完了とする。
- 安定液のように粘性があるものを使用しないため，泥水循環時にお
いては粗粒子の沈降が期待でき，一次孔底処理により泥水中のスラ
イムはほとんど処理できる。 よく出る
- 二次孔底処理は鉄筋かご建込み後，コンクリート打込み直前までに
沈積した土砂などを処理する。
- スタンドパイプを安定した不透水層まで建て込んで孔壁を保護・安
定させ，コンクリート打込み後，スタンドパイプを引き抜く。

深礎杭工法

- 底盤の掘りくずを取り除くとともに，支持地盤が水を含むと軟化す
るおそれのある場合には，孔底処理完了後に孔底をモルタル又はコ
ンクリートで覆う。
- 掘削孔全長にわたりライナープレートなどで土止めを行い，土止め
は撤去しないことを原則とする。

場所打ち杭の施工一般

- コンクリート打込みは，一般に泥水中等で打込みが行われるので，
水中コンクリートを使用し，トレミーを用いて打ち込む。
- 孔底処理は，基準標高から掘削完了直後の深度と処理後の深度を検
尺テープにより計測し，その深度を比較することで管理ができる。

鉄筋かごの施工

- [ ] 組立は，軸方向鉄筋や帯鉄筋等構造計算上考慮する鉄筋に対して溶接による仮止めをしてはならない。**よく出る**

- [ ] 組立は，特殊金物などを用いた工法やなまし鉄線を用いて，鋼材や補強鉄筋を配置して堅固となるように行う。

- [ ] 組立は，自重で孔底に貫入するのを防ぐため，井げた状に組んだ鉄筋を最下端に配置するのが一般的である。

- [ ] 一般に鉄筋かごの径が大きくなるほど変形しやすくなるので，組立用補強材はできるだけ剛性の大きいものを使用する。**よく出る**

- [ ] スペーサは，鉄筋のかぶりを確保するためのもので，通常深さ方向に 3 m 間隔，同一深さに 4 ～ 8 箇所程度に取り付ける。

- [ ] 鉄筋かごを移動する際は，水平につり上げるため，ねじれ，たわみなどがおきやすいので，これを防止するため 2 ～ 4 点でつる。

例題

R3【A-No. 14 改題】

　場所打ち杭工法における支持層の確認及び支持層への根入れに関する次の記述のうち，**適当なもの**はどれか。

(1)　アースドリル工法の場合は，一般にホースから排出される循環水に含まれた土砂を採取し，設計図書及び土質調査試料等と比較して，支持層を確認する。

(2)　オールケーシング工法の根入れ長さの確認は，支持層を確認したのち，地盤を緩めたり破壊しないように掘削し，掘削完了後に深度を測定して行う。

(3)　深礎工法の支持層への根入れは，支持層を確認したのち基準面を設定したうえで必要な根入れ長さをマーキングし，その位置まで掘削機が下がれば掘削完了とする。

解答　2

解説　1 のアースドリル工法は，バケットにより掘削した土の土質と深度を設計図書及び土質調査試料等と比較し，支持層を確認する。選択肢の記述内容はリバース工法のことである。2 の掘削深度の測定は，外周部の対面位置 4 箇所以上測定する。3 の深礎工法の支持層への根入れは，鉛直支持力が確保できるよう 50cm 程度以上とする。選択肢の記述内容はリバース工法のことである。

04 道路橋の基礎形式・直接基礎

学習 /

▶▶ **パパっとまとめ**

道路橋下部工における基礎形式について理解する。また直接基礎における基礎地盤の処理，施工方法，特徴を覚える。

1
土木一般

道路橋下部工で用いられる基礎形式

☐ 杭基礎は，**支持杭基礎**と**摩擦杭基礎**に区分され，長期的な基礎の変位を防止するためには一般に**支持杭基礎**とし，杭先端の支持層への根入れ深さは，少なくとも**杭径程度以上**を確保する。**よく出る**

☐ **鋼管矢板基礎**は，打込み工法，又は中掘り工法による先端支持とし，また井筒部の下端拘束を地盤により期待する構造体であるため，支持層への根入れが**必要**となる。

☐ **摩擦杭基礎**は，長期的な鉛直変位について十分な検討を行い，**周面摩擦力**により所要の支持力が得られるように根入れ深さを確保する。

☐ **ケーソン基礎**は，沈設時に基礎周面の摩擦抵抗を低減する措置がとられるため，鉛直荷重に対しては周面摩擦による分担支持を期待せず**基礎底面のみで支持することを原則**とする。

☐ **直接基礎**は，一般に支持層位置が浅い場合に用いられ，**側面摩擦**によって鉛直荷重を分担支持することは期待できないため，その安定性は基礎底面の鉛直支持力に依存している。

道路橋下部工・擁壁等における直接基礎の施工

☐ 基礎が滑動するときのせん断面は，基礎の床付け面のごく浅い箇所に生じることから，掘削時に基礎地盤を緩めたり，必要以上に掘削するなど地盤に過度の**乱れ**が生じないようにする。**よく出る**

☐ 直接基礎のフーチング底面は，支持地盤に密着させ，十分なせん断抵抗（滑動抵抗）を有するように，地盤に応じた適切な処理を行う。

☐ 直接基礎のフーチング底面に**突起**をつける場合は，均しコンクリート等で処理した層を貫いて十分に支持層に貫入させる。

☐ 基礎地盤が砂地盤の場合は，基礎底面地盤を整地したうえで，その上に**栗石**や**砕石**を配置するのが一般的である。**よく出る**

- [ ] 基礎地盤が岩盤の場合は，均しコンクリートと地盤が十分にかみ合うよう，基礎底面地盤にはある程度の不陸を残し，平滑な面としないように配慮する。 **よく出る**

- [ ] 岩盤を切り込んで直接基礎を施工する場合は，水平抵抗を期待するためには，岩盤と同程度の強度や変形特性を有する貧配合のコンクリート等で埋め戻さなければならない。

- [ ] 基礎地盤をコンクリートで置き換える場合には，所要の支持力が得られるよう底面を水平に掘削し，浮石は完全に除去して岩盤表面を十分洗浄し，その上に置換えコンクリートを直接施工する。 **よく出る**

- [ ] 斜面上や傾斜した支持層などに擁壁の直接基礎を設ける場合は，基礎地盤として不適な地盤を掘削し，コンクリートで置き換えて施工することができる。

- [ ] 表層は軟弱であるが，比較的浅い位置に良質な支持層がある地盤を擁壁の基礎とする場合は，良質土による置換えを行い，改良地盤を形成してこれを基礎地盤とすることができる。

例題

R1【A-No. 15】

　道路橋の直接基礎の施工に関する次の記述のうち，**適当でないもの**はどれか。

(1)　直接基礎の底面は，支持地盤に密着させることで，滑動抵抗を十分に期待できるように処理しなければならない。

(2)　基礎地盤が砂地盤の場合は，基礎底面地盤を整地し，その上に栗石や砕石を配置するのが一般的である。

(3)　基礎地盤が岩盤の場合は，均しコンクリートと地盤が十分にかみ合うよう，基礎底面地盤にはある程度の不陸を残し，平滑な面としないように配慮する。

(4)　岩盤を切り込んで直接基礎を施工する場合は，水平抵抗を期待するためには，掘削したずりで埋め戻さなければならない。

解答 4

解説 岩盤を切り込んで直接基礎を施工する場合は，水平抵抗を期待するためには，岩盤と同程度の強度や変形特性を有する貧配合のコンクリート等で埋め戻す。

05 土止め（土留め）工・土止め（土留め）支保工

▶▶ パパっとまとめ

各種土止め工の特徴と施工方法を覚える。特に切梁式土止めの施工に関する留意事項を覚える。

切梁式土止め

☐ 切梁式土止めは，切梁，腹起し等の支保工と掘削側の地盤の抵抗によって土止め壁を支持する工法で，現場の状況に応じて支保工の数，配置などの変更が可能である。

☐ 腹起し材の継手部は弱点となりやすいため，応力的に余裕のある切梁や火打ちの近くに設ける。 よく出る

☐ 腹起しと土止め壁との間は，すきまが生じやすく密着しない場合が多いため，土止め壁と腹起しの間にモルタルやコンクリートを裏込めするなど，壁面と腹起しを密着させる。

☐ 切梁は，一般に圧縮部材として設計されるため，圧縮応力以外の応力が作用しないように，腹起しと垂直にかつ密着して取り付ける。

☐ 切梁の継手は，十分安全な強度をもつ突合せ継手とし，座屈防止のために中間杭付近に設けるとともに，継手部にはジョイントプレートなどを取り付けて補強する。 よく出る

☐ 数段の切梁がある場合には，掘削に伴って設置済みの切梁に軸力が増加し，ボルトに緩みが生じることがあるため，必要に応じ増締めを行う。 よく出る

☐ 切梁を撤去する際は，土止め壁に作用する荷重を鋼材や松丸太などで本体構造物に受け替えるなどして，土止め壁の変形を防止する。

☐ 腹起しと切の遊間は，土止め壁の変形原因となるので，あらかじめパッキング材などにより埋めておき，ジャッキの取付け位置は腹起しの付近とし，同一線上に並ばないように千鳥配置とする。

☐ 遮水性土止め壁であっても，鋼矢板壁の継手部のかみ合わせ不良などから地下水や土砂の流出が生じ，背面地盤の沈下や陥没の原因となることがあるので，鋼矢板打設時の鉛直精度管理が必要となる。

自立式土止め

☐ 切梁，腹起し等の支保工を用いず，掘削側の地盤の抵抗により土止め壁を支持する工法で，支保工がないため掘削が容易であるが，土止め壁の**変形**が大きい。比較的良質な地盤で浅い掘削に適する。

アンカー式土止め

☐ 土止めアンカーと掘削側の地盤の抵抗によって土止め壁を支持する工法で，掘削面内に**切梁**がないので掘削が容易であるが，掘削周辺にアンカーの打設が可能な**敷地**と良質な**定着地盤**が必要である。

控え杭タイロッド式土止め

☐ 控え杭と土止め壁を**タイロッド**でつなげ，これと地盤の抵抗により土止め壁を支持する工法で，掘削面内に**切梁**がないので機械掘削が容易であり，比較的良質な地盤で浅い掘削に適する。

☐ タイロッドの施工は，水平，又は所定の角度で，原則として土止め壁に**直角**になるように正確に取り付ける。

例題

R3【A-No. 15】

　土留め工の施工に関する次の記述のうち，**適当でないもの**はどれか。

(1)　腹起し材の継手部は弱点となりやすいため，ジョイントプレートを取り付けて補強し，継手位置は切ばりや火打ちの支点から遠い箇所とする。

(2)　中間杭の位置精度や鉛直精度が低いと，切ばりの設置や本体構造物の施工に支障となるため，精度管理を十分に行う。

(3)　タイロッドの施工は，水平，又は所定の角度で，原則として土留め壁に直角になるように正確に取り付ける。

(4)　数段の切ばりがある場合には，掘削に伴って設置済みの切ばりに軸力が増加し，ボルトに緩みが生じることがあるため，必要に応じ増締めを行う。

解答　1

解説　腹起し材の継手部は弱点となりやすいため，**継手位置**での**曲げモー**メント及び**せん断力**に対して十分強度を持つよう，**切ばりや火打ち**の近くに設ける。

2

第2章

専門土木

01 鋼橋の架設

▶▶ **バババっとまとめ**
鋼道路橋の架設の留意事項について理解する。

鋼橋の架設の留意事項

☐ 箱形断面の桁は，重量が重く吊りにくいので，事前に吊り状態における安全性を確認し，吊金具や補強材は工場で取り付ける。

☐ 箱形断面の桁は一般に剛性が高いため，架設時のキャンバー調整を行う場合には，ベントに大きな反力がかかるので，ベントの基礎及びベント自体の強度について十分検討する。

☐ 連続桁の架設において，側径間をカウンターウエイトとして中央径間で閉合する場合には，設計時に架設応力や変形を検討し，安全性を確認しておく。

☐ 連続桁をベント工法で架設する場合，ジャッキにより支点部を強制変位させて桁の変形及び応力調整を行う方法を用いてもよい。

☐ 曲線桁橋は，架設の各段階で，ねじれ，傾き及び転倒等が生じないように重心位置を把握し，ベント等の反力を検討する。 **よく出る**

☐ 斜橋は，たわみや主桁の傾きなどは架設中の各段階について算定し，架設中の桁のそりの管理（キャンバー調整）を行う。

☐ トラス橋は，架設の最終段階でのキャンバー調整が難しいため，架設中の各段階で上げ越し量をチェックする必要がある。

☐ 同一の構造物において，架設工法が変わると，鋼自重による死荷重応力も変わる。

☐ 部材の組立に使用する仮締めボルトとドリフトピンの合計は，架設応力に十分耐えうる本数を用いるものとし，その箇所の連結ボルト数の１／３程度を標準とする。 **よく出る**

☐ 玉掛けを行う場合には，部材及び吊金具に過大な応力や変形が生じないように配慮して，適切な吊り形式により作業を行うものとする。

☐ 吊金具は，本体自重のほかに，２点吊りの場合には本体自重の50％，４点吊りの場合には100％の不均等荷重を考慮する。

□ ジャッキをサンドル材（高さと幅が150mmのH形鋼にリブプレートを部分的に溶接した部材）で組み上げた架台上にセットする場合は、鉛直荷重の10%以上の水平荷重がジャッキの頭部に作用するものとして照査しなければならない。

□ 部材を横方向に移動する場合には、その両端で作業誤差が生じやすいため、移動量及び移動速度を施工段階ごとに確認しながら行う。

□ 部材を縦方向に移動する場合には、送出し作業に伴う送出し部材及び架設機材の支持状態が大きく変化するので、架設計算の応力度照査を行う必要がある。

□ I形断面部材を仮置きする場合は、風等の横荷重による転倒並びに横倒れ座屈に対して十分に注意し、汚れや腐食に対する養生として地面から150mm以上離す。 よく出る

□ I形断面の鋼桁橋は、水平曲げ剛度、ねじり剛度が低いため、桁を1本のみで仮置きや吊り上げをする場合には、横倒れ座屈に注意する。

例題

R2【A-No. 16 改題】

鋼道路橋の架設上の留意事項に関する次の記述のうち、**適当でない**ものはどれか。

(1) I形断面部材を仮置きする場合は、転倒ならびに横倒れ座屈に対して十分に注意し、汚れや腐食などに対する養生として地面より50mm以上離すものとする。

(2) 連続桁の架設において、側径間をカウンターウエイトとして中央径間で閉合する場合には、設計時に架設応力や変形を検討し、安全性を確認しておく必要がある。

(3) 部材の組立に使用する仮締めボルトとドリフトピンの合計は、架設応力に十分耐えるだけの本数を用いるものとし、その箇所の連結ボルト数の1/3程度を標準とする。

解答 1

解説 I形断面部材は、面外曲げ剛度、ねじり剛度が低いため、仮置き時の横倒れ座屈にも十分に注意し、汚れや腐食に対する養生として地面より150mm以上離す。

02 鋼橋の溶接

▶▶ パパっとまとめ

溶接における施工上の留意点を覚える。また検査方法について
も理解する。

溶接における施工上の留意点

☐ 溶接を行う部分は，溶接に有害な黒皮，さび，塗料，油などは除去し
たうえで，溶接線近傍は十分に乾燥させなければならない。 **よく出る**

☐ 組立溶接は，本溶接と同様な管理が必要なため，組立終了時までに
スラグを除去し，溶接部表面に割れがないことを確認しなければな
らない。割れがある場合には，割れの両端までガウジングをし，舟
底形に整形して補修溶接をする。

☐ 組立溶接は，本溶接によって全部再溶融される場合もあるが，一般
には再溶融せず本溶接内に残留することが多いので，組立溶接の品
質確保のために本溶接の場合と同様に管理が必要である。

☐ 開先溶接の余盛は，特に仕上げの指定のない場合，ビード幅と余盛
高さが規定の範囲内であれば仕上げをしなくてよい。 **よく出る**

☐ 開先溶接及び主桁のフランジと腹板のすみ肉溶接は，原則としてエ
ンドタブを取り付け，溶接の始端及び終端が溶接する部材上に入ら
ないようにしなければならない。

☐ エンドタブは，溶接端部において所定の品質が確保できる開先を有
する寸法形状の材片を使用し，溶接終了後は，ガス切断法によって
除去し，その跡をグラインダ仕上げする。

☐ 開先形状は，完全溶込み開先溶接からすみ肉溶接に変化するなど溶接
線内で開先形状が変化する場合，遷移区間を設けなければならない。

☐ すみ肉溶接の脚長を不等脚とすると，材片に対する溶接棒の角度が
一方に片寄ってアンダーカット等の欠陥を生じる原因になりやすい。

☐ 部材を組み立てる場合の材片の組合せ精度は，継手部の応力伝達が
円滑に行われ，かつ継手性能を満足するものでなければならない。

☐ アンダーカットは，設計上許容される値以下でなければならないが，
オーバーラップはあってはならない。

検査・試験

☐ 外観検査が不合格の**スタッドジベル**は全数ハンマー打撃による曲げ検査を行い，曲げても割れ等の欠陥が生じないものを合格とし，元に戻さず，曲げたままにしておく。また外観検査が合格の**スタッドジベル**の中から 1％について**抜取り曲げ検査**を行う。 よく出る

☐ ビード表面の**ピット**は，異物や水分により発生したガスの抜け穴であり，部分溶込み開先溶接継手及びすみ肉溶接継手においては，1継手につき 3 個又は継手長さ 1 m につき 3 個までを許容する。

☐ 溶接ビード及びその近傍には，いかなる場合も溶接割れがあってはならないが，割れの検査は肉眼で行うのを原則とし，疑わしい場合には**磁粉探傷試験**又は**浸透探傷試験**を用いるのがよい。 よく出る

☐ 非破壊試験のうち，磁粉探傷試験又は浸透探傷試験を行う者は，それぞれの試験の**種類**に対応した**資格**を有していなければならない。

☐ 現場溶接において，**被覆アーク溶接法**による手溶接，**ガスシールドアーク溶接法**（CO_2 ガス又は Ar と CO_2 の混合ガス），**サブマージアーク溶接法**以外の溶接を行う場合には，**溶接施工試験**を行う。

2

専門土木

例題

R3【A-No. 17 改題】

鋼道路橋における溶接に関する次の記述のうち，**適当でないもの**はどれか。

(1)　外観検査の結果が不合格となったスタッドジベルは全数ハンマー打撃による曲げ検査を行い，曲げても割れ等の欠陥が生じないものを合格とし，元に戻さず，曲げたままにしておく。

(2)　現場溶接において，被覆アーク溶接法による手溶接を行う場合には，溶接施工試験を行う必要がある。

(3)　溶接割れの検査は，溶接線全体を対象として肉眼で行うのを原則とし，判定が困難な場合には，磁粉探傷試験，又は浸透探傷試験を行う。

解答　2

解説　現場溶接において，被覆アーク溶接法（手溶接のみ），ガスシールドアーク溶接法（CO_2 ガス又は Ar と CO_2 の混合ガス），サブマージアーク溶接法以外の溶接を行う場合は**溶接施工試験**を行う必要がある。

03 高力ボルトの施工及び検査

▶▶ パパっとまとめ

鋼橋における高力ボルトの施工及び検査について理解する。また鋼橋の高力ボルト締付け作業手順，方法について理解する。

鋼橋における高力ボルトの施工及び検査

☐ 摩擦接合において接合される材片の接触面を塗装しない場合は，所定のすべり係数が得られるよう，現場で接合する直前に接合面を十分清掃して，黒皮，浮きさび，油，泥などを除去して粗面とする。

よく出る

☐ トルシア形高力ボルトの締付け検査は，全数についてピンテールの切断の確認とマーキングによる外観検査を行わなければならない。

よく出る

☐ ボルトの締付けをトルク法によって行う場合は，締付けボルト軸力が各ボルトに均一に導入されるよう締付けトルクを調整する。

☐ トルク法による締付け検査において，締付けトルク値がキャリブレーション時に設定したトルク値の 10％を超えたもの，あるいは軸部が降伏していると思われるものについてはボルトを交換する。

☐ 回転法によって締め付けた高力ボルトは，全数についてマーキングによる外観検査を行い，回転角が過大なものについては，新しいボルトセットに取り替えて締め直す。

☐ フィラーは，継手部の母材に板厚差がある場合に用いるが，肌隙などの不確実な連結及び腐食などを防ぐため，肌隙量 1mm を超えるときにフィラーを挿入する（1mm 以下のときは処理不要）。挿入されるフィラーの枚数は，原則として 1 枚とする。

☐ 溶接と高力ボルトを併用する継手は，それぞれが適切に応力を分担するよう設計を行い，応力に直角なすみ肉溶接と高力ボルト摩擦接合とは併用してはならない。

鋼橋の高力ボルト締付け作業

☐ ボルト軸力の導入は，ナットを回して行うのを原則とするが，やむを得ずボルトの頭部を回して締め付ける場合は，トルク係数値の変化を確認する。 **よく出る**

☐ 高力ボルトの締付けは，継手の外中央から順次端部へ向かって行い予備締めと本締めの 2 度締めを行う。 **よく出る**

☐ 曲げモーメントを主として受ける部材のフランジ部と腹板部とで，溶接と高力ボルト摩擦接合をそれぞれ用いるような場合には，溶接完了後に高力ボルトを締め付ける。 **よく出る**

☐ トルシア形高力ボルトの締付けは，予備締めには電動インパクトレンチを使用してもよいが，本締めには専用締付け機を使用する。 **よく出る**

例題

鋼道路橋における高力ボルトの締付け作業に関する次の記述のうち，**適当なもの**はどれか。

(1) トルク法によって締め付けたトルシア形高力ボルトは，各ボルト群の半分のボルト本数を標準として，ピンテールの切断の確認とマーキングによる外観検査を行う。

(2) ボルト軸力の導入は，ナットを回して行うのを原則とするが，やむを得ずボルトの頭部を回して締め付ける場合は，トルク係数値の変化を確認する。

(3) 回転法によって締め付けた高力ボルトは，全数についてマーキングによる外観検査を行い，回転角が過大なものについては，一度緩めてから締め直し所定の範囲内であることを確認する。

(4) 摩擦接合において接合される材片の接触面を塗装しない場合は，所定のすべり係数が得られるよう黒皮をそのまま残して粗面とする。

解答 2

解説 1 のトルシア形高力ボルトは，全数についてピンテールの切断の確認とマーキングによる外観検査を行う。2 は記述の通りである。3 の回転角が過大なものについては，新しいボルトセットに取り替えて締め直す。4 の接触面を塗装しない場合は，現場で接合する直前に接合面を十分清掃して，黒皮を除去して粗面とする。

耐候性鋼材

▶▶ ババっとまとめ

耐候性鋼材の特徴，耐候性鋼用表面処理剤等について理解する。

耐候性鋼材

☐ 耐候性鋼は鋼材に適量の合金元素（銅，クロム，ニッケルなど）を添加することで，鋼材表面に緻密なさび層を形成させ，これが鋼材表面を保護することで以降のさびの進展が抑制される。 **よく出る**

☐ 耐候性鋼材の箱桁や鋼製橋脚などの内面は，閉鎖された空間であり結露が生じやすく，耐候性鋼材の適用可能な環境とならない場合には，普通鋼材と同様に内面用塗装仕様を適用する。 **よく出る**

☐ 耐候性鋼用表面処理剤は，耐候性鋼材表面の緻密なさび層の形成を助け，架設当初のさびむらの発生やさび汁の流出を防ぐことを目的に使用される。 **よく出る**

例題

R2【A-No. 17 改題】

鋼道路橋に用いる耐候性鋼材に関する次の記述のうち，**適当でない**ものはどれか。

(1) 耐候性鋼用表面処理剤は，耐候性鋼材表面の緻密なさび層の形成を助け，架設当初のさびむらの発生やさび汁の流出を防ぐことを目的に使用される。

(2) 耐候性鋼材の箱桁の内面は，気密ではなく結露や雨水の浸入によって湿潤になりやすいと考えられていることから，通常の塗装橋と同様の塗装をするのがよい。

(3) 耐候性鋼橋に用いるフィラー板は，肌隙などの不確実な連結を防ぐためのもので，主要構造部材ではないことから，普通鋼材が使用される。

解答 3

解説 耐候性鋼橋に用いるフィラー板は，防錆・防食上から原則として同種の鋼材とする。

05 コンクリート構造物の劣化現象・ひび割れ

▶▶ パパっとまとめ

コンクリート構造物の劣化現象である，アルカリシリカ反応，中性化，塩害，凍害等のメカニズムと対策方法について理解する。また，コンクリートに生ずるひび割れの原因と対策も理解する。

2
専門土木

アルカリシリカ反応

□ 骨材中に含まれる反応性シリカ鉱物がコンクリート中のアルカリ性水溶液と反応して，コンクリートが劣化する現象である。

□ 無筋コンクリート構造物などでは亀甲状のひび割れが生じ，鉄筋コンクリート構造物では主筋方向，部材両端が強く拘束されている構造物では拘束されている面に直角にひび割れが生じる。

□ 有害な骨材を無害な骨材と混合した場合，コンクリートの膨張量は，有害な骨材を単独で用いるよりも大きくなることがある。

□ 膨張にともなうひび割れは，コンクリートにひび割れが顕在化するには早くても数年かかるので，竣工検査の段階で目視によって劣化を確認することはできない。

アルカリシリカ反応抑制対策

□ 細骨材もアルカリシリカ反応による膨張を生じさせるため，アルカリシリカ反応性試験を行わなければならない。

□ アルカリシリカ反応性試験で区分 A「無害」判定の骨材を用いる。

□ JIS に適合する高炉セメント B 種，あるいは JIS に適合するフライアッシュセメント B 種を用いる。

□ 高炉セメント B 種を用いる場合は，スラグ混合率 40％以上とする。

□ アルカリ量が明示されたポルトランドセメントを使用し，混和剤のアルカリ分を含めてコンクリート 1㎥に含まれるアルカリ総量が Na_2O 換算で 3.0kg 以下にする。

□ 海洋環境や凍結防止剤の影響を受ける地域で，無害でないと判定された骨材を用いる場合は，外部からのアルカリ金属イオンや水分の侵入を抑制する対策を行うのが効果的である。

コンクリートの中性化

☐ 大気中の二酸化炭素がコンクリート内に侵入しセメント水和物と炭酸化反応を起こし，コンクリートの空げき中の水分の pH を低下させ，鋼材の腐食による体積膨張がコンクリートのひび割れやはく離，鋼材の断面欠損を生じさせる劣化現象である。**よく出る**

☐ 乾燥・湿潤が繰り返される場合と比べて常時乾燥している場合の方が中性化速度は速い。

☐ 中性化と水の浸透に伴う鉄筋腐食は，常時滞水している場合と比べて乾燥・湿潤が繰り返される場合の方が腐食速度は速い。

☐ 中性化深さは，フェノールフタレイン溶液を噴霧し，コンクリート表面から，発色が認められない範囲までの深さを測定する。

☐ 鋼材腐食は，中性化深さが鋼材位置に達する前に始まるが，通常の環境下では，中性化残り 10mm 以上あれば軽微な腐食にとどまる。

☐ 中性化深さは，一般的に構造物完成後の供用年数の平方根（1／2乗）に比例すると考えてよい。

☐ 同一水結合材比のコンクリートにおいては，フライアッシュを用いたコンクリートの方が，中性化の進行は速い。

塩害

☐ コンクリート中の鋼材の腐食が塩化物イオンにより促進され，腐食による鋼材の断面欠損，腐食物質の体積膨張に伴うコンクリートのひび割れ，はく離を誘発しコンクリート構造物の美観の低下をもたらす劣化現象である。**よく出る**

☐ コンクリート中に塩化物が含まれている場合，中性化の進行により，セメント水和物に固定化されていた塩化物イオンが解離し，未中性化領域に濃縮するため腐食の開始が早まる。

☐ 塩害環境下においては，一般に塩化物イオンの侵入に対し，かぶりにより対策を行っている。

☐ 凍結防止剤として塩化ナトリウムの散布が行われる道路用コンクリート構造物では，塩化物イオンの影響によりスケーリングによる表面の劣化が著しくなる。

凍害

- [ ] コンクリート中の水分が凍結と融解を繰り返すことによって，コンクリート表面からスケーリング，微細ひび割れ，ポップアウトなどの形で劣化する現象である。
- [ ] 凍害による劣化は，コンクリート構造物表面部の骨材のポップアウトや粗骨材間のモルタル部でのスケーリングが観測される。
- [ ] スケーリングは，ペースト部分の品質が劣る場合や適切な空気泡が連行されていない場合に発生するものである。
- [ ] 水セメント比は，コンクリートの耐凍害性に大きな影響を及ぼす。
- [ ] 単位水量は，初期凍害を防止するため，所要のワーカビリティーが保てる範囲内でできるだけ少なくする。
- [ ] 気象環境の厳しいところでは，AE コンクリートを用いる。
- [ ] コンクリートの耐凍害性には，コンクリートの品質のほかコンクリートの飽水度などの要因がある。

化学的侵食

- [ ] 侵食性物質との接触によるコンクリートの溶解・劣化や，内部に侵入した侵食性物質がセメント組成物質や鋼材と反応し，体積膨張によるひび割れやかぶりの剥離などを引き起こす劣化現象である。

コンクリートの施工時に発生する初期ひび割れ

- [ ] コンクリート表面を初期養生中に急激に乾燥させると，コンクリート内部と表面部との温度差により生じた内部拘束応力により部材を貫通するひび割れが等間隔で発生する。
- [ ] 打込みまでに時間がかかりすぎた場合やセメントや骨材の品質に問題がある場合には，網目状のひび割れが発生することがある。

ひび割れの種類

ひび割れの形状	ひび割れの種類と概略
800	□ 温度ひび割れ セメントの水和反応によって生じた水和熱と外周の温度差によって生じる。 図の壁上部は拘束がなく自由に収縮するが，壁下部は底版に拘束されひび割れが発生する。 壁下端が拘束された厚さ 500mm 以上のマスコンクリートに生じやすい。

ひび割れの形状	ひび割れの種類と概略
セパレータ 800	□ 沈みひび割れ コンクリートの沈みと凝固が同時進行する過程で，その沈み変位を水平鉄筋やセパレータなどが拘束することなどにより発生する。
250	□ 乾燥収縮ひび割れ 壁厚が比較的薄いと，型枠の早期取り外しなどの影響による，コンクリートの乾燥収縮により生じやすい。
250	□ 早い発生時期の場合 …… 乾燥収縮ひび割れによるもの □ 遅い発生時期の場合 …… アルカリ骨材反応によるものまたは，交通荷重の繰返しによるもの

単位 mm

（図の出典：平成 27 年度 1 級土木施工管理技術検定 A 問題 No.20）

例題

H30【A-No. 19 改題】

コンクリート構造物の劣化とその特徴に関する次の記述のうち，**適当でないもの**はどれか。

(1) 塩害による劣化は，コンクリート中の塩化物イオンの存在により鋼材の腐食が進行し，腐食生成物の体積膨張によりコンクリートのひび割れやはく離・はく落や鋼材の断面減少が起こる。

(2) 中性化による劣化は，大気中の二酸化炭素がコンクリート内に侵入しコンクリートの空げき中の水分の pH を上昇させ鋼材の腐食により，ひび割れの発生，かぶりのはく落が起こる。

(3) アルカリシリカ反応による劣化のうち，膨張にともなうひび割れは，コンクリートにひび割れが顕在化するには早くても数年かかるので，竣工検査の段階で目視によって劣化を確認することはできない。

解答 2

解説 中性化による劣化は，大気中の二酸化炭素がコンクリート内に侵入し，炭酸化反応により本来アルカリ性である細孔溶液の pH を下げる現象をいう。中性化が鋼材位置に達すると，鋼材の発錆による体積膨張により，ひび割れの発生，かぶりのはく落が起こる。

2-1 構造物

06 コンクリート構造物の 補修・補強工法

学習 /

▶▶ パパっとまとめ

コンクリート構造物の補修・補強工法について理解し，アルカリシリカ反応や塩害を生じたコンクリート構造物の補修における留意点，及びコンクリート構造物の補強工法を覚える。

2 専門土木

表面含浸工法

☐ シラン系表面含浸材は，コンクリート表層に吸水防止層を形成し，外部からの水や塩化物イオンの浸透を抑制するが，コンクリート中の空げきは充てんしないため，水蒸気透過性は確保される。

☐ シラン系表面含浸材を用いた表面処理工法は，コンクリート中の水分低減効果が期待でき，アルカリシリカ反応抑制効果が期待できる。

表面被覆工法

☐ 有機系表面被覆工法による補修には塗装工法とシート工法があり，塗装工法はコンクリート表面を乾燥させた状態で塗布する。

☐ 有機系表面被覆工法は，塩化物イオンなど劣化因子がコンクリート中に侵入し，劣化損傷が生じている場合は，劣化損傷部を除去する断面修復工法などと組み合わせた施工が必要になる。

☐ 無機系表面被覆工法は，ポリマーセメントモルタル系の無機系材料で被覆する保護工法であり，塗布工法とメッシュ工法に大別される。

☐ 無機系表面被覆工法による補修を行う場合には，コンクリート表面の局所的なぜい弱部は除去し，また空げきはパテにより充てんし，段差や不陸もパテにより解消する。

電気防食工法

☐ コンクリート表面に陽極材を設置し，コンクリートを介して，鋼材に防食電流を供給することで鋼材の腐食の進行を停止させる電気化学的防食工法である。

☐ 外部電源方式の電気防食工法は，防食電流の供給システムの性能とその耐久性などを把握し，適切なシステム全体の維持管理を行う。

57

断面修復工法

- [ ] 劣化又は損傷によって喪失した断面やコンクリートの劣化部分を除去し，ポリマーセメント等で当初の断面寸法に修復する工法である。

- [ ] 吹付け工法による断面修復工法は，型枠の設置が不要であり断面修復面積が比較的大きい部位に適している。

- [ ] 補修を行う場合は，補修範囲の端部にはカッターを入れるなどにより，断面が緩やかなスロープ状になるフェザーエッジを回避する。

アルカリシリカ反応を生じたコンクリート構造物の補修等

- [ ] 電気防食工法は，塩害の対策として用いられるが，アルカリシリカ反応と塩害が複合して劣化を生じたコンクリート構造物に適用すると，アルカリシリカ反応を促進することがある。 **よく出る**

- [ ] 予想されるコンクリート膨張量が大きい場合には，水処理（止水，排水処理），表面処理（被覆，含浸），ひび割れ注入，はく落防止，断面修復等に加え，プレストレス導入や，鋼板，PC，FRP 巻立てによる膨張拘束のための対策を検討する。

- [ ] ひび割れが顕著になると，鉄筋の曲げ加工部に亀裂や破断が生じるおそれがあるので，補修・補強対策を検討するとよい。

- [ ] 補修・補強のときには，できるだけ外部からの水分供給を遮断・低減しコンクリートを乾燥させる対策を講じるとよい。

塩害を生じた鉄筋コンクリート構造物の補修対策工法

- [ ] 断面修復工法は，塩化物イオンを多く含むコンクリートを除去し，欠損した部分を断面修復材によって修復する工法であり，コンクリート中の塩化物イオンの除去を主目的とするものである。

- [ ] 表面処理工法には，表面被覆工法や表面含浸工法があり，表面からの塩化物イオンの浸透量の低減や遮断を期待するものである。

- [ ] 脱塩工法は，仮設陽極を配置し，コンクリート中の塩化物イオンを除去し，鋼材の腐食停止や腐食速度を抑制するものである。

コンクリート構造物の補強工法

- [ ] 道路橋の床版に対する接着工法では，死荷重等に対する既設部材の負担を減らす効果は期待できず，接着された補強材は補強後に作用する車両荷重に対してのみ効果を発揮する。

□ 耐震補強のために装置を後付けする場合には，装置本来の機能を発揮させるために，その装置が発現する最大の強度と，それを支える取付け部や既存部材との耐力の差を考慮する。

□ 連続繊維の接着により補強を行う場合は，既設部材の表面状態が直接確認できなくなるため，帯状に補強部材を配置する等点検への配慮を行う。

床版上面増厚工法

□ 床版コンクリート上面を切削，研掃後，鋼繊維補強コンクリートを用い既設床版コンクリートと一体化させるように打ち込む。

□ 下地処理は，増厚部と既設部材が所定の付着性能が得られるよう，表面の油脂等の汚れやぜい弱層を除去するショットブラストが一般的である。

□ 鋼繊維補強コンクリートを用いる場合，既設コンクリート表面は乾燥状態が望ましい。

□ 増厚コンクリートの最小厚は，粗骨材の最大寸法，施工精度，乾燥収縮の影響などを考慮して決める。

床版下面増厚工法

□ 既設構造物の損傷が著しい条件では，上面はつりとひび割れ注入や断面修復，場合によっては部分打替えを行い増厚部との付着を確保する。

□ 事前に橋面防水工により床版下面への漏水を防ぐようにし，ポリマーセメントモルタルや鋼繊維補強超速硬モルタルが増厚材料として用いられる。

□ 既設コンクリートの表面処理には，ポリマーモルタル接着用モルタルを吹付け既設コンクリートに含浸させてコンクリート表面の活性化を図る。

連続繊維シート工法

□ 使用する樹脂材料は，直射日光が当たらない冷暗所に保管する。

□ 連続繊維シートの重ね継手部は，せん断耐力やじん性の向上を目的として重ね継手長を 200mm 程度とし，繊維間・シート間に含浸接着樹脂が十分含浸され一体となるようにする。

- [ ] 使用する材料は，プライマー，不陸修正材，含浸接着樹脂などの材料で，エポキシ樹脂の施工に適した環境条件は，気温5℃以上，湿度85%以下である。

- [ ] 下地処理工は，コンクリート面の劣化層を取り除き，シートの接着・密着性を確保するため不陸や突起ははつり落とし不陸修正材を用いて平坦にする。

- [ ] 不陸修正材は，コンクリート表面の段差や比較的小さな凹凸を平坦にするもので，一般にはエポキシ樹脂系のパテ材などが使用される。

- [ ] 連続繊維シートは，接着工による含浸・硬化させる前には傷つきやすく，連続繊維の種類によっては紫外線や水分により劣化するものもあるのでその取扱いには注意する。

- [ ] 含浸接着樹脂は，シート繊維に含浸させ硬化させて各々の繊維を一体化しシート全体が均一に外力を受けるようにする。

- [ ] 断面修復材は，既設コンクリートのかぶりが部分的に欠如している場合の修復に用いられ，一般には樹脂モルタルやポリマーセメントモルタルなどが使用される。

例題

R4【A-No.19改題】

　アルカリシリカ反応を生じたコンクリート構造物の補修・補強に関する次の記述のうち，**適当でないもの**はどれか。

(1)　塩害とアルカリシリカ反応による複合劣化が生じ，鉄筋の防食のために電気防食工法を適用する場合は，アルカリシリカ反応を促進させないように配慮するとよい。

(2)　予想されるコンクリート膨張量が大きい場合には，プレストレス導入やFRP巻立て等の対策は適していないので，他の対策工法を検討するとよい。

(3)　アルカリシリカ反応の補修・補強の時には，できるだけ水分を遮断しコンクリートを乾燥させる対策を講じるとよい。

解答 2

解説 予想されるコンクリート膨張量が大きい場合には，水処理（止水，排水処理），表面処理（被覆，含浸），ひび割れ注入，はく落防止，断面修復等に加え，プレストレス導入や，鋼板，PC，FRP巻立てによる膨張の拘束も検討する。

河川堤防の盛土施工

学習 ___ / ___

▶▶ パパっとまとめ

　河川堤防の盛土施工に用いる盛土材料の条件，施工方法について理解する。

盛土材料

☐ 築堤土は，粒子のかみ合わせにより強度を発揮させる粗粒分と，透水係数を小さくする細粒分が，適当に配合されたものがよく，土質分類上は粘性土，砂質土，礫質土が適度に含まれていれば締固めを満足する施工ができる。 **よく出る**

☐ 河川堤防に用いる盛土材料の条件は，以下の通りである。

① 高い密度が得られる粒度分布を有し，かつ，せん断強度が大きい
② できるだけ不透水性
③ 堤体に悪影響を及ぼす圧縮変形や膨張性がない
④ 施工性がよく締固めが容易
⑤ 浸水，乾燥に対し，滑りやクラックが生じず安定
⑥ 有害な草木の根等，有機物を含まない

☐ 嵩上げや拡幅に用いる堤体材料は，表腹付け（川表側）には既設堤防より透水性の小さい細かい粒度の材料を，裏腹付け（川裏側）には既設堤防より透水性の大きい粗い粒度の材料を使用する。 **よく出る**

☐ トラフィカビリティーが確保できない土は，地山でのトレンチによる排水，仮置きによる曝気乾燥等により改良することで，堤体材料として使用が可能になる。

☐ 石灰を用いた土質安定処理工法は，石灰が土中水と反応して，吸水，発熱作用を生じて周辺の土から脱水することを主要因とするが，反応時間はセメントに比較して長時間が必要である。

河川堤防の盛土の施工

☐ 基礎地盤に極端な凹凸や段差があると，凹部や段差付近の締固めが不十分となるため，盛土に先がけてできるだけ平坦にかきならし，均一な盛土の仕上りとなるようにする。 **よく出る**

☐ 盛土の施工開始にあたっては，基礎地盤と盛土の一体性を確保する目的で地盤の表面を掻き起こし，盛土材料とともに締め固めを行う。

☐ 既設の堤防に腹付けを行う場合は，新旧のり面をなじませるため段切りを行い，一般には1段当たりの段切高は転圧厚の倍数，最小高で50cm程度とし，水平部分には横断勾配をつけることで施工中の排水に注意する。

☐ 築堤盛土の締固めは，堤防縦断方向（河川堤防法線と平行）に行うことが望ましく，締固めに際しては締固め幅が重複するように常に留意して施工する。 **よく出る**

☐ 築堤盛土の施工中は，のり面の一部に雨水が集中して流下するとのり面侵食の主要因となるため，のり面侵食の防止のため適当な間隔で仮排水溝を設けて降雨を流下させたり，降水の集中を防ぐため堤防横断方向に3〜5%程度の排水勾配を設けながら施工する。
よく出る

☐ 築堤盛土の敷均しをブルドーザで施工する際は，高まきとならないように注意し，一般的には1層当たりの締固め後の仕上り厚さが30cm以下となるように敷均しを行う。

例題   R2【A-No. 21 改題】

河川堤防の施工に関する次の記述のうち，**適当なもの**はどれか。
(1)　築堤盛土の締固めは，堤防横断方向に行うことが望ましく，締固めに際しては締固め幅が重複するように常に留意して施工する。
(2)　築堤盛土の施工中は，法面の一部に雨水が集中して流下すると法面侵食の主要因となるため，堤防横断方向に3〜5%程度の勾配を設けながら施工する。
(3)　築堤盛土の敷均しをブルドーザで施工する際は，高まきとならないように注意し，一般的には1層当たりの締固め後の仕上り厚さが50cm以下となるように敷均しを行う。

解答 2
解説 1の築堤盛土の締固めは，堤防縦断方向（堤体の法線方向）に行う。2は記述の通りである。3の築堤盛土の敷均しは，1層当たりの締固め後の仕上り厚さが30cm以下となるように行う。

02 河川堤防の開削工事・柔構造樋門

学習 /

> ▶▶ ババっとまとめ
>
> 河川工事における仮締切り，河道内の掘削工事，柔構造樋門等構造物の施工方法について覚える。

仮締切り

☐ 鋼矢板の二重締切りに使用する中埋め土は，壁体の剛性を増す目的と，鋼矢板等の壁体に作用する土圧を低減するという目的のため，良質の砂質土を用いる。 **よく出る**

☐ 仮締切り工の平面形状は，河道に対しての影響を最小にするとともに，流水による洗掘，堆砂等の異常現象を発生させない形状とする。

☐ 堤防の開削は，仮締切り工が完成する以前に開始してはならず，また，仮締切り工の撤去は，堤防の復旧が完了，又はゲートなど代替機能の構造物ができた後に行う。

☐ 非出水期間中に施工する場合は，施工期間中の既往最高水位か過去10年程度の最高水位に余裕高をとって仮締切り高を決定する。

☐ 仮締切り工の撤去は，構造物の築造後，締切り内と外との土圧，水圧をバランスさせつつ撤去する必要があり，流水の影響がある場合は，下流側，流水側，上流側の順で撤去する。

河道内の掘削工事

☐ 河道内の掘削工事では，掘削深さが河川水位より低い場合や地下水位が高い場合，数層に分けて掘削するなど，土質や水位条件などを総合的に検討して掘削方法を決める必要がある。

☐ 河道内の掘削工事では，出水時に掘削機械が迅速に安全な場所に退避できるように，あらかじめ退避場所を設けておく必要がある。

☐ 低水路部の一連区間の掘削では，流水が乱流を起こして部分的に深掘れなどの影響が生じないよう，下流から上流に向かって掘削する。

☐ 低水路の掘削土を築堤土に利用する場合は，地下水位や河川水位を低下させるための瀬替えや仮締切り，排水溝を設けた釜場での排水などにより含水比の低下をはかる。

堤防の開削を伴う構造物の施工

☐ 安定している既設堤防を開削して樋門・樋管を施工する場合は、既設堤防の開削は極力小さくする。

☐ 強度が十分発揮された構造物の埋戻しは、構造物に偏土圧を加えないように注意し、構造物の両側から均等に締固め作業を行う。

☐ 軟弱地盤で堤防の拡築に伴って新規に構造物を施工する場合、盛土による拡築では既設堤防との間で不同沈下が生じることが多い。

河川の柔構造樋門の施工

☐ 樋門本体の不同沈下対策としての可とう性継手は、樋門の構造形式や地盤の残留沈下を考慮し、できるだけ土圧の大きい堤体中央部付近を避け、継手は2箇所以上とする。

☐ 堤防開削による床付け面は、荷重の除去にともない緩むことが多く、乱さないで施工するとともに転圧によって締め固める。 よく出る

☐ 基礎地盤の沈下により函体底版下に空洞が発生した場合は、その対策としてグラウトが有効であることから、底版にグラウトホールを設置する。 よく出る

例題   R4【A-No. 23 改題】

　河川堤防の開削工事に関する次の記述のうち、**適当でないもの**はどれか。

(1)　鋼矢板の二重締切りに使用する中埋め土は、壁体の剛性を増す目的と、鋼矢板等の壁体に作用する土圧を低減するという目的のため、良質の砂質土を用いることを原則とする。

(2)　仮締切り工は、開削する堤防と同等の機能が要求されるものであり、流水による越流や越波への対策は不要で、天端高さや堤体の強度を確保すればよい。

(3)　樋門工事を行う場合の床付け面は、堤防開削による荷重の除去に伴って緩むことが多いので、乱さないで施工するとともに転圧によって締め固めることが望ましい。

解答 2

解説 仮締切り工は、開削する堤防と同等の機能が要求されるため、天端高さ、堤体の強度の確保はもとより、法面や河床の洗掘対策を行う。

03 河川堤防における 軟弱地盤対策工

>> パパっとまとめ

　河川堤防における軟弱地盤対策工の工法と，その概略について覚える。また，河川堤防の耐震対策についても理解しておく。

2 専門土木

河川堤防における軟弱地盤対策工

☐ 河川堤防には「土堤原則」があり，河川堤防の機能（耐侵食機能など）は土の自重に起因するものもあると考えられていること等から，定規断面内に軽量盛土を使用することは避けている。

☐ 表層混合処理工法では，一般に，改良強度を確認する場合は，サンプリング試料を一軸圧縮試験により行い，CBR 値の場合は CBR 試験により実施する。

☐ 緩速盛土工法で軟弱地盤上に盛土する際の基礎地盤の強度を確認には，一般的にオランダ式二重管コーン貫入試験，電気式静的コーン貫入試験が用いられている。

☐ 段階載荷工法は，基礎地盤がすべり破壊や側方流動を起こさない程度の厚さでゆっくりと盛土を行い，地盤の圧密の進行に伴い，地盤のせん断強度の増加を期待する工法である。

☐ 段階載荷工法は，一次盛土後，圧密による地盤の強度が増加してから，また盛り立てて盛土の安定をはかる工法である。

☐ 押え盛土工法は，盛土の側方に押え盛土を行いすべりに抵抗するモーメントを増加させて盛土のすべり破壊を防止する工法である。

☐ 掘削置換工法は，軟弱層の一部又は全部を除去し，良質材で置き換えてせん断抵抗を増加させるもので，沈下も置き換えた分だけ小さくなる工法である。

☐ サンドマット工法は，軟弱層の圧密のための上部排水の促進と，施工機械のトラフィカビリティーの確保をはかる工法である。

☐ サンドコンパクションパイル工法は地盤中に締め固めた砂杭を造り，軟弱層を締め固めるとともに砂杭の支持力によって地盤の安定を増加して沈下を抑制する工法である。

☐ 盛土補強工法は，盛土中に鋼製ネット，帯鋼またはジオテキスタイルなどを設置し，すべり破壊を抑止する工法である。

☐ 軟弱な粘性土で構成されている基礎地盤上において，堤防の拡幅工事中に亀裂が発生した場合は，シート等で亀裂を覆い，亀裂の進行が終了したことが確認できたら，堤体を切り返して締固めを行う。

☐ 基礎地盤が軟弱な場合には，必要に応じて盛土を数次に区分けし，圧密による地盤の強度増加をはかりながら盛り立てるなどの対策を講じることが必要である。

例題   R2【A-No. 22】

河川堤防における軟弱地盤対策工に関する次の記述のうち，**適当でないもの**はどれか。
(1) 段階載荷工法は，基礎地盤がすべり破壊や側方流動を起こさない程度の厚さでゆっくりと盛土を行い，地盤の圧密の進行にともない，地盤のせん断強度の減少を期待する工法である。
(2) 押え盛土工法は，盛土の側方に押え盛土を行いすべりに抵抗するモーメントを増加させて盛土のすべり破壊を防止する工法である。
(3) 掘削置換工法は，軟弱層の一部又は全部を除去し，良質材で置き換えてせん断抵抗を増加させるもので，沈下も置き換えた分だけ小さくなる工法である。
(4) サンドマット工法は，軟弱層の圧密のための上部排水の促進と，施工機械のトラフィカビリティーの確保をはかる工法である。

解答 1
解説 1の段階載荷工法は，基礎地盤がすべり破壊や側方流動を起こさない程度の厚さでゆっくりと盛土を行い，地盤の圧密の進行に伴い，地盤のせん断強度の増加を期待する工法である。2と3は記述の通りである。4のサンドマット工法は，軟弱地盤上に50〜120cm程度の砂層を施工し，軟弱層の圧密のための上部排水の促進と，施工機械のトラフィカビリティーの確保をはかる工法であるが，堤防の止水機能という面からあまり厚くしたり，粗粒材を用いることは適当でない。

04 河川護岸・多自然川づくりにおける護岸

▶▶ パパっとまとめ

河川護岸は，のり覆工，基礎工，根固工等からなる構造物である。護岸の各部の機能及び施工における留意点を覚える。また多自然川づくりにおける護岸についても理解する。

2 専門土木

河川護岸各部の名称

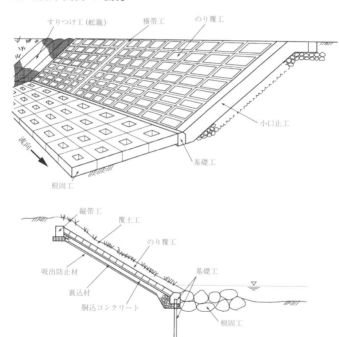

すりつけ工（蛇籠）　横帯工　のり覆工　小口止工　基礎工　根固工

縦帯工　覆土工　のり覆工　基礎工　吸出防止材　裏込材　胴込コンクリート　根固工

流向

根固工

☐ 根固工は，流体力に耐える重量であり，護岸基礎前面の河床の洗掘を生じさせない敷設量とし，耐久性が大きく，河床変化に追随できる屈とう性構造とする。 **よく出る**

☐ ブロック重量は，洪水時の流速で流失しない重さを有する必要があることから，現場付近の河床にある転石類の平均重量以上とする。

☐ 敷設天端高は，護岸基礎工の天端高と同じ高さを基本とする。

☐ 異形コンクリートブロックの積み方には，層積みと乱積みがあり，層積みは河床を整正してブロックを規則正しく並べ，鉄筋，ワイヤなどで連結する工法で水中での施工，維持・補修が困難である。乱積みは河床にブロックを不規則に積み上げる工法で，水深が深い場所や河床変化の大きい場所での施工，維持・補修が容易である。

☐ 根固工とのり覆工との間に間隙を生じる場合は，栗石など適当な間詰工を施す。 よく出る

河川護岸

☐ かごマットは，かごを工場で完成に近い状態まで加工し，これまで熟練工の手作業に頼っていた詰め石作業を機械化するため，蓋編み構造としている。

☐ 護岸には，一般に水抜きは設けないが，掘込河道等で残留水圧が大きくなる場合には，必要に応じて水抜きを設けるが，その場合に堤体材料などの細粒土が吸い出されないよう考慮する。 よく出る

☐ 縦帯工は，護岸ののり肩部の破損を防ぐために施工する。

☐ 横帯工は，のり覆工の延長方向の一定区間ごとに設け，護岸の変位や破損が他に波及しないよう絶縁するために施工する。

☐ 護岸肩部の洗掘防止には，護岸の天端に水平折り返し（天端工）を設け，折返しの終端には巻止めコンクリートを設ける。

☐ すり付け護岸は，屈とう性があり，かつ，表面形状に凹凸のある連節ブロックやかご工等が適しているが，局部洗掘や上流端からのめくれ等への対策が必要である。

☐ 現地の残土や土砂等を利用して植生の回復を図るかご系の護岸では，水締め等による空隙の充填を行い，背面土砂の流出を防ぐために吸出し防止材等を設置する。

☐ 石積み工は，個々の石のすきま（胴込め）にコンクリートを充てんした練石積みと，単に砂利を詰めた空石積みがあり，河川環境面からは空石積みが優れている。

□ 練石積みは，石と石のかみ合わせによりせん断抵抗を増し，さらに胴込めコンクリート等で石材相互の一体化を図った構造である。

□ 石張り（積み）の護岸工では，布積みと谷積みがあるが，一般にはその石の重量を2つの石に等分布させる，強度の強い谷積みが用いられる。 **よく出る**

□ コンクリートブロック張り工では，平板ブロックと控えのある間知ブロックが多く使用されるが，平板ブロックは勾配の比較的緩いのり面で，流速があまり大きくない場所に使用される。間知ブロックは控えを備えているので，勾配の急なのり面や流速の大きい場所に使用される。

□ 透過構造ののり覆工である連節ブロックは，裏込め材の設置は不要となるが，背面土砂の吸出しを防ぐため，吸出し防止材の設置が代わりに必要である。 **よく出る**

河川護岸の施工

□ かごマット工では，底面に接する地盤で土砂の吸出し現象が発生するため，これを防止する目的で吸出し防止材を施工する。

□ 河床が低下傾向の河川において，護岸の基礎を埋め戻す際は，可能な限り大径の材料で寄石等により，護岸近傍の流速を低減する等の工夫を行う。

□ 護岸部の覆土や寄せ石の材料は，生態系の保全，植生の早期復元，資材の有効利用のため現地発生材を利用する。

□ コンクリート張工は，のり面におけるコンクリート打設作業となることから，スランプは小さくし，コンクリートの流動化を防止する。

□ のり覆工が平板ブロックの場合は，のり面の不同沈下が生じないよう十分締め固めた強固なのり面をつくり，ブロックの目地にモルタルを完全に充てんするなど入念に施工する。

多自然川づくりにおける護岸

□ かご系護岸は，屈とう性があり，かつ空隙があるので生物に優しい護岸構造である。

□ かご系護岸は，かごの上の覆土と充填した土が一体化すれば，植生の早期回復と根がかごの内部まで入り込み，中詰の石材と土砂を一体的に緊縛し，覆土を流出しにくくする効果が期待できる。

☐ 自然石を利用した石積みや石張り護岸は，強度もあり当該河川に自然石がある場合にはこれを活用することにより，周辺と調和した優れた工法となる。

☐ 空石張（積み）護岸は，河川環境面で優れているので，外力に対しての安定性を確認し，目地は少しでも生物に優しい構造になるように深目地とする。

☐ 石系護岸の材料を現地採取で行う場合は，採取箇所の河床に点在する径の大きい材料を選択的に採取すると，河床の土砂が移動しやすくなり，河床低下の原因となるので注意が必要である。

☐ 石系護岸は，石と石のかみ合わせが重要であり，空積みの石積みや石張りでは，石のかみ合わせ方に不備があると構造的に安定しないので注意が必要である。

☐ コンクリート護岸は，現地の表土で覆土することにより，河岸の植生が回復，維持され，川の生き物たちにすみよい環境を提供できる。

☐ コンクリート系護岸は，通常，彩度は問題にならないことが多いが，明度は高いため周辺環境との明度差が大きくならないよう注意する。

例題   H30【A-No. 22 改題】

河川護岸に関する次の記述のうち，**適当でないもの**はどれか。

(1)　法覆工に連節ブロックなどの透過構造を採用する場合は，裏込め材の設置は不要となるが，背面土砂の吸出しを防ぐため，吸出し防止材の布設が代わりに必要となる。

(2)　河川護岸には，一般に水抜きは設けないが，掘込河道などで残留水圧が大きくなる場合には必要に応じて水抜きを設けるものとする。

(3)　石張り又は石積みの護岸工には，布積みと谷積みがあるが，一般に布積みが用いられることが多い。

解答　3

解説　布積みは同じ大きさの積み石を各段が横に同じ高さで積む工法に対し，谷積みは上下左右の石同士をかみ合わせて積む工法で，自重で自然に締まり，地震や洪水の洗い出しに強く，高い安定性を有することから，一般に多く用いられる。

01 砂防堰堤

2 専門土木

パパっとまとめ

砂防堰堤における施工方法について覚える。特に基礎掘削，基礎地盤の処理方法について理解する。

土石流の表面に浮いた流木が砂防堰堤を乗り越える可能性がある

上流側に流木や岩塊，土砂をためるため，川の勾配が緩くなり，流下速度も遅くなる

不透過型砂防堰堤

普段は水と土砂は下流に流れるが，土石流が発生した時は，金属の格子で流木や大きな岩塊を止める

透過型砂防堰堤

不透過型砂防堰堤

☐ 水抜き暗渠は，一般には施工中の流水の切替えと堆砂後の浸透水圧の減殺が主目的であり，後年に補修を行う際に施工を容易にする。

☐ 水通しの位置は，堰堤下流部基礎の一方が岩盤で他方が砂礫層や崖錐の場合，流水による洗掘に対処するため，岩盤側に寄せる。

☐ 砂防堰堤の材料のうち，地すべり箇所や地盤支持力の小さい場所では，屈とう性のあるコンクリートブロックや鋼製枠が用いられる。

透過型砂防堰堤

☐ 掃流区間に設置された堰上げ型の透過型砂防堰堤は，平常時に土砂を流下させることが可能で，土石流の捕捉又は洪水中の土砂流出調整が可能であるが，渓床や山脚の固定には適していない。

☐ 土石流捕捉のための透過型砂防堰堤の設置位置は，斜面上方からの地すべり，雪崩などによって，堰堤の安定が損なわれないように，両岸の斜面が安定している地点を選定することが望ましい。

基礎地盤の掘削

☐ 砂防堰堤の基礎として適合する地盤を得るために行われ，堰堤本体の基礎地盤へのかん入による支持，固定，滑動，洗掘等に対する抵抗力の改善や安全度の向上を目的としている。 よく出る

☐ 基礎地盤が岩盤の場合で，基礎の一部に弱層，風化層，断層等の軟弱部をはさむ場合は，軟弱部をプラグで置き換えて補強する。

☐ 基礎地盤の掘削は，砂礫基礎では2m以上，岩盤基礎では1m以上とするが，これは一応の目途であって，堰堤の高さ，地盤の状態などに応じて十分な検討が必要である。

☐ 掘削完了後は，漏水や湧水により，水セメント比が変化しないように処理を行った後にコンクリートを打ち込む。

☐ 砂礫基礎の場合は，ドライワークが必要で水替えを十分行い，水中掘削は行ってはならない。

☐ 砂礫基礎の仕上げ面付近の掘削は，掘削用重機のクローラ（履帯）などによって密実な地盤がかく乱されることを防止するため0.5m程度は人力掘削とする。 よく出る

☐ 砂礫基礎の仕上げ面付近にある大転石は，その2／3以上が地下にもぐっていると予想される場合は取り除く必要はない。 よく出る

砂防堰堤の施工

☐ 高さ15m以上の砂防堰堤で，基礎岩盤のぜい弱部が存在する場合は，コンクリートでの置き換えやグラウチングによって力学性質を改善するなどの対応を行う。

☐ 高さ15m以上の砂防堰堤で，基礎岩盤のせん断摩擦安全率が不足する場合は，堰堤の底幅を広くしたり，カットオフを設けるなどの対応を行う。

☐ 露出によって風化が急速に進行する岩質の基礎の場合は，コンクリートの打込み直前に仕上げを行うか，モルタルあるいはコンクリートで吹付けを行う。

☐ 岩盤にコンクリートを打ち込む場合は，基礎掘削によって緩められた岩盤を取り除き岩屑や泥を十分洗い出し，たまり水をふき取る。

☐ 砂礫の上にコンクリートを打ち込む場合は，転石などの泥を洗浄し，基礎面は十分水切りを行って泥濘によるコンクリート汚染を防ぐ。

☐ 砂防堰堤の上下流の岩盤余掘部をコンクリートで充てんするための間詰めは，風化していない岩盤までコンクリートを打ち上げる。

☐ コンクリートの打継ぎ面は，堤体の一体化を図るため，あらかじめ吸水させ，湿潤状態にしたうえで，モルタルを塗り込むように敷均す。

砂防工事

☐ 樹木を伐採する区域においては，幼齢木や苗木となる樹木はできる限り保存するとともに，抜根は必要最小限とし，萌芽が期待できる樹木の切株は保存する。 **よく出る**

☐ 砂防工事を行う箇所は，土砂流出が起こりやすいことから，切土や盛土，掘削残土の仮置き土砂はシート等で保護する等，土砂の流出に細心の注意を払う。 **よく出る**

☐ 材料運搬に用いる索道を設置する際に必要となるアンカーは，既存の樹木を利用せず，埋設アンカーを基本とする。

☐ 工事に伴い現場から発生する余剰コンクリートやコンクリート塊等の工事廃棄物は，工事現場内に残すことなく搬出処理する。 **よく出る**

例題　　　　　　　　　　　　　　　　　　　　　R4【A-No. 24 改題】

不透過型砂防堰堤に関する次の記述のうち，**適当でないもの**はどれか。

(1)　砂防堰堤の水抜き暗渠は，一般には施工中の流水の切替えと堆砂後の浸透水圧の減殺を主目的としており，後年に補修が必要になった際に施工を容易にする。

(2)　砂防堰堤の水通しの位置は，堰堤下流部基礎の一方が岩盤で他方が砂礫層や崖錐の場合，砂礫層や崖錐側に寄せて設置する。

(3)　砂防堰堤の基礎地盤が岩盤の場合で，基礎の一部に弱層，風化層，断層等の軟弱部をはさむ場合は，軟弱部をプラグで置き換えて補強するのが一般的である。

解答 2

解説 水通しの位置は，原則として現河床の中央とし，堰堤上下流の地形，地質，渓岸の状態，流水の方向を考慮して定める。堰堤下流部基礎の一方が岩盤で他方が砂礫層や崖錐の場合，流水による洗掘に対処するため，岩盤側に寄せる。

2-3 砂防

02 地すべり防止工

学習 /

▶▶ **パパっとまとめ**

各種地すべり防止工の特徴と施工における留意事項を理解する。

アンカー工

☐ アンカーの定着長は、地盤とグラウトとの間及びテンドンとグラウトとの間の付着長について比較を行い、長い方を採用する。

☐ アンカー工は基本的には、アンカー頭部（反力構造物を含む）、引張部、アンカー定着部（アンカー体及び定着地盤）の3つで構成され、アンカー頭部に作用した荷重を引張部を介して定着地盤に伝達し、反力構造物と地山とを一体化させて安定させる。

排土工

☐ 地すべり頭部の土塊を排除し、地すべりの滑動力を低減させるための工法で、その上方斜面の潜在的な地すべりを誘発することのないことを事前に確認した上で施工する。

☐ 排土による応力除荷に伴う吸水膨潤による強度劣化の範囲を斜面表層部に限定するため、地すべり全域にわたらず頭部域において、斜面にほぼ水平に大きな切土を行う。**よく出る**

杭工

☐ 鋼管杭等をすべり面を貫いて基盤まで挿入することによって、地すべり滑動力に対して直接抵抗する工法で、原則として地すべり運動ブロックの中央部から下部のすべり面が水平に近い位置で、すべり厚が大きい所を計画位置とし、杭の根入れ部となる基盤が強固で地盤反力が期待できる場所に設置する。

☐ 杭の基礎部への根入れ長さは、杭に加わる土圧による基礎部破壊を起こさないように決定し、せん断杭の場合は原則として杭の全長の1／4～1／3とする。

☐ 杭の配列は、地すべりの運動方向に対して概ね直角になるように設計し、杭の間隔は等間隔で、削孔による地盤の緩みや土塊の中抜けが生じるおそれを考慮して設定する。

押え盛土工

☐ 地すべり末端部に排水性のよい土を盛土し，地すべり滑動力に抵抗する力を増加させる工法で，排水工と併用すると効果的である。

☐ すべり面が円弧形状の場合に効果が大きく，末端域の地塊の厚さが頭部域の地塊の厚さに比較して大きい場合に効果が特に大きい。

☐ 地すべり末端での地下水の浸透域や浅部の透水層を遮断する範囲に施工すると，土塊中の間隙水圧が増大し，斜面が不安定になるおそれがあるため，地下水排除を十分行い盛土を行う。

地表水排除工

☐ 浸透防止工と水路工に区分され，このうち水路工は掘込み水路を原則とし，合流点，屈曲部及び勾配変化点には集水ますを設置する。

地下水遮断工

☐ 遮水壁後方に地下水が貯留すると地すべりを誘発する危険があるので，事前に地質調査等により潜在性地すべりがないことを確認する。

例題　　　　　　　　　　　　　　　　　　　　　　R2【A-No. 25】

　地すべり防止工に関する次の記述のうち，**適当でないもの**はどれか。

(1)　排土工は，排土による応力除荷にともなう吸水膨潤による強度劣化の範囲を少なくするため，地すべり全域に渡らず頭部域において，ほとんど水平に大きな切土を行うことが原則である。

(2)　地表水排除工は，浸透防止工と水路工に区分され，このうち水路工は掘込み水路を原則とし，合流点，屈曲部及び勾配変化点には集水ますを設置する。

(3)　杭工は，原則として地すべり運動ブロックの中央部より上部を計画位置とし，杭の根入れ部となる基盤が強固で地盤反力が期待できる場所に設置する。

(4)　地下水遮断工は，遮水壁の後方に地下水を貯留し地すべりを誘発する危険があるので，事前に地質調査などによって潜在性地すべりがないことを確認する必要がある。

解答　3

解説　杭工は，地すべりブロックの中央部から下部のすべり面が水平に近い位置で，すべり厚が大きい所に計画する。

03 急傾斜地崩壊防止工

▶▶ パパっとまとめ

急傾斜地崩壊防止工における各工法の特長を覚える。また急傾斜地崩壊防止工施工における留意事項を理解する。

排水工

☐ 排水工は，崩壊の主要因となる斜面内の地表水等を速やかに集め，斜面外の安全なところへ排除することにより，斜面及び急傾斜地崩壊防止施設の安全性を高めるために設けられ，地表水排除工と地下水排除工に大別される。**よく出る**

☐ 地表水排除工は，斜面に流入する水を速やかに集めて排水することによって斜面の安定化をはかる工法で，一般に横排水路と縦排水路を組み合わせて施工する。

☐ 縦排水路には，水路から溢れた流水等による水路両側の洗掘防止のために，側面に勾配をつけ，コンクリート張りや石張りを設置する。

☐ 縦排水路工は，地形的にできるだけ凹部に設けた掘込み水路とし，周囲からの水の流入を容易にすることが望ましいが，水路勾配が1：1より急なところなどでは水が跳ね出さないように蓋を付ける。

☐ 法肩排水路は，斜面最上部などの維持管理が行き届きにくい位置にある場合が多いうえ，越水が生じると斜面の安定に及ぼす影響が大きいため，水路断面を想定流量に対して十分大きくする。

張工

☐ コンクリート張工は，斜面の風化や侵食，岩盤の軽微なはく離や崩落を防ぐために設置され，天端及び小口部は岩盤内に水が浸入しないように地山に十分巻き込むことが重要である。

☐ コンクリート張工は，急峻な斜面で施工するため，切土あるいは表面整正後の斜面を長期間風雨にさらすことのないよう，切土工と同様に長区間の施工は避ける。

☐ 張工は，土圧に対抗しないため，土圧を考慮しないが，湧水の多い箇所では背面に水圧が生じないように排水対策を十分に実施する。

のり枠工

- [ ] 斜面に枠材を設置し，のり枠内を植生工や吹付け工，コンクリート張工等で被覆することにより，斜面の風化や侵食の防止，のり面の表層崩壊の抑制を目的に設けられる。 **よく出る**

- [ ] 湧水のある斜面の場合は，のり枠背面の排水処理を行い，吸出しに配慮する。

- [ ] 現場打ちコンクリート枠工は，のり面の安定勾配が取れない場合や湧水を伴う場合等に用いられ，桁は一般に鉄筋コンクリートである。

- [ ] 現場打ちコンクリート枠工の桁の間隔は 1〜4m が標準であり，桁の交点にはすべり止め杭又は鉄筋をのり面に直角に入れて補強する。

切土工

- [ ] 斜面の不安定な土層，土塊をあらかじめ切り取ったり，斜面を安定勾配まで切り取る工法であり，切土の斜面表層の侵食防止・風化防止のため，のり面保護工を施工する。 **よく出る**

- [ ] 切土のり面の小段は，標準として直高 5〜10m 間隔とするが地質の変化に応じて設置し，幅は 1〜2m を標準とする。

擁壁工

- [ ] 斜面脚部の安定や斜面上部からの崩壊土砂の待受け等のために設けられ，基礎掘削や斜面下部の切土は，斜面の安定に及ぼす影響が大きいので最小限になるように検討する。

- [ ] 石積み擁壁・ブロック積み擁壁やコンクリート擁壁等により，斜面脚部の安定や斜面上部からの崩壊土砂の待受け等を図る工法である。

- [ ] 待受け式コンクリート擁壁工は，斜面崩壊を直接抑止することが困難な場合に斜面脚部から離して設置した擁壁で崩壊土砂を待ち受ける目的に設けられ，ポケット容量が不足する場合は待受け式擁壁の高さを変更して十分な容量を確保する。 **よく出る**

- [ ] もたれ式コンクリート擁壁工は，重力式コンクリート擁壁と比べると崩壊を比較的小規模な壁体で抑止でき，擁壁背面が比較的良好な地山において多用される工法である。

- [ ] もたれ式コンクリート擁壁工は，施工性を考慮し，コンクリートの打継ぎ面は段をつけ，用心鉄筋を配置するのが望ましい。

□ 重力式コンクリート擁壁を施工する際には，擁壁背面の水を排除するために水抜き孔を排水方向に適切な勾配で設置する。

アンカー工
□ グラウンドアンカー工は，表面の岩盤が崩落又ははく落するおそれがある場合や不安定な土層を直接安定した岩盤に緊結する場合などに用いられる。

落石対策工
□ 落石対策工は，落石予防工と落石防護工に大別され，落石予防工は斜面上の転石の除去などにより落石を未然に防ぐものであり，落石防護工は落石を斜面下部や中部で止めるものである。 よく出る

□ 落石対策工は，斜面上の転石や浮石の除去・固定，発生した落石を斜面中部や下部で止めるために設けられ，通常は急傾斜地崩壊防止施設に付属して設置される場合が多い。

例題

R1【A-No. 26】

　急傾斜地崩壊防止工の施工に関する次の記述のうち，**適当でないも**のはどれか。

(1)　急傾斜地崩壊防止を目的とした切土工を施工する場合は，切土の斜面表層の侵食防止・風化防止のため，法面保護工を施工する。

(2)　重力式コンクリート擁壁を施工する際には，擁壁背面の水を排除するために水抜き孔を水平に設置する。

(3)　張り工は，土圧に対抗するものではないので，土圧を考慮していないが，湧水の多い箇所では背面に水圧が生じないように排水対策を十分に実施する。

(4)　排水工のうち縦排水路を施工する際には，水路から溢れた流水などによる水路両側の洗掘を防止するために，側面に勾配をつけ，コンクリート張りや石張りを設置する。

解答 2

解説 重力式コンクリート擁壁には，外径5〜10cm程度の水抜き孔を3m²に1か所以上の割合で排水方向に適切な勾配で設置する。

04 渓流保全工

▶▶ パパっとまとめ

渓流保全工における各施設の目的，機能を覚える。また各施設の計画（設置位置）なども理解する。

渓流保全工

☐ 洪水流の乱流や渓床高の変動を抑制するための横工（床固工，帯工等）及び側岸侵食を防止するための縦工（護岸工，水制工等）を組み合わせて設置される。

☐ 扇状地に施工する場合は，地下水，伏流水などの周辺水利に影響を及ぼすおそれがあることから，十分な調査を実施する。

床固工

☐ 渓床の縦侵食及び渓床堆積物の流出を防止又は軽減し，山脚を固定するとともに，護岸等の工作物の基礎を保護することにより渓床の安定を図ることを目的に設置される。 **よく出る**

☐ 計画河床の安定化や渓床堆積物の流出を防止するために，渓流保全工の上下流端，計画河床勾配の変化点などに設置する。

☐ 渓床の勾配変化点で落差を設けることにより，上流の勾配による物理的な影響をできる限り下流に及ぼさないように設置される。

☐ コンクリートを打ち込むことにより構築される場合が多いが，地すべり地などのように柔軟性の必要なところでは，枠工や蛇かごによる床固工が設置される。

護岸工

☐ 山脚の固定，渓岸崩壊防止，横侵食の防止，床固工の袖部の保護等を目的に設置される場合が多く，のり勾配は河床勾配，地形，地質，対象流量を考慮して定める。 **よく出る**

☐ のり勾配は，渓床勾配が比較的緩く流水やその中に含まれる砂礫による摩耗・破壊が少ないと考えられる区間では，緩勾配として親水性の向上を図る。

□ 護岸工の背後地に湧水が多い場合は，水抜き孔を設けて護岸にかかる外力の減少を図るが，水抜き孔の設置位置は常時の水位より高い位置とする。

帯工

□ 渓床の過度の洗掘を防止するために設けるものであり，原則として，天端高は計画渓床高と同一として落差をつけない。 よく出る

□ 同一の勾配が長い距離で続く場合，その区間の中間部において過度の渓床変動を抑制するために設置される。

□ 床固工の間隔が大きい場合，局所的洗掘により河岸に悪影響が及ぶため計画河床を維持するための構造物として設けられる。 よく出る

水制工

□ 荒廃渓流に設置される場合，水制頭部が流水及び転石の衝撃を受けることから，堅固な構造とする必要があり，また洗掘に対し安定するよう頭部を長く，深く渓床の中に掘り入れる。

□ 流水や流送土砂をはねて渓岸構造物の保護や渓岸侵食の防止を図るものと，流水や流送土砂の流速を減少させて縦侵食の防止を図るものがある。

例題

R4【A-No. 25 改題】

渓流保全工に関する次の記述のうち，**適当なもの**はどれか。
(1) 床固工は，渓床の縦侵食及び渓床堆積物の流出を防止又は軽減することにより渓床の安定を図ることを目的に設置される。
(2) 護岸工は，床固工の袖部を保護する目的では設置せず，渓岸の侵食や崩壊を防止するために設置される。
(3) 帯工は，渓床の変動の抑制を目的としており，床固工の間隔が広い場合において天端高と計画渓床高に落差を設けて設置される。

解答 1
解説 1は記述の通りである。2の護岸工は，山脚の固定，渓岸の侵食や崩壊を防止するとともに，床固工の袖部の保護等を目的に設置される。3の帯工は，渓床の過度の洗掘を防止するために設けるものであり，原則として，天端高は計画渓床高と同一として落差をつけない。

01 路床の施工

▶▶ **パパっとまとめ**
構築路床の各種工法について理解する。特に安定処理工法については、出題頻度が高いので、しっかり覚える。

構築路床

□ 構築路床の築造工法は、路床の必要とする CBR と計画高さ、残土処分地及び良質土の有無などに配慮して決定する。

□ 適用する工法の特徴を把握したうえで現状路床の支持力を低下させないように留意しながら、所定の品質、高さ及び形状に仕上げる。

路床の安定処理

□ 現状路床土と安定材を混合し路床を築造する工法で、現状路床土の有効利用を目的とする場合は CBR が 3 未満の軟弱土に適用される。

□ 安定処理材料は、路床土と安定材を混合し路床の支持力を改善する場合に用いられ、砂質土ではセメント、粘性土では石灰が適している。

□ 不陸整正や必要に応じて仮排水溝の設置などを行ってからセメント、石灰など安定処理材の散布を行う。 **よく出る**

□ 安定材の散布を終えたのち、適切な混合機械を用いて所定の深さまで混合し、混合中は深さの確認を行い、混合むらが生じた場合は再混合する。 **よく出る**

□ 路床土と安定剤の混合は、一般に路上混合方式で行い、所定の締固め度が得られることが確認できれば、全層を 1 層で仕上げる。

□ 路上混合方式による場合、バックホゥやブルドーザを使用することもあるが、均一に混合するには、スタビライザを用いる。 **よく出る**

□ 路上混合方式による場合、安定処理の効果を十分に発揮させるには、混合機により対象土を所定の深さまでかき起こし、安定剤を均一に散布・混合し締め固めることが重要である。 **よく出る**

□ 路上混合方式による場合、安定材の散布及び混合に際して粉塵対策を施す必要がある場合には、防塵型の安定材を用いたり、混合機の周りにシートの設置等の対策をとる。 **よく出る**

81

□ 路上混合方式による場合，粒状の生石灰を用いるときには，1回目の混合が終了したのち仮転圧して放置し，生石灰の消化（水和反応）を待ってから再び混合する。 よく出る◀

□ 混合終了後は，タイヤローラ等による仮転圧を行い，モーターグレーダ等で所定の形状に整形した後，タイヤローラ等により締め固める。

置換え工法

□ 軟弱な現地盤を所定の深さまで掘削し，良質土を原地盤の上に盛り上げて構築路床を築造する工法で，掘削面以下の層をできるだけ乱さないよう留意して施工する。 よく出る◀

路床の施工

□ 盛土路床は，使用する盛土材の性質をよく把握した上で均一に敷き均し，十分に締め固める必要があり，その1層の敷均し厚さは仕上り厚 20cm 以下を目安とする。また，施工後の降雨排水対策として，縁部に仮排水溝を設けておく。

□ 切土路床は，表面から 30cm 程度以内に木根，転石などの路床の均一性を損なうものがある場合はこれらを取り除いて仕上げる。

例題

R4【A-No. 27 改題】

　道路のアスファルト舗装における路床の安定処理の施工方法に関する次の記述のうち，**適当でないもの**はどれか。
(1)　路上混合方式による場合，安定処理の効果を十分に発揮させるには，混合機により対象土を所定の深さまでかき起こし，安定剤を均一に散布・混合し締め固めることが重要である。
(2)　路上混合方式による場合，安定材の散布及び混合に際して粉塵対策を施す必要がある場合には，防塵型の安定材を用いたり，シートを設置したりする等の対策をとる。
(3)　路上混合方式による場合，粒状の生石灰を用いるときには，一般に，一回目の混合が終了したのち仮転圧して散水し，生石灰の消化が始まる前に再び混合する。

解答 3
解説 粒状の生石灰を用いる場合は，1回目の混合が終了したのち仮転圧して放置し，生石灰の消化（水和反応）を待ってから再び混合する。

02 下層路盤の施工

▶▶ パパっとまとめ

　下層路盤の施工方法には，粒状路盤工法，セメント安定処理工法，石灰安定処理工法がある。それぞれの施工に関する留意点を覚える。

専門土木

粒状路盤の施工

☐ 1 層の仕上り厚さは 20cm 以下を標準とし，敷均しは一般にモーターグレーダで行う。

☐ 締固め密度は最適含水比付近で最大となるため，乾燥しすぎている場合は適宜散水し，含水比が高くなっている場合は曝気乾燥などを行う。

☐ 粒状路盤材料が著しく水を含み締固めが困難な場合には，晴天を待って曝気乾燥や少量の石灰，又はセメントを散布，混合して締め固めることがある。 **よく出る**

☐ 粒状路盤材料として砂等の締固めを適切に行うためには，その上にクラッシャラン等をおいて同時に締め固めてもよい。

セメント・石灰安定処理路盤の施工

☐ セメントや石灰による安定処理路盤材料の場合には，締固め時の含水比が最適含水比付近となるよう注意して締固めを行う。

☐ 路上混合方式によるセメント安定処理工法は，1 層の仕上り厚は 15〜30cm を標準とし，転圧にはタイヤローラやロードローラなど 2 種類以上の舗装用ローラを併用すると効果的である。

☐ 路上混合方式によるセメント安定処理工法で，地域産材料や補足材を用いる場合は，整正した在来砂利層等の上に均一に敷き広げる。

☐ 路上混合方式によるセメント安定処理工法では，前日の施工端部を乱してから新たに施工を行い，できるだけ早い時期に打ち継ぐ。

☐ 路上混合方式によるセメント安定処理工法では，締固め終了後直ちに交通開放しても差し支えないが，含水比を一定に保つとともに表面を保護する目的で，必要に応じてアスファルト乳剤等を散布する。

□ 路上混合方式による**石灰安定処理工法**では，施工に先立ち在来砂利層などをモーターグレーダの**スカリファイア**などで所定の深さまでかき起こし，必要に応じて散水を行い，**含水比**を調整したのち整正する。

□ 路上混合方式による石灰安定処理工法の横方向の**施工継目**は，前日の施工端部を乱してから新しい材料を打ち継ぐ。

R3【A-No. 28】

　道路のアスファルト舗装における路盤の施工に関する次の記述のうち，**適当でないもの**はどれか。

(1)　下層路盤の路上混合方式によるセメント安定処理工法では，前日の施工端部を乱さないように留意して新たに施工を行い，できるだけ早い時期に打ち継ぐことが望ましい。

(2)　下層路盤の粒状路盤の施工で，粒状路盤材料が著しく水を含み締固めが困難な場合には，曝気乾燥や少量の石灰，又はセメントを散布，混合して締め固めることがある。

(3)　下層路盤の路上混合方式によるセメント安定処理工法で，地域産材料や補足材を用いる場合は，整正した在来砂利層等の上に均一に敷き広げる。

(4)　下層路盤の粒状路盤の施工で，粒状路盤材料として砂等の締固めを適切に行うためには，その上にクラッシャラン等をおいて同時に締め固めてもよい。

解答 1

解説 路上混合方式の場合，前日の施工端部を乱してから新たに施工を行う。ただし，日時をおくと施工継目にひび割れを生ずることがあるので，できるだけ早い時期に打ち継ぐことが望ましい。

03　上層路盤の施工

学習　/　

▶▶　パパっとまとめ

　　上層路盤の施工方法には、粒度調整路盤工法、セメント安定処理工法、石灰安定処理工法、瀝青安定処理工法がある。それぞれの施工に関する留意点を覚える。

粒度調整路盤の施工

□ 1層の仕上り厚さが 20cm を超える場合において所要の締固め度が保証される施工方法であれば、その仕上り厚さを用いてもよい。

□ 水を含むと泥濘化することがあるので、75 μm ふるい通過量は締固めが行える範囲でできるだけ少ないものがよい。

□ 良好な粒度になるように調整した骨材を用いる工法であり、敷均しや締固めが容易である。

□ 材料分離に留意しながら路盤材料を均一に敷き均し、材料が乾燥しすぎている場合は適宜散水し、最適含水比付近の状態で締め固める。

□ 上層路盤の粒度調整路盤では、路盤材料が著しく水を含み締固めが困難な場合には晴天を待って曝気乾燥を行う。

セメント・石灰安定処理路盤の施工

□ 安定処理に用いる骨材の最大粒径は、40mm 以下でかつ 1 層の仕上り厚の 1／2 以下がよい。

□ 石灰安定処理工法は、骨材中の粘土鉱物と石灰との化学反応により安定させる工法であり、セメント安定処理工法に比べて強度の発現が遅いが、長期的には耐久性及び安定性が期待できる。

□ セメントや石灰による安定処理を施工する場合には、施工終了後、アスファルト乳剤などでプライムコートを施すとよい。

□ 上層路盤の石灰安定処理路盤では、その締固めは最適含水比よりやや湿潤状態で行う。

□ セメント安定処理工法は、骨材にセメントを添加して処理する工法であり、強度が増加し、含水比の変化による強度の低下を抑制できるため耐久性が向上する。

☐ セメント安定処理工法では，セメント量が多くなると安定処理層の収縮ひび割れにより，上層のアスファルト混合物層にリフレクションクラックが発生することがある。

瀝青安定処理路盤の施工

☐ 骨材に瀝青材料を添加して処理する工法であり，平坦性がよく，たわみ性や耐久性に富む。

☐ 加熱混合方式による瀝青安定処理路盤は，1層の施工厚さが10cmまでは一般的なアスファルト混合物の施工方法に準じて施工する。

☐ シックリフト工法を採用する場合は，敷均し作業は連続的に行う。

☐ 上層路盤の加熱アスファルト安定処理路盤では，下層の路盤面にプライムコートを施す必要がある。

☐ 加熱アスファルト安定処理路盤材料は，一般にアスファルト量が少ないため，混合所における混合時間を長くするとアスファルトの劣化が進むので注意する。

例題

道路のアスファルト舗装における上層路盤の施工に関する次の記述のうち，**適当でないもの**はどれか。

(1) 石灰安定処理工法は，骨材中の粘土鉱物と石灰との化学反応により安定させる工法であり，セメント安定処理工法に比べて強度の発現が早い。

(2) セメント安定処理工法は，骨材にセメントを添加して処理する工法であり，強度が増加し，含水比の変化による強度の低下を抑制できるため耐久性が向上する。

(3) 粒度調整工法は，良好な粒度になるように調整した骨材を用いる工法であり，敷均しや締固めが容易である。

(4) 瀝青安定処理工法は，骨材に瀝青材料を添加して処理する工法であり，平坦性がよく，たわみ性や耐久性に富む。

解答 1

解説 石灰安定処理工法は，骨材中の粘土鉱物と石灰との化学反応により安定させる工法である。セメント安定処理工法に比べて強度の発現が遅いが，長期的には耐久性及び安定性が期待できる。

加熱アスファルト混合物の施工

▶▶ パパっとまとめ

　加熱アスファルト混合物の施工順序，使用機械，アスファルト混合物の施工温度等を覚える。

2

専門土木

敷均し

- [ ] 作業中に雨が降りはじめた場合には，敷均し作業を中止するとともに，敷き均した混合物を速やかに締め固めて仕上げる。**よく出る**
- [ ] 敷均し時の余盛高は，混合物の種類や使用するアスファルトフィニッシャの能力により異なるので，施工実績がない場合は試験施工等によって余盛高を決定する。
- [ ] 敷均しは，使用アスファルトの温度粘度曲線に示された最適締固め温度を下回らないよう温度管理に注意する。
- [ ] 敷均し時の混合物の温度は，アスファルトの粘度にもよるが，一般に 110℃を下回らないようにする。

締固め

- [ ] 締固め作業は，所定の密度が得られるように継目転圧，初転圧，二次転圧及び仕上げ転圧の順序で行う。**よく出る**
- [ ] ローラは，一般にアスファルトフィニッシャ側に駆動輪を向けて，横断勾配の低い方から高い方へ順次幅寄せしながら低速かつ一定の速度で転圧する。**よく出る**
- [ ] 初転圧は，一般に 10〜12t のロードローラで 2 回（1 往復）程度行い，ヘアークラックが生じない限り，できるだけ高い温度（110〜140℃）で行う。**よく出る**
- [ ] 二次転圧は，一般に 8〜20t のタイヤローラ又は 6〜10t の振動ローラで行う。二次転圧の終了温度は一般に 70℃〜90℃である。
- [ ] 二次転圧で荷重，振動数及び振幅が適切な振動ローラを用いる場合，タイヤローラよりも少ない転圧回数で所定の締固め度が得られる。
- [ ] 振動ローラによる二次転圧では，転圧速度が速すぎると不陸や小波が発生し，遅すぎると過転圧となることがある。

□ 仕上げ転圧は，不陸の修正やローラマーク消去のために行うもので
あり，タイヤローラあるいはロードローラで2回程度行う。 よく出る

□ 仕上げた直後の舗装の上には，ローラを長時間停止させない。

□ 交通開放は，舗装表面の温度が概ね50℃以下となってから行う。

継目

□ 継目の位置は，道路の横断方向に設ける横継目と，道路中心線に平
行に設ける縦継目がある。各層の継目の位置は，既設舗装の補修・拡
幅や延伸の場合を除いて，下層の継目の上に上層の継目を重ねない
ように施工する。 よく出る

□ 縦継目の施工法であるホットジョイントは，複数のアスファルト
フィニッシャを併走させて，混合物を敷き均し締め固めることで，
ほぼ等しい密度が得られ一体性の高いものである。

□ ホットジョイントの場合は，縦継目側の5～10cm幅を転圧しない
でおいて，この部分を後続の混合物と同時に締め固める。

例題

道路のアスファルト舗装における基層・表層の施工に関する次の記
述のうち，**適当なもの**はどれか。

(1) アスファルト混合物の敷均し時の余盛高は，混合物の種類や
使用するアスファルトフィニッシャの能力により異なるので，
施工実績がない場合は試験施工等によって余盛高を決定する。

(2) アスファルト混合物の転圧開始時は，一般にローラが進行す
る方向に案内輪を配置して，駆動輪が混合物を進行方向に押し
出してしまうことを防ぐ。

(3) アスファルト混合物の締固め作業は，所定の密度が得られる
ように締固め，初転圧，二次転圧，継目転圧及び仕上げ転圧の順
序で行う。

解答 1

解説 2のローラは，進行する方向（アスファルトフィニッシャ側）に駆動
輪を向けて，横断勾配の低い方から高い方へ順次幅寄せしながら低速
かつ等速で転圧する。3の締固め作業は，継目転圧，初転圧，二次転
圧及び仕上げ転圧の順に行う。

05 ポーラスアスファルト混合物

▶▶ **パパっとまとめ**

ポーラスアスファルト舗装は，ポーラスアスファルト混合物を表層あるいは表・基層等に用いる舗装で，雨水を路盤下に速やかに浸透させる機能を有する。ポーラスアスファルト混合物の施工順序，使用機械等を覚える。

タックコート

□ 下層の防水処理と層間接着力を高める目的で，原則としてゴム入りアスファルト乳剤（PKR-T）を使用する。**よく出る**

敷均し

□ 敷均しは，異種の混合物を2層同時に敷き均せるアスファルトフィニッシャや，タックコートの散布装置付きフィニッシャが使用されることがある。

□ 敷均しは，通常のアスファルト舗装と同様に行うが，温度の低下が通常の混合物よりも早いため，できるだけ速やかに行う。**よく出る**

□ 敷均し作業は，温度の低下が通常の混合物よりも早いため，混合物の供給計画をもとに敷均し速度を設定するなど，連続的に行う。

締固め

□ 供用後の耐久性及び機能性に大きく影響を及ぼすため，所定の締固め度を確保することが特に重要である。

□ 所定の締固め度を初転圧及び二次転圧のロードローラによる締固めで確保することが望ましい。**よく出る**

□ 温度低下が早いため，温度管理には十分注意し，敷均し終了後速やか初転圧を行う。**よく出る**

□ 二次転圧には，初転圧に使用した10〜12tのロードローラを用いるが，舗設条件に応じて6〜10tの振動ローラを無振で使用する場合もある。**よく出る**

□ 仕上げ転圧では，タンデムローラまたはタイヤローラを使用するが，表面のきめを整えて，混合物の飛散を防止する効果も期待して，タ

イヤローラを使用することが多い。 よく出る

☐ 仕上げ転圧は，転圧温度が高すぎるとポーラスアスファルト混合物の空隙つぶれが生じる懸念があるため，混合物がタイヤローラに付着しない程度の表面温度（70℃程度）になってから行う。 よく出る

継目及びすりつけ部

☐ ポーラスアスファルト混合物は，粗骨材が多いのですりつけが難しく，骨材も飛散しやすいので，すりつけ最小厚さは粗骨材の最大粒径以上とする。

排水処理

☐ 表層又は表・基層にポーラスアスファルト混合物を用い，その下の層に不透水性の層を設ける場合は，不透水性の層の上面の勾配や平坦性の確保に留意して施工する。

☐ 橋面上に適用する場合は，目地部や構造物との接合部から雨水が浸透すると，舗装及び床版の強度低下が懸念されるため，排水処理に関しては特に配慮が必要である。

例題
R2【A-No. 31 改題】

道路のポーラスアスファルト混合物の舗設に関する次の記述のうち，**適当でないもの**はどれか。

(1) 表層又は表・基層にポーラスアスファルト混合物を用い，その下の層に不透水性の層を設ける場合は，不透水性の層の上面の勾配や平たん性の確保に留意して施工する。

(2) ポーラスアスファルト混合物の締固めでは，所定の締固め度を，初転圧及び二次転圧のロードローラによる締固めで確保するのが望ましい。

(3) ポーラスアスファルト混合物の仕上げ転圧では，表面のきめを整えて，混合物の飛散を防止する効果も期待して，コンバインドローラを使用することが多い。

解答 3

解説 ポーラスアスファルト混合物の仕上げ転圧では，タンデムローラまたはタイヤローラを使用するが，表面のきめを整えて，混合物の飛散を防止する効果も期待して，タイヤローラを使用することが多い。

06 各種アスファルト舗装

▶▶ パパっとまとめ

各種アスファルト舗装の特徴，機能について理解する。

各種アスファルト舗装の特徴

☐ 半たわみ性舗装は，空隙率の大きな開粒度タイプの半たわみ性舗装用アスファルト混合物に，浸透用セメントミルクを浸透させたもので，耐流動性，明色性などの性能を有する舗装で，一般に重交通道路の交差点部などに用いられる。

☐ 保水性舗装は，保水機能を有する表層や表・基層に保水された水分が蒸発する際の気化熱により路面温度の上昇と蓄熱を抑制する効果がある。

☐ 排水機能を有する舗装は，雨水などを路面に滞らせることなく，排水する機能を有する舗装で，雨天時におけるすべり抵抗性，視認性の向上など車両走行の安全性を高める効果がある。

☐ 透水性舗装とは，透水性を有した材料を用いて雨水などを表層から基層，路盤に浸透させる構造とした舗装で，透水機能層には一般にポーラスアスファルト混合物が用いられている。

☐ 騒音低減機能を有する舗装とは，エアポンピング音などの発生抑制やエンジン音などの機械音の吸音によって騒音を低減する舗装で，一般にポーラスアスファルト舗装が用いられている。

☐ 路面温度上昇抑制機能を有する舗装とは，通常の舗装と比較して夏季日中の路面温度の上昇を抑制する舗装で，土系舗装など自然の被覆状態を創造するものや遮熱性材料を舗装表面に塗布するものなどがある。

☐ 凍結抑制機能を有する舗装とは，積雪寒冷期における走行車両の安全性などに効果のある舗装で，アスファルト混合物に塩化物を加工して添加したものや舗装表面にゴム粒子などにより表面処理を行うものなどがある。

橋面舗装

☐ 接着層は，床版と防水層又は基層とを付着させ一体化させるために設けるものであり，鋼床版では溶剤型のゴムアスファルト系接着剤を用いることが多い。

☐ グースアスファルト舗装は，グースアスファルト混合物を用いた不透水性やたわみ性等の性能を有する舗装で，一般に鋼床版舗装等の橋面舗装の基層として用いられる。 よく出る◀

☐ 砕石マスチック混合物は，鋼床版においてはたわみ追随性や水密性，コンクリート床版では水密性から基層として用いられ，この場合は別途防水層を設ける必要がある。

☐ 表層用の混合物に用いられる瀝青材料は，一般に耐流動性や耐はく離性などを考慮したポリマー改質アスファルトを用いることが多い。

例題

H28【A-No. 29】

道路における各種舗装に関する次の記述のうち，**適当でないもの**はどれか。

(1) グースアスファルト舗装は，グースアスファルト混合物を用いた不透水性，たわみ性の性能を有する舗装で，コンクリート床版上の橋面舗装に用いられる。

(2) 半たわみ性舗装は，空隙率の大きなアスファルト混合物に浸透用セメントミルクを浸透させたもので，耐流動性，明色性などの性能を有する舗装で，一般に重交通道路の交差点部などに用いられる。

(3) 排水機能を有する舗装は，雨水などを路面に滞らせることなく，排水する機能を有する舗装で，雨天時におけるすべり抵抗性，視認性の向上など車両走行の安全性を高める効果がある。

(4) 保水性舗装は，保水機能を有する表層及び基層に保水された水分が蒸発する際の気化熱により路面温度の上昇と蓄熱を抑制する効果がある。

解答 1

解説 グースアスファルト舗装は，不透水性，たわみ性などの性能を有する舗装で，一般に鋼床版舗装などの橋面舗装の基層として用いられる。なお，表層には改質アスファルトが用いられる。

07 アスファルト舗装の補修工法

▶▶ パパっとまとめ

各種アスファルト舗装の補修工法には，表層のみのものから路盤に及ぶものまである。各種アスファルト舗装の補修工法の適用範囲，特徴，補修方法について理解する。

2 専門土木

アスファルト舗装の補修工法の選定

☐ アスファルト舗装の流動による**わだち掘れ**が大きい場合は，その原因となっている層を除去する表層・基層の打換え工法等を選定する。

☐ アスファルト舗装の路面の**たわみ**が大きい場合は，路床，路盤等の**開削調査**等を実施し，その原因を把握した上で補修工法を選定する。

☐ 鋼床版上にて表層・基層打換えを行うときは，事前に**発錆状態**を調査しておき，発錆の程度に応じた経済的な**表面処理**を施して，舗装と床版の接着性を確保する。

補修工法

☐ **打換え工法**は，既設舗装のひび割れの程度が大きい場合に，路盤若しくは路床の一部まで打ち換えるものである。

☐ 打換え工法で表層を施工する場合は，**平坦性**を確保するために，ある程度の面積にまとめてから行うことが望ましい。

☐ **局部打換え工法**は，既設舗装の破損が局部的に著しく，その他の工法では補修できない場合に，表層・基層あるいは路盤から局部的に打ち換える工法である。

☐ **線状打換え工法**は，一般に線状に発生したひび割れに沿って加熱アスファルト混合物層を打ち換える工法である。 **よく出る**

☐ **路上路盤再生工法**は，路上で既設アスファルト混合物層を**破砕**すると同時に**セメント**などの安定材と既設路盤材料などとともに混合，転圧して新たに**路盤**を構築する工法である。

☐ **路上表層再生工法**は，既設アスファルト混合物層を**加熱・かきほぐ**し，必要に応じて混合物や再生用添加剤を加えて敷き均し締め固めて表層を造る工法である。

- □ **切削オーバーレイ工法**は，切削により既設アスファルト混合物層を撤去し，その上に加熱アスファルト混合物で舗設する工法である。

- □ **オーバーレイ工法**は，既設舗装の上に，厚さ3cm以上の加熱アスファルト混合物層を舗設する工法である。

- □ **薄層オーバーレイ工法**は，予防的維持工法として用いられることもあり，既設舗装の上に厚さ3cm未満の加熱アスファルト混合物を舗設する工法である。 よく出る

- □ **わだち部オーバーレイ工法**は，既設舗装のわだち掘れ部のみを，加熱アスファルト混合物で舗設する工法である。

- □ **切削工法**は，路面の凸部を切削除去し，不陸や段差を消去するもので，オーバーレイ工法や表面工法の事前処理としてよく用いられる。

- □ **シール材注入工法**は，比較的幅の広いひび割れに注入目地材を充てんする工法であり，予防的維持工法として用いられることもある。

- □ **表面処理工法**は，既設舗装上に加熱アスファルト混合物以外の材料で厚さ3cm未満の封かん層を設ける予防的維持工法である。 よく出る

- □ **パッチング及び段差すり付け工法**は，ポットホール，くぼみ，段差などを加熱アスファルト混合物や常温混合物などで応急的に穴埋め・充てんする工法である。

例題 H30【No. 30改題】

道路のアスファルト舗装の補修工法に関する次の記述のうち，**適当でないもの**はどれか。

(1) オーバーレイ工法は，既設舗装の上に，厚さ3cmの加熱アスファルト混合物層を舗設する工法である。

(2) 切削工法は，路上切削機械などで路面の凸部などを切削除去し，再生用添加剤を加え再生した表層を構築する工法である。

(3) 薄層オーバーレイ工法は，既設舗装の上に，厚さ3cm未満の加熱アスファルト混合物を舗設する工法である。

解答 2

解説 切削工法は，路面の凸部を切削除去し，不陸や段差を消去するもので，オーバーレイ工法や表面工法の事前処理としてよく用いられる。

08 コンクリート舗装の施工

▶▶ **パパっとまとめ**
各種コンクリート舗装の施工における留意事項等を覚える。

普通コンクリート版の施工

☐ フレッシュコンクリートを振動締固めによりコンクリート版とするもので,版と版の間の荷重伝達を図るバーを用い目地を設置する。

☐ 施工は,荷おろし,敷均し,鉄網及び縁部補強鉄筋の設置,締固め,荒仕上げ,平たん仕上げ,粗面仕上げ,養生の順に行う。

☐ 敷均しは,敷均し機械(スプレッダ)を用いて行い,全体ができるだけ均等な密度となるように適切な余盛をつけて行う。 **よく出る**

☐ 敷均しは,鉄網を用いる場合は2層で,用いない場合は1層で行う。

☐ フィニッシャなどで締固めを行うときは,隅角部,目地部,型枠付近の締固めが不十分になりがちなので,棒状バイブレータなど適切な振動機器を使用して細部やバー周辺も十分締め固める。

☐ 表面仕上げは,粗面仕上げ機械又は人力によりシュロなどで作ったほうきやはけを用いて,表面を粗面に仕上げる。

☐ 横収縮目地に設ける目地溝は,カッターによる切削時にコンクリート版に有害な角欠けが生じない範囲内で,できるだけ早期に行う。

連続鉄筋コンクリート版の施工

☐ 横方向鉄筋上に縦方向鉄筋をあらかじめ連続的に設置しておき,フレッシュコンクリートを振動締固めて築造する。

☐ 敷均しと締固めは1層で行い,コンクリートが鉄筋のまわりに十分にいきわたるように締め固める。

転圧コンクリート版の施工

☐ 単位水量の少ない硬練りコンクリートを,アスファルト舗装用の舗設機械を使用して敷き均し,ローラによって締め固める。

☐ 施工では,コンクリートは,舗設面が乾燥しやすいので,敷均し後できるだけ速やかに,転圧を開始する。

養生

☐ 初期養生は，表面仕上げに引き続き行い，後期養生ができるまでの間，コンクリート表面の急激な乾燥を防止するために行う。

☐ 後期養生は，その期間中，養生マットなどを用いてコンクリート版表面をすき間なく覆い，完全に湿潤状態になるように散水する。

各種舗装

☐ プレキャストコンクリート版舗装は，工場で製作したコンクリート版を路盤上に敷設し，必要に応じて相互のコンクリート版をバー等で結合して築造する舗装であり，施工後早期に交通開放ができるため修繕工事に適している。

☐ ポーラスコンクリート舗装は，高い空げき率を有したポーラスコンクリート版により排水機能や透水機能などを持たせた舗装である。

☐ コンポジット舗装は，表層又は表層・基層にアスファルト混合物を用い，直下の層にセメント系の版を用いた舗装であり，通常のアスファルト舗装より長い寿命が期待できる。

例題

R2【A-No. 32 改題】

道路のコンクリート舗装に関する次の記述のうち，**適当でないもの**はどれか。

(1) 普通コンクリート版の施工では，コンクリートの敷均しは，鉄網を用いる場合は2層で，鉄網を用いない場合は1層で行う。

(2) 連続鉄筋コンクリート版の施工では，コンクリートの敷均しと締固めは鉄筋位置で2層に分けて行い，コンクリートが十分にいきわたるように締め固めることが重要である。

(3) 転圧コンクリート版の施工では，コンクリートは，舗設面が乾燥しやすいので，敷均し後できるだけ速やかに，転圧を開始することが重要である。

解答 2

解説 連続鉄筋コンクリート版の施工では，コンクリートの敷均しと締固めは1層で行い，コンクリートが鉄筋のまわりに十分にいきわたるように締め固めることが重要である。

09 コンクリート舗装の補修工法

▶▶ ババっとまとめ

　各種コンクリート舗装の補修工法の適用範囲，特徴，補修方法について理解する。

打換え工法

☐ 広域にわたりコンクリート版そのものに破損が生じた場合に，打換え面積，路床・路盤の状態，交通量などを考慮して，コンクリート又はアスファルト混合物で打ち換える工法である。

☐ 既設の路側構造物と打換えコンクリート版との間には，瀝青系目地板などを用いて縁を切り自由縁部とする。

局部打換え工法

☐ 隅角部の局部打換えでは，ひび割れの外側をコンクリートカッターで2～3cmの深さに切り，カッター線が交わる角の部分は応力集中を軽減させるため丸みを付けておく。

☐ 隅角部の局部打換えでは，ブレーカ等を用いてひび割れを含む方形部分のコンクリートを取除き，打継面は鉛直になるようにはつる。

オーバーレイ工法

☐ アスファルト混合物によるオーバーレイ工法では，オーバーレイ厚の最小厚は8cmとすることが望ましい。

☐ コンクリートによる付着オーバーレイ工法では，目地は既設コンクリート舗装の目地位置とし，切断深さはオーバーレイの全厚とする。

☐ コンクリートによるオーバーレイ工法で超早強セメントを用いた場合には，シート養生とし散水養生を行わない。

バーステッチ工法

☐ 既設コンクリート版のひび割れ部に直角に切り込んだカッター溝に，異形棒鋼やフラットバー等の鋼材を設置し，高強度のセメントモルタルや樹脂モルタルで埋め戻し，両側の版を連結する工法である。

注入工法

☐ コンクリート版と路盤との間にできた空隙や空洞を充填したり，沈下を生じた版を押し上げて平常の位置に戻したりする工法である。

グルービング工法

☐ 雨天時のハイドロプレーニング現象の抑制やすべり抵抗性の改善等を目的として実施される工法である。

表面処理工法

☐ コンクリート版表面に薄層の舗装を施工して，車両の走行性，すべり抵抗性や版の防水性等を回復させる工法である。

パッチング工法

☐ コンクリート版に生じた欠損箇所や段差等に材料を充填して，路面の平坦性等を応急的に回復させる工法である。

☐ 既設コンクリートとパッチング材料との付着を確実にする。

例題

R3【A-No. 32 改題】

道路のコンクリート舗装の補修工法に関する次の記述のうち，**適当でないもの**はどれか。

(1) グルービング工法は，雨天時のハイドロプレーニング現象の抑制やすべり抵抗性の改善等を目的として実施される工法である。

(2) バーステッチ工法は，既設コンクリート版に発生したひび割れ部に，ひび割れと直角の方向に切り込んだカッタ溝に目地材を充填して両側の版を連結させる工法である。

(3) パッチング工法は，コンクリート版に生じた欠損箇所や段差等に材料を充填して，路面の平坦性等を応急的に回復させる工法である。

解答 2

解説 バーステッチ工法は，既設コンクリート版のひび割れ部に直角に切り込んだカッタ溝に，異形棒鋼あるいはフラットバー等の鋼材を設置し，高強度のセメントモルタルや樹脂モルタルを用いて溝を埋め戻し，両側の版を連結させる工法である。

2-5 ダム

01 ダム基礎地盤の処理 (グラウチング)

 学習 /

▶▶ **パパっとまとめ**
> グラウチングには，ダム基礎岩盤の構造的一体化を目的とした，コンソリデーショングラウチング，ブランケットグラウチング等と漏水抑制を目的としたカーテングラウチング等がある。グラウチングの施工方法とグラウチングの目的について理解する。

 2 専門土木

ダム基礎地盤の透水性
- [ ] 基礎地盤の透水性は，通常ボーリング孔を利用した水の圧入によるルジオンテストにより調査され，ルジオン値 (Lu) で評価される。
- [ ] ルジオン値や限界圧力は，グラウチングによる遮水性の改良状況の把握や当該ステージにおける，セメントミルクの初期濃度，最高注入圧力等を決定するための基礎的なデータとなる。
- [ ] 遮水性の改良を目的とするグラウチングの改良効果はルジオン値で判定し，弱部の補強を目的とするグラウチングの改良効果はルジオン値又は単位セメント注入量で判定する。

グラウチング
- [ ] グラウチングは，ルジオン値に応じた初期配合及び地盤の透水性状などを考慮した配合切替え基準をあらかじめ定めておき，濃度の薄いものから濃いものへ順次切り替えつつ注入を行う。
- [ ] グラウチングのセメントミルクの配合は，水セメント比 W/C で表わされ，一般に薄い配合から順に注入していく。
- [ ] 施工法には，ステージ注入工法とパッカー注入工法のほかに，特殊な注入工法として二重管式注入工法がある。
- [ ] ステージ注入工法は，上位ステージから下位ステージに向かって削孔と注入を交互に行っていく工法である。
- [ ] パッカー注入工法は，最終深度まで一度削孔した後，下位ステージから上位ステージに向かって 1 ステージずつ注入する工法である。

コンソリデーショングラウチング
- [ ] カーテングラウチングとあいまって遮水性の改良を目的とする。

99

□ 重力式ダムでは着岩部付近において，遮水性の改良，基礎地盤弱部の補強を目的として行う。 よく出る

□ 重力式ダムで遮水性改良を目的とするグラウチングの孔配置は，規定孔を格子状に配置し，中央内挿法により施工する。

カーテングラウチング

□ ダムの基礎地盤及びリム部の地盤において，浸透路長が短い部分と貯水池外への水みちとなるおそれのある高透水部の遮水性の改良が目的である。 よく出る

□ 施工位置は，コンクリートダムの場合は上流フーチング又は堤内通廊から，リム部は地表又はリムグラウチングトンネルから行う。ロックフィルダムの場合は監査廊から行う。

ブランケットグラウチング

□ ロックフィルダムのコア着岩部付近を対象に，カーテングラウチングとあいまって遮水性を改良することを目的として行う。

例題

R4【A-No. 33 改題】

ダムの基礎処理として行うグラウチングに関する次の記述のうち，**適当でないもの**はどれか。

(1) ブランケットグラウチングは，コンクリートダムの着岩部付近を対象に遮水性を改良することを目的として実施するグラウチングである。

(2) コンソリデーショングラウチングは，カーテングラウチングとあいまって遮水性を改良することを目的として実施するグラウチングである。

(3) カーテングラウチングは，ダムの基礎地盤とリム部の地盤の水みちとなる高透水部の遮水性を改良することを目的として実施するグラウチングである。

解答 1
解説 ブランケットグラウチングは，ロックフィルダムのコア着岩部付近を対象に，カーテングラウチングとあいまって遮水性を改良することを目的として行う。

02 コンクリートダムの施工

▶▶ パパっとまとめ

RCD工法等コンクリートダムの施工順序，施工方法及び施工における留意事項について理解する。

2
専門土木

ダムコンクリートの配合区分

☐ 内部コンクリートは，水圧などの作用を自重で支える機能を持ち，所要の単位容積質量と強度が要求され，大量施工を考慮して，発熱量が小さく，施工性に優れていることが要求される。

☐ 外部コンクリートは，所要の水密性，すりへり作用に対する抵抗性や凍結融解作用に対する抵抗性（耐凍害性）が要求される。

☐ 着岩コンクリートは，岩盤との付着性及び不陸のある岩盤に対しても容易に打ち込めて一体性を確保できることが要求される。

☐ 構造用コンクリートは，鉄筋や埋設構造物との付着性，鉄筋や型枠などの狭あい部への施工性に優れていることが要求される。

RCD（Roller Compacted Dam-Concrete）工法

☐ ダンプトラック等で堤体に運搬されたRCD用コンクリートをブルドーザにより敷き均し，振動目地切機などで横継目を設置し，振動ローラで締固めを行う工法である。

☐ 横継目は，貯水池からの漏水経路となるため，横継目の上流端付近には主副2枚の止水版を設置する。

☐ 横継目は，振動目地切機により設置するが，温度応力によるひび割れを防止するため，原則としてダム軸に沿って15m間隔に設ける。

☐ 施工手順は①外部コンクリート打込み，②内部振動機で締固め，③RCD用コンクリート打込み，④敷き均して振動ローラで締固め，⑤内部振動機で境界部を締固めの順となる。巡航RCD工法は，内部コンクリート（RCD）を先行打設する工法である。

☐ RCD用コンクリートは，ブルドーザによって，一般的に0.75mリフトの場合には3層，1mリフトの場合には4層と薄層に敷き均し，振動ローラで締め固める。 よく出る

- [ ] RCD 用コンクリートの 1 層当たりの敷均し厚さは，締め固めた後に 25cm 程度となるように 27cm 程度にしている例が多い。

- [ ] ダムコンクリートの打込みは，一般的に有スランプコンクリートは 1 時間当たり 4mm 以上，RCD 用コンクリートは 1 時間当たり 2mm 以上の降雨強度時に中止することが多い。

- [ ] RCD 用コンクリートの練混ぜから締固めまでの許容時間は，材料や配合，気温や湿度等によって異なるが，夏季では 3 時間程度，冬季では 4 時間程度を標準とし，できるだけ速やかに行う。 よく出る

- [ ] 骨材の貯蔵においては，安定した表面水率を確保するため，特に細骨材は雨水を避ける上屋を設け，3～4 日以上の水切りを行う。

柱状ブロック工法

- [ ] コンクリート運搬用のバケットを用いてコンクリートを打込む場合は，バケットの下端が打込み面上 1m 以下に達するまで下ろし，所定の打込み場所にできるだけ近づけてコンクリートを放出する。

- [ ] コンクリートのリフト高は，コンクリートの熱放散，打設工程，打継面の処理などを考慮して 0.75～2m を標準としている。

- [ ] コンクリートダムを適当な大きさに分割して施工する工法で，隣接ブロック間のリフト差は，標準リフト 1.5m の場合に横継目間で 8 リフト，縦継目間で 4 リフト以内にする。

- [ ] 縦継目と横継目で分割した区画ごとにコンクリートを打ち込む方法であり，そのうち縦継目を設けず，横継目をコンクリート打設後に造成するものをレヤー工法（面状工法）と呼ぶ。

その他の工法

- [ ] ELCM（拡張レヤー工法）は，従来のブロックレヤー工法をダム軸方向に拡張し，複数ブロックを一度に打ち込み堤体を面状に打ち上げる工法で，連続施工を可能とする合理化施工法である。 よく出る

- [ ] PCD 工法は，ダムコンクリートをポンプ圧送し，ディストリビュータによって打設する工法である。

- [ ] CSG 工法は，手近に得られる岩石質材料に極力手を加えず，水，セメントを添加混合したものをブルドーザで敷き均し，振動ローラで締め固める工法で，打込み面はブリーディングが極めて少ないことからグリーンカットは必要としない。

□ SP-TOM は，管内部に数枚の硬質ゴムの羽根をらせん状に取り付け，管を回転させて，連続的にコンクリートを運搬する工法である。

例題 1

重力式コンクリートダムで各部位のダムコンクリートの配合区分と必要な品質に関する次の記述のうち，**適当なもの**はどれか。
(1)　構造用コンクリートは，水圧などの作用を自重で支える機能を持ち，所要の単位容積質量と強度が要求され，大量施工を考慮して，発熱量が小さく，施工性に優れていることが必要である。
(2)　内部コンクリートは，所要の水密性，すりへり作用に対する抵抗性や凍結融解作用に対する抵抗性が要求される。
(3)　着岩コンクリートは，岩盤との付着性及び不陸のある岩盤に対しても容易に打ち込めて一体性を確保できることが要求される。

解答 3
解説 1 は，内部コンクリートのことである。2 は，外部コンクリートのことである。

例題 2

ダムコンクリートの工法に関する次の記述のうち，**適当でないもの**はどれか。
(1)　RCD 用コンクリートは，ブルドーザによって，一般的に 0.75m リフトの場合には 3 層，1m リフトの場合には 4 層と薄層に敷き均し，振動ローラで締め固める。
(2)　RCD 用コンクリートの練混ぜから締固めまでの許容時間は，できるだけ速やかに行うものとし，夏季では 3 時間程度，冬季では 4 時間程度を標準とする。
(3)　ダムコンクリートに用いる骨材の貯蔵においては，安定した表面水率を確保するため，特に粗骨材は雨水を避ける上屋を設け，7 日以上の水切り時間を確保する。

解答 3
解説 細骨材の貯蔵は，雨水を避けるために上屋を設けるとともに排水設備の構造に留意し，さらに複数の貯蔵ビンを設けるなどして 3〜4 日以上の水切り時間を確保する。

03 フィルダムの施工

ババっとまとめ
フィルダムの遮水ゾーンの施工方法及び留意事項を覚える。

フィルダムの施工

☐ 基礎掘削は，遮水ゾーンと透水ゾーン及び半透水ゾーンとでは要求される条件が異なり，遮水ゾーンでは止水性と変形性が重視されるため，一般に十分な遮水性が期待できる岩盤まで掘削し，その他のゾーンでは支持力，せん断強度が要求されるため，所要のせん断強度が得られるまで掘削する。

☐ 遮水ゾーンの基礎部においてヘアークラックなどを通して浸出してくる程度の湧水がある場合は，湧水箇所の周囲を先に盛り立てて排水を実施し，その後一挙にコンタクトクレイで盛り立てる。

☐ 遮水ゾーンの着岩部の施工では，一般的に遮水材料よりも粒径の小さい着岩材を人力あるいは小型締固め機械を用いて施工する。

☐ 遮水ゾーンの施工は，一般に最適含水比前後の定められた狭い範囲で締め固めることが要求されるので，降雨時には一般に行わない。

☐ 遮水性材料の転圧用機械は，従来はタンピングローラを採用することが多かったが，近年は振動ローラを採用することが多い。

☐ 遮水ゾーンの盛立面に遮水材料をダンプトラックで撒き出すときは，できるだけフィルタゾーンを走行させるとともに，遮水ゾーンは最小限の距離しか走行させないようにする。

☐ 遮水ゾーンを盛り立てる際のブルドーザによる敷均しは，できるだけダム軸方向に行うとともに，均等な厚さに仕上げる。

☐ 遮水ゾーンの転圧は，原則としてダム軸方向に行い，未転圧部が生じないよう 10cm は重複させる。

☐ 遮水ゾーンと半透水ゾーンの盛り立ては，水平に盛り立て，境界部では半透水性材料が遮水ゾーンにはみ出さないように施工する。

☐ フィルダムの施工は，ダムサイト周辺で得られる自然材料を用いた大規模盛土構造物と，洪水吐きや通廊などのコンクリート構造物となるため，両系統の施工設備が必要となる。

01 掘削工法

▶▶ パパっとまとめ
　　山岳トンネルの各種掘削工法の特徴と，適用地山を理解する。

全断面工法

☐ 小断面のトンネルや地質が安定した地山で採用されるが，施工途中での地山条件の変化に対する順応性が低い。**よく出る**

補助ベンチ付き全断面工法

☐ 全断面工法では施工が困難となる地山において，ベンチを付けて切羽の安定を図り，上部半断面と下部半断面の同時施工により掘削効率の向上を図るものである。**よく出る**

☐ 地山の大きな変位や地表面沈下を抑制するために，一次インバートを早期に施工する場合もある。

ベンチカット工法

☐ 一般に全断面では切羽が安定しない場合に，上部半断面と下部半断面に分割して掘進する工法であり，地山の良否に応じてベンチ長を決定する。**よく出る**

☐ ロングベンチカット工法は，全断面では切羽が自立しないが，地山が安定していて，断面閉合の時間的制約がなく，ベンチ長を自由にできる場合に適用する。

☐ ショートベンチカット工法は，地山条件が変化し，全断面では切羽が安定しない場合に有効な掘削方法である。

導坑先進工法

☐ 導坑をトンネル断面内に設ける場合は，前方の地質確認や水抜き等の効果があり，導坑設置位置によって，頂設導坑，中央導坑，底設導坑等がある。

☐ 側壁導坑先進工法は，側壁脚部の地盤支持力が不足する場合や，土被りが小さい土砂地山で地表面沈下を抑制する必要のある場合などに適用される。**よく出る**

中壁分割工法

□ 左右どちらか片側半断面を先進掘削し，掘削途中で各々のトンネルが閉合された状態で掘削されることが多く，切羽の安定性の確保とトンネルの変形や地表面沈下の抑制に有効である。

例題   R4【A-No. 35】

トンネルの山岳工法における掘削工法に関する次の記述のうち，**適当でないもの**はどれか。

(1) 導坑先進工法は，導坑をトンネル断面内に設ける場合は，前方の地質確認や水抜き等の効果があり，導坑設置位置によって，頂設導坑，中央導坑，底設導坑等がある。

(2) ベンチカット工法は，一般に上部半断面と下部半断面に分割して掘進する工法であり，地山の良否に応じてベンチ長を決定する。

(3) 補助ベンチ付き全断面工法は，ベンチを付けることにより切羽の安定を図る工法であり，地山の大きな変位や地表面沈下を抑制するために，一次インバートを早期に施工する場合もある。

(4) 全断面工法は，地質が安定しない地山等で採用され，施工途中での地山条件の変化に対する順応性が高い。

解答 4

解説 1の導坑の設置位置は，地質条件，施工条件及び期待する効果などを勘案して決定する。2のベンチカット工法は，全断面では切羽が安定しない場合に有効な掘削方法であり，地山が安定し断面閉合の時間制約がない場合にはベンチ長は長く，地山が不良で断面の早期閉合によるトンネルの安定化を図る場合にはベンチ長は短くする。ベンチの長さによって，ロングベンチ，ショートベンチ，ミニベンチに分けられる。3の補助ベンチ付き全断面工法は，全断面工法では施工が困難となる地山において，ベンチを付けて切羽の安定を図り，上半，下半の同時施工により掘削効率の向上を図るものである。4の全断面工法は，小断面のトンネルや地質が安定した地山で採用されるが，施工途中での地山条件の変化に対する順応性が低い。

02 支保工の施工

▶▶ パパっとまとめ

山岳トンネルの支保工である吹付けコンクリート，鋼製支保工，ロックボルトの役割と施工方法について理解する。

専門土木

支保工

□ 支保工の施工は，周辺地山の有する支保機能が早期に発揮されるように掘削後速やかに行い，支保工と地山とを密着あるいは一体化させ，地山を安定させなければならない。 よく出る

吹付けコンクリート

□ 掘削後できるだけ速やかに行わなければならないが，吹付けコンクリートの付着性や強度に悪影響を及ぼす掘削面の浮石などは，吹付け前に入念に取り除く。

□ 吹付けノズルを吹付け面に直角に保ち，ノズルと吹付け面の距離及び衝突速度が適正となるように行う。

□ 地山応力が円滑に伝達できるよう，地山の凹凸を埋めるように行い，鋼製支保工がある場合には，鋼製支保工の背面に空げきを残さないように注意して吹き付ける。 よく出る

鋼製支保工

□ 覆工の所要の巻厚を確保するために，建込み時の誤差などに対する余裕を考慮して大きく製作し，上げ越しや広げ越しをしておく。

□ 一般的に地山条件が悪い場合に用いられ，初期荷重を負担する割合が大きいので，一次吹付コンクリート施工後，速やかに建て込む。

ロックボルト

□ 挿入孔から湧水がある場合，定着材のモルタルが流出することがあるため，事前に近くに水抜き孔を設けるなど，適切な処置を講ずる。

□ ロックボルトの性能を十分に発揮させるために，定着後，プレートが掘削面や吹付け面に密着するように，ナット等で固定しなければならない。 よく出る

□ 摩擦式では定着材を介さずロックボルトと周辺地山との直接の摩擦力に定着力を期待するため，特に孔径の拡大や孔荒れに注意する。

□ 十分な定着力が得られるよう，施工前あるいは初期掘削段階の同一地質の箇所で引抜き試験を行い，その引抜き耐力から適切な定着方式やロックボルトの種類などの選定を行う。

例題

R3【A-No. 36】

　トンネルの山岳工法における支保工に関する次の記述のうち，**適当でないもの**はどれか。

(1)　支保工の施工は，周辺地山の有する支保機能が早期に発揮されるように掘削後速やかに行い，支保工と地山とを密着あるいは一体化させ，地山を安定させなければならない。

(2)　吹付けコンクリートの施工は，吹付けノズルを吹付け面に直角に保ち，ノズルと吹付け面の距離及び衝突速度を適正となるように行わなければならない。

(3)　鋼製支保工は，一般的に地山条件が良好な場合に用いられ，吹付けコンクリートと一体化させなければならない。

(4)　ロックボルトは，ロックボルトの性能を十分に発揮させるために，定着後，プレートが掘削面や吹付け面に密着するように，ナット等で固定しなければならない。

解答 3

解説 1と4は記述の通りである。2の吹付けコンクリートは，適切な速度で掘削面に直角に吹き付けられた場合が最も圧縮され，付着性もよい。3の鋼製支保工は，一般的に地山条件が悪い場合に用いられ，初期荷重を負担する割合が大きいので，一次吹付コンクリート施工後，速やかに建て込む必要がある。また十分な支保効果を確保するためには，鋼製支保工と吹付けコンクリートを一体化させなければならない。そのためには，鋼製支保工の背面に空隙が生じないよう，吹付けコンクリートを入念に施工する。

03 補助工法

▶▶ ババっとまとめ

切羽や鏡面，脚部の安定対策，地下水や地表面沈下，近接構造物対策のための補助工法について理解する。

切羽安定対策

☐ 断層破砕帯，崖錐等の不良地山で用いられ，天端部の安定対策としてフォアポーリングや長尺フォアパイリングがある。

☐ フォアポーリングは，掘削前にボルト，鉄筋，単管パイプなどを切羽天端方向に挿入するもので，切羽天端の安定が悪く，支保工の施工までに崩落するような場合の天端安定対策工法として用いられる。

☐ 天端部の安定対策は，天端の崩落防止対策として実施するもので，充填式フォアポーリング，注入式フォアポーリング等がある。

鏡面の安定対策

☐ 鏡面の安定対策は，鏡面の崩壊防止対策として実施するもので，鏡吹付けコンクリート，鏡ボルト，注入工法等がある。

☐ 鏡ボルトは，鏡面に前方に向けてロックボルトを打設するもので，大きな断面で施工を図るために切羽の安定性を確保する場合の鏡面の安定対策として用いられる。

脚部の安定対策

☐ 脚部の安定対策は，脚部の沈下防止対策として実施するもので，仮インバート，レッグパイル，ウイングリブ付き鋼製支保工等がある。

☐ 仮インバートは，切羽近傍及び後方で上半盤あるいはインバート部に吹付けコンクリートなどを行うもので，上半鋼アーチ支保工と吹付けコンクリートの脚部支持地盤の強度が不足し，変形が生じるような場合の脚部の安定対策として用いられる。

地下水対策

☐ 地下水対策は，湧水による切羽の不安定化防止対策として実施するもので，水抜きボーリング，水抜き坑，ウェルポイント等がある。

□ 湧水対策工は，最初に水抜きボーリングで対処可能か判断し，水抜きボーリングで対処が難しいと判断される場合は，水抜き坑，ウェルポイント，ディープウェルを選定する。

□ 水抜きボーリング工法は，先進ボーリングにより集水孔を設け排水を行う方法であり，一般的に多く利用されているが，未固結な地山の場合では水と一緒に土粒子を抜かないように十分注意する。

地表面沈下対策

□ 地表面沈下対策のための補助工法は，地表面の沈下に伴う構造物への影響抑制のために用いられ，鋼管の剛性によりトンネル周辺地山を補強するパイプルーフ工法がある。

近接構造物対策

□ 近接構造物対策のための補助工法は，既設構造物とトンネル間を遮断し，変位の伝搬や地下水の低下を抑える遮断壁工法がある。遮断壁工法には，鋼矢板，柱列杭，噴射撹拌，鋼管杭等がある。

例題

　トンネルの山岳工法における補助工法に関する次の記述のうち，**適当でないもの**はどれか。

(1)　切羽安定対策のための補助工法は，断層破砕帯，崖錐等の不良地山で用いられ，天端部の安定対策としてフォアポーリングや長尺フォアパイリングがある。

(2)　地下水対策のための補助工法は，地下水が多い場合に，穿孔した孔を利用して水を抜き，水圧，地下水位を下げる方法として，止水注入工法がある。

(3)　近接構造物対策のための補助工法は，既設構造物とトンネル間を遮断し，変位の伝搬や地下水の低下を抑える遮断壁工法がある。

解答 2

解説 穿孔した孔を利用して水を抜き，水圧，地下水位を下げる方法は排水工法である。止水注入工法は薬液などを地盤に注入し，透水係数を低下させ湧水を極力減少させる方法である。

110

04 トンネルの観察・計測

▶▶ パパっとまとめ

トンネルの観察・計測結果の評価と活用方法について理解する。

観察・計測一般

□ 観察・計測の目的は，施工中に切羽の状況や既施工区間の支保部材，周辺地山の安全性を確認し，現場の実情にあった設計に修正して，工事の安全性と経済性を確保することである。

□ 周辺の地下水に関しては，トンネルの工事中以外にも，工事前から工事後の長期にわたって計測を行う必要があるため，効率的な観察・計測計画を事前に立案しておく。

□ 観察・計測では，得られた結果を整理するだけではなく，その結果を設計，施工に反映することが必要であり，計測結果を定量的に評価する管理基準の設定が不可欠である。

観察・計測計画

□ 大きな変位が問題となるトンネルの場合は，変位計測を中心とした計測計画が必要である。

観察・計測項目

□ 観察・計測項目には，内空変位測定，天端沈下測定，地中変位測定，地表面沈下測定などがあり，地山の変位挙動を測定し，トンネルの安定性と支保工の妥当性を評価する。

観察・計測要領

□ 近接構造物に関しては，工事着工前に対象構造物の損傷状態を把握しておくとともに，工事中には，ひび割れの伸展などの損傷の進行性を確認することが重要である。

□ 地表面沈下や近接構造物の挙動把握のための変位計測では，切羽通過前の先行変位を把握することが，最終変位の予測や適用した支保工及び補助工法の対策効果を確認するうえで重要である。

2
専門土木

☐ 観察・計測結果は，迅速に設計と施工に反映できるように整理し，特に切羽付近では，必要な対策のタイミングを逸することのないよう得られたデータを早期に判断する必要がある。

変位計測結果の評価と活用

☐ 変位計測の結果は，地山と支保が一体となった構造の変形挙動であり，変位の収束により周辺地山の安定を確認することができる。

☐ 支保部材の過不足などの妥当性については，変位の大小，収束状況により評価することができ，これから施工する区間の支保選定に反映することが設計の合理化のために重要である。

☐ インバート閉合時期の判断は，変位の収束状況，変位の大小，脚部沈下量などの計測情報を最大限活用しながら行うことが重要である。

例題

H28【A-No. 35】

　山岳トンネル施工時の観察・計測に関する次の記述のうち，**適当でないもの**はどれか。

(1)　観察・計測の目的は，施工中に切羽の状況や既施工区間の支保部材，周辺地山の安全性を確認し，現場の実情にあった設計に修正して，工事の安全性と経済性を確保することである。

(2)　観察・計測の項目には，内空変位測定，天端沈下測定，地中変位測定，地表面沈下測定などがあり，地山の変位挙動を測定し，トンネルの安定性と支保工の妥当性を評価する。

(3)　観察・計測の計画において，大きな変位が問題となるトンネルの場合は，支保部材の応力計測を主体とした計測計画が必要である。

(4)　観察・計測では，得られた結果を整理するだけではなく，その結果を設計，施工に反映することが必要であり，計測結果を定量的に評価する管理基準の設定が不可欠である。

解答 3

解説 膨張性地山など大きな変位が問題となるトンネルの場合は，変位計測を中心とした計測計画が必要になる。支保工部材の応力計測は，支保工の寸法，建込みピッチの妥当性等の検討に用いられる。

05 覆工コンクリートの施工

学習　／

▶▶　パパッとまとめ

　　覆工コンクリートの施工時期，覆工コンクリート打込み，締固め等，施工に関する留意事項を理解する。

覆工コンクリートの施工一般

☐ 施工は，原則として，トンネル掘削後に地山の内空変位が収束したことを確認した後に行う。なお，膨張性地山の場合には変位収束を待たずに早期に覆工を施工する場合もある。**よく出る**◀

☐ 覆工コンクリートの背面は，掘削面や吹付け面の拘束によるひび割れを防止するために，シート類を張り付けて縁切りを行う必要がある。

つま型枠・型枠

☐ つま型枠は，凹凸のある吹付けコンクリート面に合わせて現場合わせとしているのが一般的であり，型枠により防水シートを破損しないよう適切な防護対策を行う。

☐ 型枠面は，コンクリート打込み前に，清掃を念入りに行うとともに，適切なはく離剤を適量塗布する必要がある。

覆工コンクリートの打込み

☐ 側壁部のコンクリートの打込みでは，コンクリートの材料分離を生じさせないよう，適切な高さの複数の作業窓を投入口として用いる。

☐ つま型枠の開口部等からブリーディング水や空気を排除しながら，既施工の覆工コンクリート側から連続して打ち込み，空げきが発生しそうな部分には空気抜き等の対策を講ずる。**よく出る**◀

☐ 施工体制や型枠の剛性を考慮した適切な打上がり速度で，型枠に偏圧が作用しないよう左右均等にできるだけ水平に連続して打ち込む。

覆工コンクリートの締固め

☐ コンクリートのワーカビリティーが低下しないうちに，上層と下層が一体となるように行う。

□ 内部振動機を用いることを原則として，コンクリートの材料分離を引き起こさないように，振動時間の設定に注意する。

覆工コンクリートの養生
□ 坑内換気やトンネル貫通後の外気の影響について注意し，一定期間において，コンクリートを適当な温度及び湿度に保つ。

型枠の取外し
□ 打込んだコンクリートが自重等に耐えられる強度に達した後に行う。
□ 型枠の取外し時期を決定するコンクリートの材齢強度は，養生条件（温度，湿度）を現場条件と合わせた供試体を用いた試験によって確認した強度とする。

例題

R2【A-No. 36】

　トンネルの山岳工法における覆工コンクリートの施工に関する次の記述のうち，**適当でないもの**はどれか。
(1)　覆工コンクリートの施工は，原則として，トンネル掘削後に地山の内空変位が収束したことを確認した後に行う。
(2)　覆工コンクリートの打込みは，つま型枠を完全に密閉して，ブリーディング水や空気がもれないようにして行う。
(3)　覆工コンクリートの締固めは，コンクリートのワーカビリティーが低下しないうちに，上層と下層が一体となるように行う。
(4)　覆工コンクリートの型枠の取外しは，打込んだコンクリートが自重などに耐えられる強度に達した後に行う。

解答 2

解説 1の覆工コンクリートの施工は，原則として，トンネル掘削後に地山の内空変位が収束したことを確認した後に行うが，膨張性地山では早期に覆工を施工する場合もある。2の天端部の打込みは，背面に空げきを残さず，つま部まで完全に充てんすることが重要であるため，つま型枠の開口部等からブリーディング水や空気を排除しながら，既施工の覆工コンクリート側から連続して打ち込み，空げきが発生しそうな部分には空気抜き等の対策を講ずる。3は記述の通りである。4の型枠の取外しは，円形アーチのトンネルでは，コンクリートの圧縮強度が2～3N/mm^{2}程度を目安にしている場合が多い。

01 海岸堤防の施工

▶▶ **パパっとまとめ**

　海岸堤防の施工に関する留意事項を理解する。また根固工，消波工の機能についても理解する。

海岸堤防の施工

☐ 海上工事となる場合は，波浪，潮汐，潮流の影響を強く受け，作業時間が制限される場合もあるので，現場の施工条件に対する配慮が重要である。**よく出る**

☐ 堤防建設位置は，制約を受けることが多く，強度の低い地盤に堤防を施工せざるを得ない場合には，必要に応じて押え盛土，地盤改良などを考慮する。**よく出る**

☐ 堤体の盛土材料には，原則として多少粘土を含む砂質，または砂礫質のものを用いるものとする。

☐ 堤体の裏のり勾配は，堤体の安全性を考慮して定め，堤防の直高が大きい場合には，のり面が長くなるため，小段を配置する。

☐ 海岸堤防の存在が自然環境を損なったり，周辺環境と調和しないといった弊害を極力防止するため，堤防のり面に構造物としての形状や使用材料に自然石や木を利用するなど素材を活かした工夫をする。

傾斜型堤防

☐ 堤脚位置が海中にある場合には汀線付近で吸出しが発生することがあるので，層厚を厚くし，上層から下層へ粒径を徐々に小さくする。

☐ 吸出し防止材を用いる場合には，裏込め工の下層に設置するが，その代替として裏込め工下部の砕石等は省略できない。

☐ 表のりに設置する裏込め工は，現地盤上に栗石・砕石層を 50cm 以上の厚さとして，十分安全となるように施工する。

☐ のり面勾配は 1：3 より緩くし，のり尻については先端のブロックが波を反射して洗掘を助長しないように，ブロックの先端を同一勾配で地盤に根入れして施工する。

根固工の施工

- [ ] 異形ブロック根固工は，適度のかみ合わせ効果を期待する意味から天端幅は最小限2個並び，層厚は2層以上とすることが多い。

- [ ] 異形ブロック根固工は，異形ブロック間の空隙が大きいため，その下部に空隙の少ない捨石層を設けることが望ましい。

- [ ] 捨石根固工を汀線付近に設置する場合は，地盤を掘り込むか，天端幅を広くとることにより，海底土砂の吸い出しを防止する。

- [ ] 捨石根固工は，一般に表層に所要の質量の捨石を3個並び以上とし，中詰石を用いる場合は，表層よりも質量の小さいものを用い，大小とり混ぜて海底をカバーし，土砂が吸い出されるのを防ぐ。

- [ ] コンクリートブロック根固工は，材料の入手が容易で施工も簡単であり，しかも屈とう性に富む工法である。

消波工の施工

- [ ] 必要条件として，消波効果を高めるため表面粗度を大きくする。

- [ ] ブロック層における自然空隙がブロック間に侵入した水塊のエネルギーを消耗させるため，空隙に間詰石を挿入してはならない。

例題   R2【A-No. 38 改題】

海岸堤防の施工に関する次の記述のうち，**適当でないもの**はどれか。

(1) 海上工事となる場合は，波浪，潮汐，潮流の影響を強く受け，作業時間が制限される場合もあるので，現場の施工条件に対する配慮が重要である。

(2) 堤体の盛土材料には，原則として粘土を含まない粒径のそろった砂質又は砂礫質のものを用い，適当な含水量の状態で，各層，全面にわたり均等に締め固める。

(3) 堤体の裏法勾配は，堤体の安全性を考慮して定め，堤防の直高が大きい場合には，法面が長くなるため，小段を配置する。

解答 2

解説 堤体の盛土材料には，原則として多少粘土を含む砂質，または砂礫質のものを用いるものとし，盛土の収縮及び圧密による沈下に対して必要な余盛りを行い，必要に応じて隔壁を一定間隔に設ける。

02 防波堤の施工

▶▶ **パパっとまとめ**

防波堤は下図に示す,傾斜堤,直立堤,混成堤の3つに分けられる。それぞれの防波堤の特徴と施工方法について理解する。

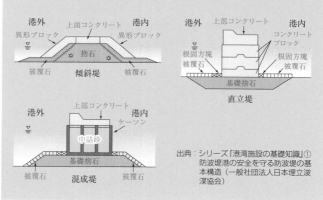

出典:シリーズ『港湾施設の基礎知識』① 防波堤港の安全を守る防波堤の基本構造（一般社団法人日本埋立浚渫協会）

2 専門土木

ケーソンの製作・施工

☐ ケーソンヤードには,斜路式,ドック式,吊り降し方式等があり,製作函数,製作期間,製作条件,用地面積,土質条件,据付現場までの距離,工費等を検討して最適な方式を採用する。

☐ 吊り降し方式では,既設護岸の背後などでケーソンを製作するため,計画時にケーソンの自重による既設護岸の安定などを確認しておく。

☐ 浮ドック方式では,係留場所の背後に型枠置き場,鉄筋加工場などの作業用地を必要とし,浮ドックの吃水に十分な水深がある静穏な係留場所が必要である。

☐ ケーソンの曳航作業は,ほとんどの場合が据付け,中詰,蓋コンクリートなどの連続した作業工程となるため,気象,海象状況を十分に検討して実施する。 **よく出る**

☐ ケーソンに大廻しワイヤを回して回航する場合には,原則として二重回しとし,その取付け位置はケーソンの吃水線以下で,できれば浮心付近の高さに取り付ける。 **よく出る**

- [ ] ケーソンの据付けは，函体が基礎マウンド上に達する直前でいったん注水を中止し，最終的なケーソン引寄せを行い，据付け位置を確認，修正を行ったうえで一気に注水着底させる。 よく出る

- [ ] ケーソン据付け時の注水方法は，気象，海象の変わりやすい海上の作業を手際よく進めるために，できる限り短時間で，かつ，各隔室に水位の差が生じないよう均一に注水する。 よく出る

- [ ] ケーソンの中詰作業は，ケーソンの安定を図るためにケーソン据付け後直ちに行い，ケーソンの不同沈下や傾斜を避けるため，中詰材はケーソンの各隔室でほぼ均等に立ち上がるように投入する。

基礎捨石の施工

- [ ] 捨石は，基礎として上部構造物の荷重を分散させて地盤に伝えるもので，使用する石の材質は堅硬，緻密，耐久的なもので，大きさは5〜500kg／個程度の範囲のものを用いる場合が多い。

- [ ] 捨石に用いる石材は，台船，グラブ付自航運搬船（ガット船），石運船（底開式，グラブ式付）等の運搬船で施工場所まで運び投入する。

- [ ] 捨石の捨込みは，投入海域を示す旗やブイなどの標識をもとに中央部から順次周辺部に向かって行い，極度の凹凸がないようにする。

- [ ] 捨石の均しには荒均しと本均しがあり，荒均しは直接上部構造物と接しない部分を堅固な構造とする作業であり，本均しは直接上部構造物と接する部分を整える作業である。

- [ ] 荒均しは，均し基準面に対し凸凹の差があまり生じないように，石材の除去や補充をしながら均す作業で，面がほぼ揃うまで施工する。

- [ ] 本均しは，均し定規を使用し，大きい石材で基礎表面を形成し，小さい石材で間詰めを行い緩みのないようにかみ合わせて施工する。

- [ ] 捨石の本均しの精度は，本体構造物が直接接する面であることから平坦性を必要とし，一般には均し基準面に対し±5cmである。

傾斜堤

- [ ] 施工設備が簡単，工程が単純，施工管理が容易であるが，水深が大きくなれば，多量の材料及び労力を必要とする。

- [ ] 直立堤に比べて施工時の波の影響は受けにくい。

- [ ] 捨石式は，一般に波力の弱いところに用いるが，やむを得ず波力の強い箇所に用いる場合には法面をブロックで被覆することがある。

直立堤

☐ ケーソン式の直立堤は，ケーソンの製作設備や施工設備に相当な工費を要するが，本体製作をドライワークで行うことができるため，施工が確実である。

☐ ケーソン式の直立堤は，ケーソン据付け後短時日に中詰め，蓋コンクリート及び上部工の施工を行う必要がある等，傾斜堤等に比べ工種が多く，工程管理が複雑であり，荒天日数の多い場所では海上施工日数に著しく制限を受ける。 よく出る

☐ ブロック式の直立堤は，施工が確実で容易であり，施工設備が簡単であるが，海上作業期間は一般的に長く，ブロック数が多い場合には，広い製作用地を必要とする。 よく出る

☐ ブロック式の直立堤は，各ブロック間の結合が十分でなく，ケーソン式に比べ一体性に欠ける。

混成堤

☐ 水深の大きい箇所や比較的軟弱な地盤にも適するが，施工法及び施工設備が多様となる。

☐ 石材等の資材の入手の難易度や価格等を比較し，捨石部と直立部の高さの割合を調整して，経済的な断面とすることが可能である。

水中コンクリート

☐ 一般の水中コンクリートでは，材料分離を少なくするために，粘性の高い配合にする必要があり，適切な混和剤を使用するとともに細骨材率を適度に大きくする。

☐ 水中不分離性コンクリートは，多少の速度を有する流水中や，水中落下させて打ち込んでも信頼性の高いものが得られる性能を有する。

☐ 水中不分離性コンクリートの打込みは，コンクリートポンプあるいはトレミーを用いて行うが，トレミーの筒先は，打ち込まれたコンクリート中に埋め込んだ状態でコンクリートを打ち込む。

☐ 水中コンクリートの打込みは，打ち上がりの表面をなるべく水平に保ちながら所定の高さ又は水面上に達するまで，連続して打ち込む。

☐ 水中コンクリートの打込みは，水と接触する部分のコンクリートの材料分離を極力少なくするため，打込み中はトレミー及びポンプの先端を固定しなければならない。

R2【A-No. 39 改題】

ケーソンの施工に関する次の記述のうち，**適当でないもの**はどれか。
(1) ケーソンに大廻しワイヤを回して回航する場合には，原則として二重回しとし，その取付け位置はケーソンの吃水線以下で，できれば浮心付近の高さに取り付ける。
(2) ケーソン据付け時の注水方法は，気象，海象の変わりやすい海上の作業を手際よく進めるために，できる限り短時間で，かつ，各隔室に平均的に注水する。
(3) ケーソンの据付けは，ケーソンを所定の位置上まで曳航した後，注水を開始したら据付けまで中断することなく一気に注水し，着底させる。

解答 3
解説 ケーソン据付け時の注水方法は，内部の各隔室に水位の差が生じないよう均一に注水（各隔室の水頭差 1 m 以内を厳守）する。なお，この水頭差を小さくするため隔室間には通水孔が設けられる。

R4【A-No. 40 改題】

港湾の防波堤の施工に関する次の記述のうち，**適当でないもの**はどれか。
(1) ケーソン式の直立堤は，海上施工で必要となる工種は少ないものの，荒天日数の多い場所では海上施工日数に著しく制限を受ける。
(2) 傾斜堤は，施工設備が簡単，工程が単純，施工管理が容易であるが，水深が大きくなれば，多量の材料及び労力を必要とする。
(3) 混成堤は，石材等の資材の入手の難易度や価格等を比較し，捨石部と直立部の高さの割合を調整して，経済的な断面とすることが可能である。

解答 1
解説 ケーソン式の直立堤は，本体をドライワークで製作できるため，施工が確実であるが，ケーソン据付け後短時日に中詰め，蓋コンクリート及び上部工の施工を行う必要がある等，傾斜堤等に比べ工種が多く，工程管理が複雑である。

03 潜堤・人工リーフ, 養浜, 離岸堤

▶▶ パパっとまとめ

潜堤・人工リーフ, 養浜, 離岸堤それぞれの特徴, 機能, 働きについて理解する。また施工に関する留意事項も理解する。

潜堤・人工リーフ

☐ 天端水深, 天端幅により堤体背後への透過波が変化し, 小さな波浪はほとんど透過し, 大きな波浪を選択的に減衰させる。 **よく出る**

☐ 天端が海面下であり, 構造物が見えないことから景観を損なわないが, 船舶の航行, 漁船の操業等の安全に配慮しなければならない。
よく出る

☐ 離岸堤に比較して, 反射波が小さく, 堤体背後の堆砂機能が小さい。
よく出る

☐ 捨石などの材料を用いた没水構造物で, 波浪の静穏化, 沿岸漂砂の制御機能を有する。 **よく出る**

人工リーフの被覆工・中詰工

☐ 被覆工に形状の整った自然石やコンクリートブロックを用いる場合には, 被覆材を1層に並べるように施工する。

☐ 被覆工が大きな間隙を有する場合には, 中詰工の表面付近には被覆工の間隙より大きな径を有する中詰材の層を設け, 中詰材が吸い出されないように施工する。

☐ 被覆工に空隙率の高い異形ブロックを用いる場合には, 中詰工ののり勾配は緩勾配とせずに各異形ブロックが最も安定した形状となるように積む。

☐ 被覆工は, 屈とう性を持たす必要があるため, 一般に被覆材には十分な質量の自然石やコンクリートブロックが用いられる。

養浜

☐ 養浜材の採取場所, 運搬距離, 社会的要因等を考慮して, 最も効率的で周辺環境に影響を及ぼさない施工方法を選定する。 **よく出る**

□ 投入土砂は，既存砂に近い粒度組成の材料を用いるのが基本である。これより粗い材料を用いると，汀線付近に留まるので効率的に汀線を前進させ保全効果が期待できるが，前浜の勾配が急になる。逆に細かい材料は広く拡散し，勾配が緩やかになり，沖合部の海底面を保持する上で役立つ。**よく出る**

□ 陸上施工においては，工事用車両の搬入路の確保や，投入する養浜砂の背後地への飛散等，周辺への影響について十分検討し施工する。**よく出る**

□ 前浜養浜，沖合養浜の施工時は，海水汚濁により海域環境や水生生物に大きな影響を与える可能性があるので，陸上であらかじめ汚濁の発生源となるシルト，有機物，ごみ等を養浜材から取り除く等，適切な方法により汚濁の発生防止に努める。**よく出る**

離岸堤

□ 離岸堤の施工順序は，侵食区域の上手側（漂砂供給源に近い側）から設置すると下手側の侵食傾向を増長させることになるので，漂砂の下手側から着手し，順次上手側に施工する。

□ 汀線が後退しつつある区域に護岸と離岸堤を新設する場合は，なるべく護岸を施工する前に離岸堤を設置し，その後に護岸を設置する。

例題   R2【A-No. 37】

　海岸の潜堤・人工リーフの機能や特徴に関する次の記述のうち，**適当でないもの**はどれか。
(1)　離岸堤に比較して，反射波が小さく，堤体背後の堆砂機能が大きい。
(2)　捨石などの材料を用いた没水構造物で，波浪の静穏化，沿岸漂砂の制御機能を有する。
(3)　天端水深，天端幅により堤体背後への透過波が変化し，小さな波浪はほとんど透過し，大きな波浪を選択的に減衰させる。

解答　1
解説　潜堤・人工リーフは消波，又は波高減衰を目的に海面下に構築する没水構造物で，その背後に砂を貯えて侵食防止及び海浜造成をはかるものである。離岸堤に比較して，波の反射が小さく，堤体背後の堆砂機能は少ない。

04 浚渫工事

▶▶ パパっとまとめ

浚渫工事における事前調査の内容を理解する。また各種浚渫船の特徴と使用箇所・工事について理解する。

事前調査

☐ 音響測深機による深浅測量は，連続的な記録がとれる利点があり，測線間隔が小さく，未測深幅が狭いほど測深精度は高くなる。

☐ 浚渫工事の施工方法を検討する場合には，海底土砂の硬さや強さ，その締まり具合や粒の粗さなど，土砂の性質が浚渫工事の工期，工費に大きく影響するため，事前調査を行う必要がある。

☐ 土砂の性質が浚渫能力に大きく影響することから，施工方法を検討するための土質調査では，海底土砂の硬さや強さ，その締まり具合や粒の粗さを調査する必要があるため，一般的に粒度分析，比重試験，標準貫入試験を実施する。

☐ 機雷等の危険物が残存すると推定される海域においては，浚渫に先立って工事区域の機雷等の探査を行い，浚渫工事の安全を確保する必要がある。 よく出る

☐ 水質調査の目的は，海水汚濁の原因が，バックグラウンド値か浚渫工事による濁りかを確認するために実施するもので，事前及び浚渫中の調査が必要である。

☐ 潮流調査は，浚渫による汚濁水が潮流により拡散することが想定される場合や，狭水道における浚渫工事の場合に行う。

☐ 漂砂調査は，浚渫工事を行う現地の海底が緩い砂の場合や近くに土砂を流下させる河川がある場合に行う。

浚渫船の特徴

☐ ポンプ浚渫船は，あまり固い地盤には適さないが大量の浚渫や埋立に適している。掘削後の水底面の凹凸が大きいため構造物の築造箇所ではなく，航路や泊地の浚渫に使用される。 よく出る

専門土木 2

☐ ドラグサクション浚渫船は，浚渫土を船体の泥倉に積載し自航できることから機動性に優れ，主に船舶の往来が頻繁な航路などの維持浚渫に使用されることが多い。 **よく出る**

☐ グラブ浚渫船は，適用される地盤は軟泥から岩盤までの範囲で極めて広く，浚渫深度の制限も少なく，中小規模な浚渫工事に適しており，構造物前面や狭い場所での浚渫もできる。 **よく出る**

☐ バックホゥ浚渫船は，かき込み型（油圧ショベル型）掘削機を搭載した硬土盤用浚渫船で，比較的規模が小さく，浚渫深度の浅い工事に使用されることが多い。 **よく出る**

例題

港湾工事に用いる浚渫船の特徴に関する次の記述のうち，**適当なも**のはどれか。

(1) ポンプ浚渫船は，あまり固い地盤には適さないが，掘削後の水底面の凹凸が小さいため，構造物の築造箇所での浚渫に使用される。

(2) ドラグサクション浚渫船は，浚渫土を船体の泥倉に積載し自航できることから機動性に優れ，主に船舶の往来が頻繁な航路などの維持浚渫に使用される。

(3) グラブ浚渫船は，適用される地盤は軟泥から岩盤までの範囲で極めて広く，浚渫深度の制限も少なく，大規模な浚渫工事に適しており，主に航路や泊地の浚渫に使用される。

(4) バックホゥ浚渫船は，かき込み型（油圧ショベル型）掘削機を搭載した硬土盤用浚渫船で，大規模な浚渫工事に使用される。

解答 2

解説 1のポンプ浚渫船は，掘削後の水底面の凹凸が比較的大きいため，構造物の築造箇所ではなく，航路や泊地の浚渫に使用される。2は記述の通りである。3のグラブ浚渫船は，中小規模の浚渫に適し，構造物前面や狭い場所での浚渫もでき，適用される地盤の範囲はきわめて広く，軟泥から岩盤まで対応可能で，浚渫深度の制限も少ない箇所に使用されることが多い。4のバックホゥ浚渫船は，油圧ショベル型掘削機を台船上に搭載した浚渫船で，比較的規模が小さく，浚渫深度の浅い工事に使用されることが多い。

01 鉄道の路床・路盤

▶▶▶ パパっとまとめ

　　鉄道路床の役割, 施工方法と砕石路盤, コンクリート路盤の施工方法, 及び噴泥対策工について理解する。

路床

□ 路床は, 軌道及び路盤を安全に支持し, 安定した列車走行と良好な保守性を確保するとともに, 軌道及び路盤に変状を発生させない等の機能を有するものとする。

□ 切土及び素地における路床の範囲は, 一般に列車荷重の影響が大きい施工基面から下 3m までのうち, 路盤を除いた地盤部をいう。

□ 路床の範囲に軟弱な層が存在すると, 軌道の保守性の低下や, 走行安定性に影響が生じるおそれがあるため, 軟弱層は地盤改良を行う。

□ 路床面の仕上り高さは, 設計高さに対して± 15mm とし, 雨水による水たまりができて表面の排水が阻害されるような有害な不陸がないように, できるだけ平坦に仕上げる。 **よく出る**

□ 地下水及び路盤からの浸透水の排水のため, 路床の表面には排水工設置位置へ向かって 3%程度の排水勾配を設け, 平滑に仕上げる。

路盤

□ 路盤は, 軌道に対して適当な弾性を与えるとともに路床の軟弱化防止, 路床への荷重を分散伝達し, 排水勾配を設けることにより道床内の水を速やかに排除するなどの機能を有する。

□ 土路盤は, 良質な自然土又はクラッシャラン等の単一層で構成する路盤であり, 一般に強化路盤に比べて工事費が安価である。

□ 路盤には土路盤, 強化路盤があるが, いずれを用いるかは, 線区の重要度, 経済性, 保守体制などを勘案して決定する。

□ 強化路盤は, 道路, 空港などの舗装に既に広く用いられているアスファルトコンクリート, 粒度調整材料などを使用しており, 繰返し荷重に対する耐久性に優れている。

125

砕石路盤

☐ 砕石路盤の材料としては，列車荷重を支えるのに十分な強度があることを考慮して，クラッシャラン等の砕石やクラッシャラン鉄鋼スラグ，又は良質な自然土等を用いる。

☐ 砕石路盤の施工は，材料の均質性や気象条件等を考慮して，所定の仕上り厚さ，締固めの程度が得られるように入念に行う。

☐ 砕石路盤の敷均しは，モーターグレーダ等，又は人力により行い，1層の仕上り厚さが150mm程度になるよう敷き均す。

☐ 路盤材は，雨水などによる含水比の変化が生じないように，原則として敷き均した日のうちに排水勾配をつけて平滑に締め固める。

☐ 砕石路盤の仕上り精度は，設計高さに対して±25mm以内を標準とし，有害な不陸が出ないようにできるだけ平坦に仕上げる。

☐ 路盤表面は，ローラによるわだちの段差などが生じないよう全路盤面を平滑に仕上げ，3%程度の横断排水勾配をつける。

☐ 構造物の取付け部や路肩付近での施工は，路盤材のまき出しや敷均しに十分注意し，転圧に小型機械を用い入念に締め固める。

コンクリート路盤

☐ 路床の排水層は，盛土の場合には設置しないが，切土の場合には地下水排水のためコンクリート路盤部の粒度調整砕石層の下に150mmの排水層を設ける。

☐ 粒度調整砕石の締固めは，ロードローラ又は振動ローラなどにタイヤローラを併用し，所定の密度が得られるまで十分に締め固める。

☐ 構造物との取付け部及び路肩部の粒度調整砕石の締固めは，小型転圧機械などにより特に入念に締め固める。

☐ 粒度調整砕石の締固めが完了した後は，速やかにプライムコートを施工する。

☐ コンクリート打込み時にコンクリートの水分が粒度調整砕石に吸収されるのを防止するためには，一般に1〜2ℓ/m²を標準にプライムコートを散布する。

☐ 鉄筋コンクリート版の鉄筋は，コンクリートの打込みの際に移動しないように鉄筋相互を十分堅固に組み立てると同時に，スペーサーを介して型枠に接する状態となっていることを原則とする。

□ 鉄筋コンクリート版に用いるセメントは，ポルトランドセメントを標準とし，使用する骨材の最大粒径は，版の断面形状及び施工性を考慮して，最大粒径25mmとする。 よく出る

□ コンクリート路盤相互の連結部となる伸縮目地は，列車荷重などによるせん断力の伝達を円滑に行い，目違いの生じない構造とする。

噴泥対策工

□ 噴泥は，路盤噴泥と道床噴泥に大別され，路盤噴泥は地表水又は地下水により軟化した路盤の土が，道床の間隙を上昇するものである。

□ 噴泥対策工の一つである道床厚増加工法は，在来道床を除去し，軌きょうをこう上して新しい道床を突き固める工法である。

□ 路盤噴泥の発生を防止するには，その発生の誘因となる水，路盤土，荷重のいずれか1つの排除，軽減，改良により対策可能である。

□ 噴泥対策工の一つである路盤置換工法は，路盤材料を良質な噴泥を発生しない材料で置換し，噴泥を防止する工法である。

例題

R2【A-No. 41 改題】

鉄道のコンクリート路盤の施工に関する次の記述のうち，**適当でないもの**はどれか。

(1) 鉄筋コンクリート版に用いるセメントは，ポルトランドセメントを標準とし，使用する骨材の最大粒径は，版の断面形状及び施工性を考慮して，最大粒径25mmとする。

(2) 路床面の仕上り精度は，設計高さに対して±15mmとし，雨水による水たまりができて表面の排水が阻害されるような有害な不陸ができないように，できる限り平たんに仕上げる。

(3) 粒度調整砕石の締固めが完了した後は，十分な監視期間を取ることで砕石層のなじみなどによる変形が収束したのを確認した上でプライムコートを施工する。

解答 3

解説 粒度調整砕石の締固めが完了した後は，速やかにプライムコートを施工する。

02 鉄道軌道及び維持管理

▶▶ **パパっとまとめ**

軌道の維持管理，軌道変位について理解する。

レール

☐ レール継目の遊間は，温度上昇による膨張により，過度な軸力がレールに発生し，張り出しなど軌道破壊が発生しないよう，また最低温度において継目ボルトに過大な力がかからないように設定する。

☐ 遊間の整正はレールの伸縮が著しい夏期及び冬期に先立ち行う。

☐ ロングレールは締結装置と枕木を介して道床に固定されているため，温度変化による伸縮ができず，レール内部に大きなレール軸力が発生する。

☐ ロングレール敷設区間では，夏季高温時でのレール張出し，冬季低温時でのレールの曲線内方への移動防止などのため保守作業が制限されている。

☐ レールの摩耗は，直線区間ではレール頭部が摩耗し，曲線区間では曲線の外側レール頭部側面が顕著に摩耗する。 **よく出る**

軌道

☐ 道床バラストに使用される砕石は，花崗岩，安山岩，けい岩などであり，要求される条件は，以下の通りである。 **よく出る**

① 強固でじん性に富み，吸水率が小さく，摩損や風化に耐えること
② 適当な粒径と粒度を持ち，列車の通過によって崩れにくく，突き固めその他の作業が容易であること
③ どこでも多量に得られ，価格が低廉であること

☐ バラストは，列車通過のたびに繰り返しこすれ合うことにより，次第に丸みを帯び，軌道に変位が生じやすくなるため，丸みを帯びたバラストは順次交換する。

☐ バラスト軌道は，列車通過による軌道変位が生じやすいため，日常的な保守が必要であるが，路盤や路床の沈下などが生じても軌道整備で補修できるメリットがある。

- □ 軌道狂いを整正する作業として、有道床軌道において最も多く用いられる作業は、マルチプルタイタンパによる道床つき固め作業である。 **よく出る**

- □ スラブ軌道は、プレキャストコンクリートスラブを高架橋等の堅固な路盤に据え付け、スラブと路盤との間に填充材を注入したものであり、保守作業の軽減を図ることができる。

軌道変位

- □ 軌道狂いは、軌道が列車荷重の繰返し荷重を受けて次第に変形し、車両走行面の不整が生ずるものであり、在来線では軌間、水準、高低、通り、平面性、複合の種類がある。 **よく出る**

- □ 軌道変位の許容値は、通過列車の速度、頻度、重量などの線区状況のほか、軌道変位の検測頻度、軌道整正の実施までに必要な時間などの保守体制を勘案して決定する必要がある。

- □ 車両動揺は、ある範囲の波長の軌道狂いに敏感であるが、列車速度が高くなるに従って、より長い波長の軌道狂いを管理する。

- □ 脱線防止レール及び脱線防止ガードは、危険の大きい側に対する反対側のレール内方に設け、本線レールと同高又は高くする。

例題

R2【A-No. 42 改題】

鉄道の軌道における維持管理に関する次の記述のうち、**適当でないもの**はどれか。

(1) バラスト軌道は、列車通過による軌道変位が生じやすいため、日常的な保守が必要であるが、路盤や路床の沈下などが生じても軌道整備で補修できるメリットがある。

(2) 列車の通過によるレールの摩耗は、直線区間ではレール頭部に、曲線区間では曲線の内側レールに生じやすい。

(3) 道床バラストは、吸水率が小さく、強固でじん性に富み、摩損に耐える材質であることが要求される。

解答 2

解説 曲線区間の外側レールには、①車輪による輪重、②列車の加速・制動によって発生する接線力、③左右車輪の行路差による輪軸のねじれ、といった外力が直線区間より大きく作用するため、外側レール頭部側面が摩耗する。

129

03 営業線近接工事の保安対策

▶▶ パパっとまとめ

営業線近接工事の保安対策と，工事管理者，停電責任者，線閉責任者，列車見張員の職務などについて理解する。

営業線近接工事一般

☐ 営業線近接工事においては，施工に先立ち，保安確認書及び保安打合せ票を監督員等に提出しなければならない。

☐ 踏切と同種の設備を備えた工事用通路には，工事用しゃ断機，列車防護装置，列車接近警報機を備えておくものとする。

☐ 夜間工事を行う場合の照明は，所定の照度を確保し作業に支障を及ぼさないようにしなければならず，精密な作業を行う場合，照度の基準は 300 ルクス以上である。

☐ 既設構造物等に影響を与えるおそれのある工事の施工にあたっては，異常の有無を検測し，これを監督員等に報告しなければならない。 **よく出る**

☐ 列車の振動，風圧などによって，不安定かつ危険な状態になるおそれのある工事又は乗務員に不安を与えるおそれのある工事は，列車の接近時から通過するまでの間は，施工を一時中止する。 **よく出る**

☐ 建築限界内の作業等を計画するとき，線路閉鎖工事手続等によれない場合は，軌道短絡器又は可搬式特殊信号発光機を使用する。

☐ 軌道短絡器は，工事施工箇所付近に設置し，列車進入側の信号機に停止信号を現示する。

☐ 可搬式特殊信号発光機の設置位置は，作業現場から 800m 以上離れた位置まで列車が進来したときに，列車の運転士が明滅を確認できる建築限界内を基本とする。

☐ 工事現場において事故発生又は発生のおそれのある場合は，直ちに列車防護の手配をとり，併発事故又は事故を未然に防止する。

☐ 昼間の工事現場においては，事故発生のおそれのある場合の列車防護の方法として，緊急の場合で信号炎管等のないときには，列車に向かって赤色旗又は緑色旗以外の物を急激に振ってもよい。

工事管理者

□ 工事管理者等は，当日の作業内容を精査し，保守用車・建設用大型機械の足取り，工事施工区間並びに作業・移動区間，二重安全措置，重量物等の仮置き場所などを図示し，監督員へ提出するとともに，関係する他の工事管理者等や作業責任者に周知徹底させる。

列車見張員

□ 列車見張員は，作業などの責任者及び従事員に対して列車接近の合図が可能な範囲内で，安全が確保できる離れた場所に配置する。

□ 列車見張員を増員する場合，1人が掌握できる範囲を前後50m程度とし，列車見張員相互が携帯無線機等で連絡が取れる体制とする。

□ ホーム端から1m以上内側のホーム上の作業などで，当該線を支障するおそれのないときは，列車見張員などの配置を省略できる。

□ 作業などの位置が，複数の線にまたがるときは，それぞれの線に列車見張り員が必要である。列車接近警報装置などを使用する場合で，①列車接近警報装置などの警報開始位置が，作業位置から列車見通し距離に相当する距離以上離れている，②列車見張員などを配置し，退避余裕距離を確保できる，の2つの条件を満足する場合，当該線の列車に対する中継見張員の一部を省略できる。

停電責任者

□ き電停止の手続きを行う場合は，その手続きを停電責任者が行うこととし，使用間合，時間，作業範囲，競合作業等について，あらかじめ監督員等と十分打合せを行う。 よく出る

□ 停電責任者は，停電時刻の10分前までに，電力指令に作業の申込みを行い，き電停止の要請を行う。

線閉責任者

□ 線路閉鎖，保守用車使用の手続きは，線閉責任者が行うこととし，使用間合，時間，作業範囲，競合作業などについて，あらかじめ監督員等と十分打合せを行う。

□ 作業員が概ね10人以下で，かつ，作業範囲が50m程度の線路閉鎖時の作業については，線閉責任者が作業等の責任者を兼務できる。

□ 線路閉鎖工事実施中の線閉責任者の配置については，必要により一時的に現場を離れた場合でも速やかに帰還できる範囲内とする。

□ 線閉責任者は，線路閉鎖工事が作業時間帯において終了できないと判断した場合は，その旨を施設指令員に連絡し，指示を受ける。

建設用大型機械

□ 建設用大型機械の留置場所は，直線区間の建築限界の外方 1 m 以上離れ，かつ列車の運転保安及び旅客公衆等に対し安全な場所とする。

□ 建設用大型機械を建築限界内に進入させる際，同時に載線する建設用大型機械ごとに誘導員を配置する。

□ ストッパー機能を有していない工事用重機械をやむを得ず架空電線に接近して使用する場合は，架空電線監視人を配置する。

□ 営業線近接作業においては，ブームの位置関係を明確にして，き電線に 2 m 以内に接近しない処置を施して使用する。

例題

営業線近接工事における保安対策に関する次の記述のうち，**適当なもの**はどれか。

(1) 営業線近接工事においては，工事着手後，速やかに保安確認書，保安関係者届の二つの書類を監督員等に提出しなければならない。

(2) 既設構造物等に影響を与えるおそれのある工事の施工にあたっては，異常の有無を検測し，異常が無ければ監督員等に報告する必要はない。

(3) 列車の振動，風圧などによって，不安定，危険な状態になるおそれのある工事又は乗務員に不安を与えるおそれのある工事は，列車の接近時から通過するまでの間，一時施工を中止する。

解答 3

解説 1 の営業線近接工事においては，施工に先立ち，保安確認書及び保安打合せ票を監督員等に提出しなければならない。2 の既設構造物等に影響を与えるおそれのある工事の施工にあたっては，異常の有無を検測し，監督員等に報告する。3 は記述の通りである。

04 シールド工法

▶▶ パパっとまとめ

　シールド工法における施工管理，及びセグメントの組立における留意事項について理解する。

2
専門土木

シールド掘進の施工管理

☐ 粘着力が大きい硬質粘性土を掘削する際は，掘削土砂に適切な添加材を注入し，カッターチャンバー内やカッターヘッドへの掘削土砂の付着を防止する。

☐ 軟弱粘性土では，シールド掘進による全体的な地盤の緩みや乱れ，過剰な裏込め注入などに起因して後続沈下が発生することがある。

☐ 地盤変位を防止するには，掘進に伴うシールドと地山との摩擦を低減し，周辺地山をできるかぎり乱さないように，ローリングやピッチングなどを少なくして蛇行を防止する。

☐ ローリングが発生した場合は，カッターの回転方向を変えてシールドに逆の回転モーメントを与え修正するのが一般的である。

☐ シールド掘進に伴う地盤変位は，切羽に作用する土水圧の不均衡やテールボイドの発生，裏込め注入の過不足等が原因で発生する。

☐ シールドテールが通過した直後に生じる沈下あるいは隆起は，テールボイドの発生による応力解放や過大な裏込め注入圧等が原因で発生する。

☐ 裏込め注入工は，地山の緩みと沈下を防ぐとともに，セグメントからの漏水の防止，セグメントリングの早期安定やトンネルの蛇行防止などに役立つため，シールドの掘進と同時あるいは直後に行う。

泥水式シールド工法

☐ 掘削，切羽の安定，泥水処理が一体化したシステムとして運用されるので，構成する設備の特徴，能力を十分把握して計画する。

☐ 運転制御設備は，泥水圧，掘進速度，シールド運転時の負荷，泥水処理，泥水循環などの状態を測定する計測設備と運転管理を行う制御設備で構成される。

- [ ] 泥水の管理圧力については，上限値として地表面の沈下を極力抑止する目的で「静止土圧」＋「水圧」＋「変動圧」を用い，下限値として切羽の安定を保つ目的で「主動土圧」＋「水圧」＋「変動圧」を基本とする場合が多い。
- [ ] 地山の条件に応じて比重や粘性を調整した泥水を加圧循環し，切羽の土水圧に対抗する泥水圧によって切羽の安定を図る。
- [ ] 切羽の安定を図るためには，地山の条件に応じて泥水品質を調整して切羽面に十分な泥膜を形成するとともに，切羽泥水圧と掘削土量管理を慎重に行う。
- [ ] 泥水処理設備の泥水処理系統は，一次処理で排泥水の礫，砂を分離し，二次処理は余剰泥水のシルト・粘土を分離し，三次処理は放流水の pH を調整するもので構成される。
- [ ] 土砂を分離した余剰泥水は水や粘土，ベントナイト，増粘剤などを加えて比重，濃度，粘性などを調整して切羽へ再循環される。

土圧式シールド工法
- [ ] 切羽の安定を保持するには，カッターチャンバー内の泥土圧の管理及び泥土の塑性流動性管理と排土量管理を慎重に行う。 よく出る
- [ ] 粘着力が大きい硬質粘性土や砂層，礫層を掘削する場合には，適切な添加材を注入することにより掘削土砂の塑性流動性を確保する。

セグメントの種類
- [ ] 合成セグメントは，同じ断面であれば高い耐力と剛性を付与することが可能なことから，鉄筋コンクリート製セグメントに比べ，セグメント高さを低減できる。 よく出る
- [ ] 鋼製セグメントは，材質が均質で強度も保証されており，比較的軽量である一方，鉄筋コンクリート製セグメントと比較して施工の影響により変形しやすいため注意が必要である。

セグメントの組立
- [ ] 掘進完了後，シールドジャッキ全部を一度に引き戻すと，地山の土水圧や切羽の泥水圧によりシールドが押し戻されることがあるので，セグメントの組立順序にしたがい数本ずつ引き戻し，組み立てる。

☐ セグメントの組立ては，その精度を高めるため，セグメントを組み立ててからテールを離れて裏込め注入材がある程度硬化するまでの間，セグメント形状保持装置を用いることが有効である。

☐ トンネル断面の確保，止水効果の向上や地盤沈下の減少などからセグメントの継手ボルトを定められたトルクで十分に締め付ける。

☐ くさび継手は，くさび作用を用いてセグメントを引き寄せて締結する継手であり，セグメントの組立時間を短縮するために，くさびを先付けする形式のものがある。

☐ ボルト継手は，継手板をボルトで締め付けてセグメントリングを組み立てる引張接合構造である。

☐ ほぞ継手は，エレクター若しくはシールドジャッキを用いて隣接するセグメントリングにセグメントを押し付けることで締結が完了するため，作業効率がよい継手構造である。

例題

R1【A-No. 44 改題】

　シールド工法の施工管理に関する次の記述のうち，**適当でないもの**はどれか。
(1)　土圧式シールド工法において切羽の安定をはかるためには，泥土圧の管理及び泥土の塑性流動性管理と排土量管理を慎重に行わなければならない。
(2)　泥水式シールド工法において切羽の安定をはかるためには，泥水品質の調整及び泥水圧と掘削土量管理を慎重に行わなければならない。
(3)　土圧式シールド工法において，粘着力が大きい硬質粘性土や砂層，礫層を掘削する場合には，水を直接注入することにより掘削土砂の塑性流動性を高めることが必要である。

解答　3

解説　粘着力が大きい硬質粘性土や砂層，礫層の掘削時には，掘削土の流動性が低下し，カッターヘッド等への粘性土の固着による掘進停止などのトラブルが発生するため，適切な添加材を注入して塑性流動性を確保するとともに，カッターチャンバー内やカッターヘッドへの掘削土砂の付着を防止する。

135

05 鋼構造物の防食法・塗装

▶▶
　パパっとまとめ

　鋼構造物の防食法を覚える。また，塗装作業とその留意点について理解する。

防食法

☐ 被覆による防食は，鋼材を腐食の原因となる環境から遮断することによって腐食を防止する方法であるが，これには塗装の非金属被覆と亜鉛めっきや金属溶射等の金属被覆による方法がある。

☐ 使用材料そのものに腐食速度を低下させる合金元素を添加することによって改質した耐食性を有する材料を使用する方法がある。

☐ 環境改善による防食は，鋼材周辺から腐食因子を排除するなどによって鋼材を腐食しにくい環境条件下に置くものであり，構造の改善による水や酸素などを排除する方法と除湿による方法がある。

塗装

☐ 鋼材表面に形成した塗膜が腐食の原因となる酸素と水や，塩類等の腐食を促進する物質を遮断し鋼材を保護する防食法である。 **よく出る**

☐ 海岸地域で現場塗装を行う場合は，飛来塩分や海水の波しぶき等によって，塩分が被塗装面に付着しないよう確実な養生を行う。

溶融亜鉛めっき

☐ 被膜は硬く，良好に施工された場合は母材表面に合金層が形成されるため損傷しにくいが，一旦損傷を生じると部分的に再めっきを行うことが困難であることから，損傷部を塗装するなどの溶融亜鉛めっき以外の防食法で補修しなければならない。

金属溶射

☐ 鋼材表面に形成した溶射被膜が腐食の原因となる酸素と水や，塩類などの腐食を促進する物質を遮断し鋼材を保護する防食法である。

☐ 施工にあたっては，温度や湿度等の施工環境条件の制限があるとともに，下地処理と粗面処理の品質確保が重要である。

電気防食

☐ 鋼材に電流を流して表面の電位差をなくし、腐食電流の回路を形成させない方法であり、流電陽極方式と外部電源方式がある。

塗装作業

☐ 塗料は、可使時間を過ぎると性能が十分でないばかりか欠陥となりやすくなる。

☐ 塗り重ね間隔が短い場合は、下層の未乾燥塗膜は、塗り重ねた塗料の溶剤によって膨潤してしわを生じやすくなる。**よく出る**

☐ 塗り重ね間隔が長い場合は、下層塗膜の乾燥硬化が進み、上に塗り重ねる塗料との密着性が低下し、後日塗膜間で層間剥離が生じやすくなる。**よく出る**

☐ 塗装を塗り重ねる場合の塗装間隔は、付着性を良くし良好な塗膜を得るために重要な要素であり、塗料ごとに定められている。

☐ 塗料の乾燥が不十分なうちに次層を塗り重ねる場合は、下層塗膜中の溶剤の蒸発によって、上層塗膜にあわや膨れが生じることがある。

重防食塗装

☐ 下塗塗料は、防食下地と良好な付着性を有し、水と酸素の腐食因子と塩化物イオン等の腐食促進因子の浸透を抑制して、防食下地の劣化、消耗を防ぐ。

☐ 中塗塗料は、下塗塗料と上塗塗料の付着を確保し、色相を調整して下塗塗料の色相を隠蔽する。

☐ 上塗塗料は、耐候性のよい樹脂と顔料により、長期間にわたって鋼構造物の光沢や色相を維持し、下層塗膜を紫外線から保護する。

塗膜の劣化

☐ 膨れは、塗膜の層間や鋼材面と塗膜の間に発生する気体、又は液体による圧力が、塗膜の付着力や凝集力より大きくなった場合に発生するもので、高湿度条件等で生じやすい。

☐ はがれは、塗膜と鋼材面、又は塗膜と塗膜間の付着力が低下したときに生じ、塗膜が欠損している状態であり、結露の生じやすい下フランジ下面等に多くみられる。

☐ チェッキングは，塗膜内部のひずみにより塗膜表面に生じる目視でやっとわかる程度の比較的軽度な割れで，チェッキングが進展するとクラッキングになる。

☐ クラッキングは，塗膜の内部深く，又は鋼材面まで達する割れを指し，目視で容易に確認ができるものである。

☐ チョーキングは，塗膜の表面が粉化して次第に消耗していく現象であり，紫外線等により塗膜表面が分解することで生じる。

環境対応形塗膜はく離による塗膜除去

☐ 塗膜にはく離剤成分を浸透させるので，既存塗膜の膜厚が大きい場合，塗付時及び塗膜浸透時の気温が低い場合には塗膜はく離がし難いことがある。

☐ 塗膜をシート状に軟化させ塗膜を回収するので，塗膜ダストや騒音が発生しない。

☐ 塗膜を溶解して除去する従来の塗膜はく離とは異なり，高級アルコールを主成分とするため毒性及び皮膚刺激性が少ない。

例題   R4【A-No. 45 改題】

鋼構造物の防食法に関する次の記述のうち，**適当でないもの**はどれか。

(1) 海岸地域で現場塗装を行う場合は，飛来塩分や海水の波しぶき等によって，塩分が被塗装面に付着することのないよう確実な養生を行う必要がある。

(2) 溶融亜鉛めっき被膜は硬く，良好に施工された場合は母材表面に合金層が形成されるため損傷しにくく，また一旦損傷を生じても部分的に再めっきを行うことが容易である。

(3) 金属溶射の施工にあたっては，温度や湿度等の施工環境条件の制限があるとともに，下地処理と粗面処理の品質確保が重要である。

解答 2

解説 溶融亜鉛めっき被膜は一旦損傷を生じると部分的に再めっきを行うことが困難であり，損傷部を塗装などの溶融亜鉛めっき以外の防食法で補修する必要がある。

01 上水道管布設工

▶▶ パパっとまとめ
　　上水道管の埋設位置や深さ、施工方法について覚える。また、軟弱地盤等における管布設における留意事項も理解する。

上水道管布設工

☐ 道路に管を布設する場合には、配水本管は道路の**中央寄り**に布設し、配水支管はなるべく道路の**片側寄り**に布設する。

☐ 道路法施行令では、配水管の本線を道路に埋設する場合は、その頂部と路面との距離は、1.2m（工事実施上やむを得ない場合にあっては、0.6m）以下としないことと規定されている。

☐ 既設管との連絡工事箇所（接続工事箇所）では、**試掘調査**を行い、既設管の位置、管種、管径など及び他の埋設物の確認を行う。

☐ 床付け及び接合部の掘削は、布掘り、つぼ掘り、若しくは推進工法、又はこれに準ずる工法とし、**えぐり掘り**を行ってはならない。

☐ 配水管を他の地下埋設物と交差又は近接して布設するときは、少なくとも**30cm**以上の間隔を保つ。 **よく出る**

☐ 寒冷地で土地の凍結深度が標準埋設深さよりも深いときは、それ以下に埋設するが、やむを得ず埋設深度が確保できない場合は、**断熱マット**等の適当な措置を講ずる。

☐ 床付面に岩石、コンクリート塊などの支障物が出た場合は、床付面より10cm以上取り除き、砂等に置き換える。

☐ 埋戻しは、片埋めにならないように注意しながら、厚さ30cm以下に敷き均し、現地盤と同程度以上の密度となるように締め固める。

軟弱地盤等における上水道管布設工

☐ 軟弱層が深い場合、あるいは重機械が入れないような非常に軟弱な地盤では、**薬液注入**、**サンドドレーン工法**等により地盤改良を行う。

☐ 砂質地盤で地下水位が高く、地震時に**間げき水圧**の急激な上昇による液状化の可能性が高いと判定される場所では、適切な管種・継手を選定するほか必要に応じて**地盤改良**等を行う。

- [ ] 地盤改良には，砕石などの透水性の高いもので置換する工法や浅層部をセメントなどで安定処理した上で置き換える工法などがある。
- [ ] 不同沈下のおそれのある軟弱地盤に管路を布設する場合，地盤状態や管路沈下量について検討し，適切な管種，継手，施工方法を用いる。
- [ ] 軟弱層が浅い地盤に管を布設する場合は，管の重量，管内水重，埋戻し土圧などを考慮して，沈下量を推定した上，施工する。
- [ ] 軟弱層が深く予想沈下量が大きい地盤に管を布設する場合は，伸縮可とう性が大きく，かつ，離脱防止性能を持った継手を適所に用いることが望ましい。
- [ ] 水管橋又はバルブ室など構造物の取付け部には，不同沈下にともなう応力集中が生じるので，伸縮可とう性の大きい伸縮継手を使用することが望ましい。

上水道管路の地震対策

- [ ] 口径 800mm 以上の管路については，内部からの点検ができるように，適当な間隔で管路の要所に人孔を設けるほか，点検や復旧作業が容易に行えるように排水設備も設置するのが望ましい。
- [ ] 管路は，水平，鉛直とも急激な屈曲を避けることとし，ダクタイル鋳鉄管などの継手を屈曲させる場合は，許容の屈曲角度内とする。

例題

R1【A-No. 46 改題】

上水道の管布設工に関する次の記述のうち，**適当でないもの**はどれか。

(1) 埋戻しは，片埋めにならないように注意しながら，厚さ 50cm 以下に敷き均し，現地盤と同程度以上の密度となるように締め固めを行う。

(2) 床付面に岩石，コンクリート塊などの支障物が出た場合は，床付面より 10cm 以上取り除き，砂などに置き換える。

(3) 配水管を他の地下埋設物と交差又は近接して布設するときは，少なくとも 30cm 以上の間隔を保つ。

解答 1

解説 埋戻しは，片埋めに注意しながら，厚さ 30cm 以下に敷き均し，現地盤と同程度以上の密度となるよう締固める。

02 上水道管の更生工法

▶▶ パパっとまとめ

上水道管の各種更生工法の施工方法と特徴を覚える。

上水道管の更生工法

□ 既設管路更生工法は，錆こぶによって機能が低下した管路を，種々の材料を使用して通水能力の回復及び赤水発生防止を図るものであり，適用にあたっては既設管の管体及び継手部の強度が今後の使用に耐えうるものでなければならない。

既設管内挿入工法

□ 既設管をさや管として使用し新管を布設する工法であり，立坑部，付属設備及び給水管のための部分的な開削を除けば，地表面を掘削することなく施工できる。

□ 挿入管としてダクタイル鋳鉄管及び鋼管等が使用されるが既設管の管径や屈曲によって適用条件が異なる場合があるため，挿入管の管種や口径等の検討が必要である。

合成樹脂管挿入工法

□ やや管径の小さい合成樹脂管を挿入する工法であり，管路の補強がはかられ，管内面は平滑であるため耐摩耗性がよく，流速係数も大きいが，合成樹脂管の接着作業時の低温には十分注意する。

被覆材管内装着工法

□ 接着剤を塗布した薄肉状の被覆材を引き込み，空気圧などで管内面に圧着させてから加熱してライニング層を形成する工法であり，被覆材を管内で反転挿入し圧着する方法と，管内に引き込み後，加圧膨張させる方法とがあり，適用条件を十分調査の上で採用する。

□ 管路の動きに対する追随性が良く，曲線部の施工が容易である。

既設管内巻込工法

☐ 縮径した巻込鋼管を引き込み，管内で拡管・溶接し，既設管と新設管の間にモルタルなどを注入する工法であり，更新管路は曲がりに対しても対応しやすく，既設管に近い管径を確保できる。 よく出る

☐ 既設管が劣化して強度が低下している場合でも施工可能である。

既設管破砕推進工法

☐ 破砕機構を有する先頭管で既設管を破砕しながら，既設管と同等又はそれ以上大きい新管を推進するもので，新管にはダクタイル鋳鉄管又は鋼管を用いる。

例題 R4【A-No. 46】

上水道管の更新・更生工法に関する次の記述のうち，**適当でないもの**はどれか。

(1) 既設管内挿入工法は，挿入管としてダクタイル鋳鉄管及び鋼管等が使用されているが既設管の管径や屈曲によって適用条件が異なる場合があるため，挿入管の管種や口径等の検討が必要である。

(2) 既設管内巻込工法は，管を巻込んで引込作業後拡管を行うので，更新管路は曲がりには対応しにくいが，既設管に近い管径を確保することができる。

(3) 合成樹脂管挿入工法は，管路の補強が図られ，また，管内面は平滑であるため耐摩耗性が良く流速係数も大きいが，合成樹脂管の接着作業時の低温には十分注意する。

(4) 被覆材管内装着工法は，管路の動きに対して追随性が良く，曲線部の施工が可能で，被覆材を管内で反転挿入し圧着する方法と，管内に引き込み後，加圧し膨張させる方法とがあり，適用条件を十分調査の上で採用する。

解答 2

解説 既設管内巻込工法は，管を巻き込んで引込作業後に拡管を行うので，曲がりに対しても対応しやすく，既設管に近い管径を確保できる。

03 下水道管路施設及び 管渠の更生工法

▶▶ パパっとまとめ

管渠の接合方法，マンホールの構造，管渠の基礎，土止め工法の特徴と下水管渠の更生工法について覚える。

管渠の接合

☐ 管渠径が変化する場合又は2本の管渠が合流する場合の接合方法は，原則として水面接合又は管頂接合とする。

☐ 地表勾配が急な場合には，管渠径の変化の有無にかかわらず，原則として地表勾配に応じ，段差接合又は階段接合とする。

マンホール

☐ 管渠の方向，勾配又は管渠径の変化する箇所及び管渠の合流する箇所には，マンホールを設ける。

☐ 管渠が合流する場合には，流水について十分検討し，マンホールの形状及び設置箇所，マンホール内のインバートなどで対処する。

☐ マンホールにおいて上流管渠と下流管渠の段差が60cm以上の場合は，マンホール内での点検や清掃活動を容易にし，流水による底部などの摩耗を防ぐための副管を設ける。

☐ マンホール部での管渠接続は，水理損失を考慮し，上流管渠と下流管渠との最小段差を2cm程度設ける。

☐ マンホールの床版下及び最下段中間スラブ下の有効高さは，維持管理作業に支障のないように，インバートから2m以上を確保する。

☐ マンホールが深くなる場合は，維持管理上の安全面を考慮して，3〜5mごとに踊り場（中間スラブ）を設ける。

剛性管渠の基礎

☐ 砂又は砕石基礎は，砂又は細かい砕石などを管渠外周部にまんべんなく密着するように締め固めて管渠を支持するもので，比較的地盤がよい場合に採用する。

□ コンクリート及び鉄筋コンクリート基礎は，管渠の底部をコンクリートで巻き立てるもので，地盤が軟弱な場合や管渠に働く外圧が大きい場合に採用する。

□ はしご胴木基礎は，まくら木の下部に管渠と平行に縦木を設置してはしご状に作るもので，地盤が軟弱な場合や，土質や上載荷重が不均質な場合などに採用する。

□ 鳥居基礎は，はしご胴木の下部を杭で支える構造で，極軟弱地盤でほとんど地耐力を期待できない場合に採用する。

管渠の更生工法

□ さや管工法は，既設管渠より小さな管径で工場製作した管渠をけん引挿入し，間隙にモルタル等の充填材を注入して管を構築する。 **よく出る**

□ 反転工法は，含浸用基材に熱硬化性樹脂を含浸させた更生材を既設管渠内に反転加圧させながら挿入し，既設管渠内で温水や蒸気等で樹脂が硬化して管を構築する。 **よく出る**

□ 形成工法は，熱硬化性樹脂を含浸させたライナーや熱可塑性樹脂ライナーをマンホールから既設管渠内に引込み，水圧又は空気圧などで拡張・圧着後に硬化や冷却固化して管を構築する。 **よく出る**

□ 製管工法は，既設管渠内に硬質塩化ビニル樹脂材等をかん合し，その樹脂パイプと既設管渠との間隙にモルタル等の充填材を注入して管を構築する。 **よく出る**

例題 1

H30【A-No. 47 改題】

　下水道の管渠の接合に関する次の記述のうち，**適当でないもの**はどれか。
(1)　マンホールにおいて上流管渠と下流管渠の段差が規定以上の場合は，マンホール内での点検や清掃活動を容易にするため副管を設ける。
(2)　管渠径が変化する場合又は2本の管渠が合流する場合の接合方法は，原則として管底接合とする。
(3)　地表勾配が急な場合には，管渠径の変化の有無にかかわらず，原則として地表勾配に応じ，段差接合又は階段接合とする。

(4)　管渠が合流する場合には，流水について十分検討し，マンホールの形状及び設置箇所，マンホール内のインバートなどで対処する。

解答 2

解説 管渠径が変化する場合又は2本の管渠が合流する場合の接合方法は，原則として水面接合又は管頂接合とする。

例題2

下水道管渠の更生工法に関する次の記述のうち，**適当なもの**はどれか。

(1)　反転工法は，既設管渠より小さな管径で工場製作された管渠をけん引挿入し，間隙にモルタル等の充填材を注入することで管を構築する。

(2)　形成工法は，熱で硬化する樹脂を含浸させた材料をマンホールから既設管渠内に加圧しながら挿入し，加圧状態のまま樹脂が硬化することで管を構築する。

(3)　さや管工法は，硬化性樹脂を含浸させた材料や熱可塑性樹脂で成形した材料をマンホールから引込み，加圧し，拡張・圧着後に硬化や冷却固化することで管を構築する。

(4)　製管工法は，既設管渠内に硬質塩化ビニル樹脂材等をかん合し，その樹脂パイプと既設管渠との間隙にモルタル等の充填材を注入することで管を構築する。

解答 4

解説 1の反転工法は，熱硬化性樹脂を含浸させた材料をマンホールから既設管渠内に反転加圧しながら挿入し，加圧状態のまま樹脂が硬化することで管を構築する。選択肢の記述内容はさや管工法である。2の形成工法は，硬化性樹脂を含浸させた材料や熱可塑性樹脂で成形した材料を既設管渠内に引込み，加圧し，拡張・圧着後に硬化や冷却固化することで管を構築する。選択肢の記述内容は反転工法である。3のさや管工法は，既設管渠より小さな管径で製作された管渠をけん引挿入し，間隙にモルタル等の充填材を注入することで管を構築する。選択肢の記述内容は形成工法である。4は記述の通りである。

04 小口径管推進工法の施工

▶▶ パパっとまとめ

小口径管推進工法は，小口径推進管又は誘導管の先端に小口径管先導体を接続し，遠隔操作などにより掘削，排土あるいは圧入しながら推進管を布設する工法である。各種推進工法の特徴を覚える。また，推進における留意事項を理解する。

オーガ方式

☐ 粘性土地盤では推進中に先導体ヘッド部に土が付着し，先端抵抗力が急増する場合があるので，開口率の調整や注水により切羽部の土を軟弱にする等の対策が必要である。 よく出る

ボーリング方式

☐ 先導体前面が開放しているので，地下水位以下の砂質地盤に対しては，補助工法により地盤の安定処理を行い適用する。 よく出る

泥水方式

☐ 透水性の高い緩い地盤では泥水圧が有効に切羽に作用しない場合があるので，送泥水の比重，粘性を高くし，状況によっては逸泥防止材を使用する。 よく出る

☐ 透水性の高い緩い地盤では，送排泥管の流量計と密度計から掘削土量を計測し，監視するなどの対策が必要である。

圧入方式

☐ 排土しないで土を推進管周囲へ圧密させて推進するため，適用地盤の土質に留意すると同時に，推進路線に近接する既設建造物に対する影響にも注意する。

☐ 誘導管圧入後の推進管推進時には，地下水位が高く緩い砂質地盤ではカッターの回転を止めたときにスリットより土砂が流入する場合があるので，スリットの開口率を調整する。

☐ 誘導管の推進途中で時間をおくと土質によっては推進が不可能となる場合があるので，推進の中途では中断せずに一気に到達させる。

低耐荷力方式

☐ 硬質塩化ビニル管などを用い，先導体の推進に必要な推進力の先端抵抗を推進力伝達ロッドに作用させ，管には周面抵抗力のみを負担させ推進する施工方式である。

☐ 推進中は管にかかる荷重を常に計測し，管の許容推進耐荷力以下であることを確認しながら推進する。

推進管理測量

☐ レーザトランシット方式は，発進立坑に据え付けたレーザトランシットから先導体内のターゲットにレーザ光を照射する方式である。

☐ 推進管理測量を行う際に，鉛直方向については，先導体と発進立坑の水位差で管理する液圧差レベル方式を用いることで，リアルタイムに比較的高精度の位置管理が可能となる。水平方向の位置計測には，磁力線方式，走行計測方式，中継方式，方位計方式が用いられる。

☐ レーザトランシット方式による測量可能距離は，一般に 150～200m 程度であるが，長距離の測量になると先導体内装置などの熱により，レーザ光が屈折し測量できなくなる場合がある。

推進一般

☐ 初期掘進時には，先導体や推進諸設備に固有の動作特性があるため，先導体の特性をできるだけ早く把握して，地山の変化や蛇行に迅速に対処できるように努める。

☐ 先導体を曲進させる際には，機構を簡易なものとするために全断面を掘削し，外径を大きくする方法を採用するのが一般的である。

☐ 推進作業では，切羽を安定させ，推進管にかかる推進力を確認し，排土量が過多にならないよう留意する。

☐ 推進工法の管理では，一般に推進速度が速く方向制御のタイミングの遅れにより計測線からのずれや蛇行が生じやすいため，リアルタイムで先導体の位置を把握し，正確にオペレーションする。

☐ 土質の不均質な互層地盤では，推進管が軟らかい土質の方に蛇行することが多いので，地盤改良工法などの補助工法を併用し，蛇行を防止する対策を講じる。

滑材

☐ 滑材注入による推進力の低減をはかる場合は，滑材吐出口の位置は先導体後部及び発進坑口止水器部に限定されるので，推進開始から推進力の推移をみながら厳密に管理して滑材注入を行う。**よく出る**

☐ 地盤の変状の原因には，掘削土量と排土量のアンバランスなどがあり，常に掘削土量と排土量，泥水管理に注意し，切羽土砂を適正に取り込むとともに，推進と滑材注入を同時に行う。

☐ 含水比の小さい地盤では，推進力低減効果の低下や，圧密による推進抵抗の増加があるので，特に滑材の選定，注入管理に留意する。

鏡切り

☐ 先導体の位置を確認し，地山の土質，補助工法の効果の状況，湧水の状態等に留意し，その対策を施してから到達の鏡切りを行う。

☐ 小型立坑の鏡切りは，切羽部の地盤が不安定であると重大事故につながるため，地山や湧水の状態，補助工法の効果を確認後に行う。

例題

　小口径管推進工法の施工に関する次の記述のうち，**適当でないもの**はどれか。

(1)　オーガ方式は，砂質地盤では推進中に先端抵抗力が急増する場合があるので，注水により切羽部の土を軟弱にする等の対策が必要である。

(2)　圧入方式は，排土しないで土を推進管周囲へ圧密させて推進するため，適用地盤の土質に留意すると同時に，推進路線に近接する既設建造物に対する影響にも注意する。

(3)　ボーリング方式は，先導体前面が開放しているので，地下水位以下の砂質地盤に対しては，補助工法により地盤の安定処理を行った上で適用する。

解答 1

解説 オーガ方式において，砂質地盤に注水すると切羽部が崩壊するおそれがある。砂質地盤の場合は，薬液注入などの安定処理の検討が必要となる。なお，粘性土地盤では推進中に先導体に土が付着しヘッド部が閉塞して先端抵抗力が急増する場合があるので，開口率の調整や注水により切羽部の土を軟弱にする等の対策が必要である。

01 薬液注入工事

▶▶ パパっとまとめ

薬液注入工事における施工方法と留意事項について理解する。また，薬液注入工事における公共用水域の水質保全や地下水の監視，周辺農作物や構造物等の保全に関する留意事項も理解する。

専門土木

薬液注入工事の施工管理

☐ 25m 以上の大深度では，ダブルパッカー工法のパーカッションドリルによる削孔よりも，ボーリングロッドを注入管として利用する二重管ストレーナー工法（複相型）の方が削孔の精度は低い。

☐ 注入孔の間隔は，1.0m で複列配置を原則とし，改良範囲の形状は複雑で部分的には孔間隔に多少の差は生じるが，できるだけ原則に近い配置とする。

☐ 注入順序は，構造物に影響のないように，構造物の近くから遠くへ注入を進める。

☐ 注入速度は，現場における限界注入速度試験結果と施工実績とを参考として，設計時に設定した注入速度を見直しすることが望ましい。

☐ 注入圧力は，地盤の硬軟や土被り，地下水条件などにより異なり，計画時には目標値としての値を示し，試験工事や周辺での施工実績，現場での初期の値などを参考に決定する。

☐ 注入時の管理を適正な配合とするためには，ゲルタイム（硬化時間）を原則として作業開始前，午前，午後の各 1 回以上測定する。

☐ 砂質系地盤では，土粒子の間隙に注入材料が浸透固化し，それが接着材となることで崩壊が起こりにくくなり透水性も低下するので，掘削面への湧水を防止できる。

☐ 粘性土では，注入された薬液は土粒子の間隙に浸透できずに割裂の形態となるため，脈状に固化した薬液と圧縮された土の複合的効果で強度は増加する。

☐ 礫や玉石層などでは，最初に安価で強度のある懸濁型を使用して粗詰めし，その後礫や砂の間隙に溶液型の浸透注入を行う 2 段階の注入が必要となる。

薬液注入工事における環境保全管理

☐ 地下水の監視は，地下水の流向などに応じ注入箇所から 10m 以内に複数の観測井（既存の井戸を利用してもよい）を設置して，注入中のみならず注入後も一定期間，地下水を監視する。**よく出る**

☐ 地下水水質の観測井の深さは，薬液注入深度下端より深くする。

☐ 地下水等の水質の監視における採水は，工事着手前に 1 回，工事中は毎日 1 回以上，工事終了後も定められた期間に所定の回数を行う。

☐ 大規模な薬液注入工事を行う場合は，公共用水域の水質保全の観点から単に周辺地下水の監視のみならず，河川などにも監視測定点を設けて水質を監視する。

☐ 農産物や樹木への影響としては，飛散した薬液が振りかかることによる枯死や，根の周辺に薬液が浸透し水や栄養の吸収を妨げるなどが考えられることから，プラントを囲うことや一時的に移植するなどの対策が必要である。

☐ 構造物への影響は，瞬結ゲルタイムと緩結ゲルタイムを使い分けた二重管ストレーナー工法（複相型）の普及により少なくなっている。

☐ 注入中は周辺地盤や構造物などの監視を十分に行い，注入圧力の上昇に注意しながら施工する。

例題

R3【A-No. 49 改題】

　薬液注入工事の施工管理に関する次の記述のうち，**適当でないもの**はどれか。

(1)　薬液注入工事における注入時の管理を適正な配合とするためには，ゲルタイム（硬化時間）を原則として作業中に測定する。

(2)　薬液注入工事による構造物への影響は，瞬結ゲルタイムと緩結ゲルタイムを使い分けた二重管ストレーナー工法（複相型）の普及により少なくなっている。

(3)　薬液注入工事における 25m 以上の大深度の削孔では，ダブルパッカー工法のパーカッションドリルによる削孔よりも，二重管ストレーナー工法（複相型）の方が削孔の精度は低い。

解答 1

解説 適正な配合とするためには，ゲルタイム（硬化時間）を原則として作業開始前，午前，午後の各 1 回以上測定する。

02 薬液注入効果の確認

▶▶ パパっとまとめ
　　透水試験や標準貫入試験等による，薬液注入工事における注入効果の確認方法について理解する。

透水試験

□ 現場透水試験の評価は，注入改良地盤で行った現場試験の結果に基づき，透水性に関する目標値，設計値，得られた透水係数のばらつき等から総合的に評価する。

□ 透水性の改善度合いを確認する場合は，現場透水試験の結果から，透水係数が $1 \times 10^{-5} \sim 1 \times 10^{-4}$ cm/s に収まっていれば薬液注入による地盤の改良効果があると判断する。

□ 薬液注入による地盤の不透水化の改良効果を室内透水試験により評価するには，未注入地盤の透水係数と比較するか目標とする透水係数と比較する。

□ 透水度の改善の確認は，薬液注入で固化した地盤の改良度合いを確認する最も効果的な方法であり，原地盤の透水係数が大きいほど改良効果は期待できる。

標準貫入試験

□ 地盤の強度を確認する場合は，所定の高さからハンマを自由落下させて，サンプラーを30cm打ち込むのに要する打撃数を求める。

□ 評価は薬液注入前後の N 値の増減を見て行い，評価を行う際には同一地層で N 値を平均する等の簡易的な統計処理を実施する。

室内試験

□ 一軸圧縮試験や三軸圧縮試験などの室内強度試験は，薬液注入によって改良された地盤の強度特性や変形特性等を求め改良効果を評価するものであり，薬液注入後の乱さない試料が得られた場合に実施する。

□ 砂地盤の強度の増加を三軸圧縮試験により確認する場合は，地盤の粘着力の増加で判断する。

□ 薬液浸透状況は，薬液注入を行った箇所周辺を掘削して，アルカリ系薬液に反応するフェノールフタレイン液を用いてその着色状況を確かめることにより，薬液の浸透固結範囲，固結状態，脈状注入の状況並びに鏡切部，切羽部の止水状態，自立性を確認できる。

例題

薬液注入工事における注入効果の確認方法に関する次の記述のうち，**適当なもの**はどれか。
(1)　透水性の改善度合いを確認する場合は，現場透水試験の結果から，透水係数が 10^{-5} cm/s のオーダーの数値が得られたら薬液注入による地盤の改良度合いは悪いと判断する。
(2)　標準貫入試験で地盤の強度を確認する場合は，所定の高さからハンマを自由落下させて，サンプラーを 30 cm 打ち込むのに要する打撃数を求める。
(3)　砂地盤の強度の増加を三軸圧縮試験により確認する場合は，地盤の粘着力の値は変化しないといわれていることから，内部摩擦角の変化で判断する。
(4)　薬液の浸透状況を確認する場合は，薬液注入を行った箇所周辺を掘削して，アルカリ系薬液に反応して色が変化した状況を確認することにより，強度や透水性を数値で評価する。

解答 2

解説 1の透水性の改善の確認は，現場透水試験により透水係数を求め，事前の調査資料と比較して改良の度合いを確認する。改良数値は $1 \times 10^{-5} \sim 1 \times 10^{-4}$ cm/s に収まっていれば注入効果があると判断されるが，原地盤の透水係数が大きいほど改良効果は期待できる。2は記述の通りである。3の三軸圧縮試験による方法では，地盤の粘着力の増加で確認する。一軸圧縮試験や三軸圧縮試験による強度の確認は，ブロックサンプルの採取等が可能であれば最良の方法である。4のアルカリ系薬液による呈色反応では，薬液の浸透固結範囲，固結状態，脈状注入の状況並びに鏡切部，切羽部の止水状態，自立性を確認できるが，強度や透水性を数値で評価できない。

3

第3章

法規

01 労働契約・賃金

▶▶ パパっとまとめ

労働契約に関しては，労働基準法第13条から第23条，賃金に関しては第24条から第28条に規定されている。労働契約と賃金に関する各規定を覚える。

労働契約

☐ **契約期間等**：労働契約は，期間の定めのないものを除き，一定の事業の完了に必要な期間を定めるもののほかは，3年を超える期間について締結してはならない。(第14条)

☐ **労働条件の明示**：使用者は，労働契約の締結に際し，労働者に対して賃金，労働時間その他の労働条件を明示しなければならない。(第15条)

☐ **賠償予定の禁止**：使用者は，労働契約の不履行について違約金を定め，又は損害賠償額を予定する契約をしてはならない。(第16条)

☐ **前借金相殺の禁止**：使用者は，前借金その他労働することを条件とする前貸の債権と賃金を相殺してはならない。(第17条)

☐ **解雇制限**：使用者は，労働者が業務上負傷し，又は疾病にかかり療養のために休業する期間及びその後30日間は，原則として，解雇してはならない。(第19条)

☐ **解雇の予告**：使用者は，労働者を解雇しようとする予告をその30日前までにしない場合は，30日分以上の平均賃金を支払わなければならない。(第20条)

☐ **退職時等の証明**：労働者が退職の場合において，使用期間，業務の種類，賃金などについて証明書を請求した場合は，使用者は遅滞なくこれを交付しなければならない。(第22条)

☐ **金品の返還**：使用者は，労働者の死亡又は退職の場合において，権利者の請求があった場合においては，7日以内に賃金を支払い，積立金，保証金，貯蓄金その他名称の如何を問わず，労働者の権利に属する金品を返還しなければならない。(第23条)

賃金

☐ **非常時払**：使用者は，労働者が出産，疾病，災害その他厚生労働省令で定める非常の場合の費用に充てるために請求する場合においては，支払期日前であっても，既往の労働に対する賃金を支払わなければならない。(第25条)

☐ **休業手当**：使用者は，使用者の責に帰すべき事由による休業の場合においては，休業期間中当該労働者に，その平均賃金の100分の60以上の手当を支払わなければならない。(第26条)

☐ **出来高払制の保障給**：使用者は，出来高払制その他の請負制で使用する労働者については，労働時間に応じ一定額の賃金の保障をしなければならない。(第27条)

3
法規

例題

労働基準法に定められている労働契約に関する次の記述のうち，**誤っているもの**はどれか。

(1) 使用者は，労働契約の締結に際し，労働者に対して賃金，労働時間その他の労働条件を明示しなければならない。

(2) 使用者は，労働者が業務上負傷し，又は疾病にかかり療養のために休業する期間及びその後30日間は，原則として，解雇してはならない。

(3) 使用者は，労働者を解雇しようとする場合において，30日前に予告をしない場合は，30日分以上の平均賃金を原則として，支払わなければならない。

(4) 使用者は，労働者の死亡又は退職の場合において，権利者からの請求の有無にかかわらず，賃金を支払い，労働者の権利に属する金品を返還しなければならない。

解答 4

解説 1は労働基準法第15条第1項により正しい。2は第19条第1項により正しい。3は第20条第1項により正しい。4は第23条第1項に「使用者は，労働者の死亡又は退職の場合において，権利者の請求があった場合においては，7日以内に賃金を支払い，積立金，保証金，貯蓄金その他名称の如何を問わず，労働者の権利に属する金品を返還しなければならない」と規定されている。

02 労働時間, 休憩, 休日及び年次有給休暇

▶▶ パパッとまとめ

労働時間, 休憩, 休日及び年次有給休暇に関しては, 労働基準法第 32 条から第 41 条の 2 に規定されている。労働時間, 休憩, 休日等に関する数値を覚える。

☐ **労働時間**：使用者は, 労働者に, 休憩時間を除き 1 週間については 40 時間を超えて, 労働させてはならない。また, 1 週間の各日については, 休憩時間を除き 1 日について 8 時間を超えて, 労働させてはならない。(第 32 条)

☐ **災害等による臨時の必要がある場合の時間外労働等**：使用者は, 災害その他避けることのできない事由によって, 臨時の必要がある場合においては, 行政官庁の許可を受けて, その必要の限度において労働時間を延長し, 又は休日に労働させることができる。ただし, 事態急迫のために行政官庁の許可を受ける暇がない場合においては, 事後に遅滞なく届け出なければならない。(第 33 条) **よく出る**

☐ **休憩**：使用者は, 労働時間が 6 時間を超える場合においては少くとも 45 分, 8 時間を超える場合においては少くとも 1 時間の休憩時間を労働時間の途中に与えなければならない。(第 34 条) **よく出る**

☐ **休日**：使用者は, 労働者に対して, 毎週少くとも 1 回の休日を与えるか, 又は 4 週間を通じ 4 日以上の休日を与えなければならない。(第 35 条)

☐ **時間外及び休日の労働**：使用者は, 労働者の過半数で組織する労働組合がある場合においては, その労働組合と書面による協定をし, これを行政官庁に届け出た場合においては, 労働時間を延長し, 又は休日に労働させることができる。

☐ 使用者は, 労働者の過半数を代表する者と書面による協定を定める場合でも, 1 箇月に 100 時間以上, 労働時間を延長し, 又は休日に労働させてはならない。

☐ 使用者は, 協定の定めにより労働時間を延長して労働させ, 又は休日に労働させる場合でも, 坑内労働においては, 1 日について 2 時間を超えて労働時間を延長してはならない。(第 36 条)

☐ **時間外，休日及び深夜の割増賃金**：使用者が，労働時間を延長し，又は休日に労働させた場合においては，その時間又はその日の労働については，通常の労働時間又は労働日の賃金の計算額の2割5分以上5割以下の範囲内で割増賃金を支払わなければならない。（第37条）

☐ **時間計算**：坑内労働については，労働者が坑口に入った時刻から坑口を出た時刻までの時間を，休憩時間を含め労働時間とみなす。（第38条）

☐ **年次有給休暇**：使用者は，その雇入れの日から起算して6箇月間継続勤務し全労働日の8割以上出勤した労働者に対して，継続し，又は分割した10労働日の有給休暇を与えなければならない。（第39条）**よく出る**

例題

R4【A-No. 51 改題】

労働時間及び休憩に関する次の記述のうち，労働基準法上，**誤っているもの**はどれか。

(1) 使用者は，災害その他避けることのできない事由によって臨時の必要が生じ，労働時間を延長する場合においては，事態が急迫した場合であっても，事前に行政官庁の許可を受けなければならない。

(2) 使用者は，労働者に，休憩時間を除き1週間については40時間を超えて，1週間の各日については1日について8時間を超えて，労働させてはならない。

(3) 使用者が，労働者に労働時間を延長して労働させた場合においては，その時間の労働については，通常の労働時間の賃金の計算額に対して割増した賃金を支払わなければならない。

解答 1

解説 1は労働基準法第33条第1項に「災害その他避けることのできない事由によって，臨時の必要がある場合においては，使用者は，行政官庁の許可を受けて，その必要の限度において（中略）労働時間を延長し，又は休日に労働させることができる。ただし，事態急迫のために行政官庁の許可を受ける暇がない場合においては，事後に遅滞なく届け出なければならない」と規定されている。2は第32条第1項及び第2項により正しい。3は第37条第1項により正しい。

03 年少者・女性の就業

▶▶ パパっとまとめ

　年少者・女性の就業に関しては，労働基準法第 56 条から第 68 条，年少者労働基準規則及び女性労働基準規則に規定されている。年少者・女性の就業に関する規定を覚える。

- ☐ **最低年齢**：使用者は，児童が満 15 歳に達した日以後の最初の 3 月 31 日が終了するまで，これを使用してはならない。（第 56 条）
- ☐ **年少者の就業制限の業務の範囲**：使用者は，満 18 歳に満たない者を以下の業務に就かせてはならない。（第 62 条関連）
- ☐ 坑内労働
- ☐ クレーンの玉掛けの業務
- ☐ 動力により駆動される土木建築用機械の運転の業務
- ☐ 岩石又は鉱物の破砕機又は粉砕機に材料を送給する業務
- ☐ 土砂が崩壊するおそれのある場所又は深さが 5m 以上の地穴における業務
- ☐ 高さが 5m 以上の場所で，墜落により労働者が危害を受けるおそれのあるところにおける業務
- ☐ 足場の組立，解体又は変更の業務（地上又は床上における補助作業の業務を除く）
- ☐ さく岩機，鋲打機等身体に著しい振動を与える機械器具を用いて行う業務
- ☐ **妊産婦の危険有害業務の就業制限**：使用者は，妊娠中の女性及び産後 1 年を経過しない女性（妊産婦）を以下の業務に就かせてはならない。（第 64 条の 3）
- ☐ 坑内労働
- ☐ 足場の組立，解体又は変更の業務（地上又は床上における補助作業の業務を除く。）
- ☐ さく岩機，鋲打機等身体に著しい振動を与える機械器具を用いて行う業務

☐ **重量物を取り扱う業務**：使用者は，年齢及び性別により次表に掲げる重量以上の**重量物を取り扱う業務**に就かせてはならない。（年少者労働基準規則第 7 条）

年齢及び性		重量（単位 kg）	
		断続作業の場合	継続作業の場合
満 16 歳未満	女	12	8
	男	15	10
満 16 歳以上満 18 歳未満	女	25	15
	男	30	20

3

法規

例題

H29【No. 51】

労働基準法令に定められている就業に関する次の記述のうち，**誤っているもの**はどれか。

(1)　使用者は，土木工事において，児童が満 15 歳に達した日以後の最初の 3 月 31 日が終了するまで，この児童を使用してはならない。

(2)　使用者は，満 18 歳に満たない者を高さが 5m 以上の場所で，墜落により労働者が危害を受けるおそれのあるところにおける業務に就かせてはならない。

(3)　使用者は，満 16 歳以上満 18 歳未満の男性を 10kg 以上の重量物を断続的に取り扱う業務に就かせてはならない。

(4)　使用者は，産後 1 年を経過していない女性をさく岩機等，身体に著しい振動を与える機械器具を用いて行う業務に就かせてはならない。

解答 3

解説 1 は労働基準法第 56 条第 1 項により正しい。2 は同法第 62 条第 2 項及び年少者労働基準規則第 8 条第 1 項第 24 号により正しい。3 は労働基準法第 62 条第 1 項及び年少者労働基準規則第 7 条より，満 16 歳以上満 18 歳未満の男性には，断続作業の場合 30kg 以上，継続作業の場合 20kg 以上の重量物を取り扱う業務に就かせてはならない。4 は労働基準法第 64 条の 3 第 1 項及び女性労働基準規則第 2 条第 1 項第 24 号により正しい。

04 災害補償

▶▶ **パパっとまとめ**
　災害補償に関しては，労働基準法第 75 条から第 88 条に規定されている。災害補償に関する規定を覚える。

☐ **療養補償**：労働者が業務上負傷し，又は疾病にかかった場合においては，使用者は，その費用で必要な療養を行い，又は必要な療養の費用を負担しなければならない。(第 75 条)

☐ **休業補償**：労働者が業務上負傷し療養のため，労働することができないために賃金を受けない場合においては，使用者は，労働者の療養中平均賃金の 100 分の 60 の休業補償を行わなければならない。(第 76 条)

☐ **障害補償**：労働者が業務上負傷し治った場合において，その身体に障害が存するときは，使用者は，その障害の程度に応じて，平均賃金に定められた日数を乗じて得た金額の障害補償を行わなければならない。(第 77 条) **よく出る**

☐ **休業補償及び障害補償の例外**：労働者が重大な過失によって業務上負傷し，且つ使用者がその過失について行政官庁の認定を受けた場合においては，休業補償又は障害補償を行わなくてもよい。(第 78 条)

☐ **打切補償**：業務上負傷し療養補償を受ける労働者が，療養開始後年を経過しても負傷が治らない場合においては，使用者は，平均賃金の 1200 日分の打切補償を行い，その後はこの法律の規定による補償を行わなくてもよい。(第 81 条)

例題

災害補償に関する次の記述のうち，労働基準法上，**誤っているもの**はどれか。

(1) 労働者が重大な過失によって業務上負傷し，且つ使用者がその過失について行政官庁の認定を受けた場合においては，休業補償又は障害補償を行わなくてもよい。

(2) 労働者が業務上負傷し治った場合において，その身体に障害が存するときは，使用者は，その障害の程度に応じて，平均賃金に定められた日数を乗じて得た金額の障害補償を行わなければならない。

(3) 労働者が業務上負傷し療養のため，労働することができないために賃金を受けない場合においては，使用者は，労働者の療養中平均賃金の 100 分の 90 の休業補償を行わなければならない。

(4) 業務上負傷し療養補償を受ける労働者が，療養開始後 3 年を経過しても負傷が治らない場合においては，使用者は，平均賃金の 1200 日分の打切補償を行い，その後はこの法律の規定による補償を行わなくてもよい。

解答 3

解説 1 は，労働基準法第 78 条により正しい。2 は，第 77 条により正しい。3 は，第 76 条第 1 項に「労働者が前条の規定による療養のため，労働することができないために賃金を受けない場合においては，使用者は，労働者の療養中平均賃金の 100 分の 60 の休業補償を行わなければならない」と規定されている。4 は，第 81 条により正しい。

01 作業主任者

▶▶ **パパっとまとめ**

労働安全衛生法第14条（作業主任者）に規定される，作業主任者の選任を必要とする作業は，同法施行令第6条（作業主任者を選任すべき作業）に規定されている。作業主任者の選任が必要な作業を覚える。

建設工事において，作業主任者の選任を必要とする主な作業

☐ アセチレン溶接装置を用いて行う金属の溶接，溶断又は加熱の作業（第2号）

☐ コンクリート破砕器を用いて行う破砕の作業（第8の2号）

☐ 掘削面の高さが2m以上となる地山の掘削の作業（第9号）

☐ 土止め支保工の切りばり又は腹起しの取付け又は取り外しの作業（第10号）　**よく出る**

☐ ずい道等の覆工の組立て又は解体の作業（第10の3号）

☐ 型枠支保工の組立て又は解体の作業（第14号）

☐ 高さが5m以上の構造の足場の組立て又は解体の作業（第15条）　**よく出る**

☐ 高さが5m以上，支間が30m以上の鋼製橋梁上部構造の架設の作業（第15の3号）

☐ 高さが5m以上のコンクリート造の工作物の解体又は破壊の作業（第15の5号）

☐ 高さが5m以上，支間が30m以上のコンクリート橋梁上部構造の架設の作業（第16号）

例題1   R4【A-No. 52】

次の作業のうち，労働安全衛生法令上，**作業主任者の選任を必要とする作業**はどれか。

(1)　高さが3mのコンクリート造の工作物の解体又は破壊の作業
(2)　高さが3mの土止め支保工の切りばり又は腹起こしの取付け又は取り外しの作業
(3)　高さが3m，支間が20mのコンクリート橋梁上部構造の架設の作業
(4)　高さが3mの構造の足場の組立て又は解体の作業

解答　2

解説　労働安全衛生法第14条に規定される作業主任者の選任を必要とする作業は，同法施行令第6条に規定されている。1は同条第15の5号に「コンクリート造の工作物（その高さが5m以上であるものに限る）の解体又は破壊の作業」と規定されており，選任を必要としない。2は同条第10号に「土止め支保工の切りばり又は腹起しの取付け又は取り外しの作業」と規定されており，選任を必要とする。3は同条第16号に「橋梁の上部構造であって，コンクリート造のもの（その高さが5m以上であるもの又は当該上部構造のうち橋梁の支間が30m以上である部分に限る）の架設又は変更の作業」と規定されており，選任を必要としない。4は同条第15条に「つり足場（ゴンドラのつり足場を除く），張出し足場又は高さが5m以上の構造の足場の組立て，解体又は変更の作業」と規定されており，選任を必要としない。

例題2

H30【No. 52改題】

　労働安全衛生法令上，作業主任者の選任を必要としない作業は，次のうちどれか。
(1)　アセチレン溶接装置を用いて行う金属の溶接，溶断又は加熱の作業
(2)　高さが3m，支間が20mの鋼製橋梁上部構造の架設の作業
(3)　コンクリート破砕器を用いて行う破砕の作業

解答　2

解説　1は労働安全衛生法施行令第6条第2号により選任を必要とする。2は同条第15の3号に「橋梁の上部構造であって，金属製の部材により構成されるもの（その高さが5m以上であるもの又は当該上部構造のうち橋梁の支間が30m以上である部分に限る。）の架設，解体又は変更の作業」と規定されており，選任を必要としない。3は同条第8の2号により選任を必要とする。

02 高さが5m以上のコンクリート造の工作物の解体等の作業

> ▶▶ パパっとまとめ
>
> 　高さが5m以上のコンクリート造の工作物の解体等の作業については，第517条の14（調査及び作業計画）から第517条の19（保護帽の着用）に規定されている。事業者が行う事項と作業主任者が行う事項を覚える。

☐ **調査及び作業計画**：事業者は，あらかじめ，当該工作物の形状，き裂の有無，周囲の状況等を調査し，当該調査により知り得たところに適応する作業計画を定め，かつ，当該作業計画により作業を行わなければならない。（第517条の14）**よく出る**

☐ 事業者は，控えの設置，立入禁止区域の設定その他の外壁，柱，はり等の倒壊又は落下による労働者の危険を防止するための方法を示した作業計画を定めなければならない。

☐ **コンクリート造の工作物の解体等の作業**：事業者は，作業を行う区域内には，関係労働者以外の労働者の立入りを禁止しなければならない。**よく出る**

☐ 事業者は，強風，大雨，大雪等の悪天候のため，作業の実施について危険が予想されるときは，当該作業を中止しなければならない。**よく出る**

☐ 事業者は，器具，工具等を上げ，又は下ろすときは，つり綱，つり袋等を労働者に使用させなければならない。（第517条の15）**よく出る**

☐ **引倒し等の作業の合図**：事業者は，外壁，柱等の引倒し等の作業を行うときは，引倒し等について一定の合図を定め，関係労働者に周知させなければならない。（第517条の16）**よく出る**

☐ **コンクリート造の工作物の解体等作業主任者の選任**：事業者は，コンクリート造の工作物の解体等作業主任者技能講習を修了した者のうちから，解体等作業主任者を選任しなければならない。（第517条の17）**よく出る**

☐ **コンクリート造の工作物の解体等作業主任者の職務**：コンクリート造の工作物の解体等作業主任者は，作業の方法及び労働者の配置を決定し，作業を直接指揮しなければならない。 `よく出る`

☐ コンクリート造の工作物の解体等作業主任者は，器具，工具，要求性能墜落制止用器具等及び保護帽の機能を点検し，不良品を取り除かなければならない。（第517条の18）

☐ **保護帽の着用**：事業者は，物体の飛来又は落下による労働者の危険を防止するため，当該作業に従事する労働者に保護帽を着用させなければならない。（第517条の19） `よく出る`

例題 R3【A-No.53】

　高さが5m以上のコンクリート造の工作物の解体等の作業における危険を防止するために，事業者又はコンクリート造の工作物の解体等作業主任者（以下，解体等作業主任者という）が行わなければならない事項に関する次の記述のうち，労働安全衛生法令上，**誤っているもの**はどれか。

(1)　解体等作業主任者は，作業の方法及び労働者の配置を決定し，作業を直接指揮しなければならない。

(2)　事業者は，外壁，柱等の引倒し等の作業を行うときは，引倒し等について一定の合図を定め，関係労働者に周知させなければならない。

(3)　事業者は，コンクリート造の工作物の解体等作業主任者技能講習を修了した者のうちから，解体等作業主任者を選任しなければならない。

(4)　解体等作業主任者は，物体の飛来又は落下による労働者の危険を防止するため，当該作業に従事する労働者に保護帽を着用させなければならない。

解答 4

解説 1は労働安全衛生規則第517条の18第1号により正しい。2は第517条の16第1項により正しい。3は第517条の17により正しい。4は第517条の19に「事業者は，（中略）物体の飛来又は落下による労働者の危険を防止するため，当該作業に従事する労働者に保護帽を着用させなければならない」と規定されている。

01 建設工事の請負契約

▶▶ パパっとまとめ

建設工事の請負契約については建設業法第18条から第24条に規定されている。請負契約における留意事項を理解する。

□ **建設工事の請負契約の内容**：建設工事の請負契約の当事者は，契約の締結に際して，工事内容，請負代金の額，工事着手の時期及び工事の完成時期等の事項を書面に記載し，署名又は記名押印をして相互に交付しなければならない。

□ 請負契約の当事者は，請負契約の内容で工事内容など契約書に記載されている事項を変更するときは，その変更の内容を書面に記載し，署名又は記名押印をして相互に交付しなければならない。(第19条)

□ **現場代理人の選任等に関する通知**：注文者は，請負契約の履行に関し工事現場に監督員を置く場合においては，当該監督員の権限に関する事項及び当該監督員の行為についての請負人の注文者に対する意見の申出の方法を，書面により請負人に通知しなければならない。(第19条の2)

□ **不当に低い請負代金の禁止**：注文者は，自己の取引上の地位を不当に利用して，その注文した建設工事を施工するために通常必要と認められる原価に満たない金額を請負代金の額とする請負契約を締結してはならない。(第19条の3)

□ **不当な使用資材等の購入強制の禁止**：注文者は，請負契約を締結後，自己の取引上の地位を不当に利用して，その注文した建設工事に使用する資材若しくは機械器具又はこれらの購入先を指定し，これらを請負人に購入させてその利益を害してはならない。(第19条の4)

□ **建設工事の見積り等**：建設業者は，建設工事の注文者から請求があったときは，請負契約が成立するまでの間に，建設工事の見積書を提示しなければならない。

□ 建設工事の注文者は，請負契約の方法を競争入札に付する場合においては，入札を行うまでに，工事内容等についてできる限り具体的な内容を提示しなければならない。(第20条)

建設工事の請負契約に関する次の記述のうち，建設業法上，**誤っているもの**はどれか。

(1)　建設工事の注文者は，請負契約の方法を競争入札に付する場合においては，工事内容等についてできる限り具体的な内容を契約直前までに提示しなければならない。

(2)　建設工事の注文者は，請負契約の履行に関し工事現場に監督員を置く場合においては，当該監督員の権限に関する事項及び当該監督員の行為についての請負人の注文者に対する意見の申出の方法を，書面により請負人に通知しなければならない。

(3)　建設工事の請負契約の当事者は，契約の締結に際して，工事内容，請負代金の額，工事着手の時期及び工事の完成時期等の事項を書面に記載し，署名又は記名押印をして相互に交付しなければならない。

(4)　建設業者は，建設工事の注文者から請求があったときは，請負契約が成立するまでの間に，建設工事の見積書を提示しなければならない。

3
法規

解答 1

解説 1は，建設業法第20条第3項に「建設工事の注文者は，（中略）入札の方法により競争に付する場合にあっては入札を行う以前に，（中略）できる限り具体的な内容を提示し，（後略）」と規定されている。2は，第19条の2第2項により正しい。3は，第19条第1項により正しい。4は，第20条第2項により正しい。

02 元請負人の義務

学習 ／

> ▶▶ **パパっとまとめ**
> 　元請負人の業務については建設業法第 24 条の 2 から第 24 条
> の 8 に規定されている。下請代金の支払や完成検査など，元請負
> 人が下請負人に対して行う施工管理について理解する。

- [ ] **下請負人の意見の聴取**：元請負人は，その請け負った建設工事を施工するために必要な工程の細目，作業方法その他元請負人において定めるべき事項を定めようとするときは，あらかじめ，下請負人の意見をきかなければならない。(第 24 条の 2)　**よく出る**

- [ ] **下請代金の支払**：元請負人は，請負代金の出来形部分に対する支払を受けたときは，その支払の対象となった建設工事を施工した下請負人に対して，その下請負人が施工した出来形部分に相応する下請代金を，当該支払を受けた日から 1 月以内で，かつ，できる限り短い期間内に支払わなければならない。　**よく出る**

- [ ] 元請負人は，前払金の支払を受けたときは，下請負人に対して，資材の購入，労働者の募集その他建設工事の着手に必要な費用を前払金として支払うよう適切な配慮をしなければならない。(第 24 条の 3)　**よく出る**

- [ ] **検査及び引渡し**：元請負人は，下請負人からその請け負った建設工事が完成した旨の通知を受けたときは，当該通知を受けた日から 20 日以内で，かつ，できる限り短い期間内に，その完成を確認するための検査を完了しなければならない。　**よく出る**

- [ ] 元請負人は，検査によって下請負人の請け負った建設工事の完成を確認した後，下請負人が申し出たときは，特約がされている場合を除いて，直ちに当該建設工事の目的物の引渡しを受けなければならない。(第 24 条の 4)

- [ ] **特定建設業者の下請代金の支払期日等**：下請代金の支払期日は，下請負人の建設工事の完成を確認した後，当該工事の目的物の引き渡しの申出を行った日，あるいは特約がある場合はその定める一定の日から起算して 50 日を経過する日以前で，かつ，できる限り短い期間内において定められなければならない。

☐ 下請代金の支払いについては，その支払期日までに一般の金融機関による割引を受けることが困難であると認められる手形を交付してはならない。（第 24 条の 6）

☐ **下請負人に対する特定建設業者の指導等**：発注者から直接建設工事を請け負った特定建設業者は，当該建設工事の下請負人が建設業法その他関係法令に違反しないよう，当該下請負人の指導に努めるものとする。（第 24 条の 7）

例題

R4【A-No. 54】

3
法規

元請負人の義務に関する次の記述のうち，建設業法令上，**誤っている**ものはどれか。
(1) 元請負人は，その請け負った建設工事を施工するために必要な工程の細目，作業方法その他元請負人において定めるべき事項を定めようとするときは，あらかじめ，下請負人の意見をきかなければならない。
(2) 元請負人は，請負代金の出来形部分に対する支払を受けたときは，その支払の対象となった建設工事を施工した下請負人に対して，その下請負人が施工した出来形部分に相応する下請代金を，当該支払を受けた日から一月以内で，かつ，できる限り短い期間内に支払わなければならない。
(3) 元請負人は，前払金の支払を受けたときは，下請負人に対して，資材の購入，労働者の募集その他建設工事の着手に必要な費用を前払金として支払うよう適切な配慮をしなければならない。
(4) 元請負人は，下請負人からその請け負った建設工事が完成した旨の通知を受けたときは，当該通知を受けた日から一月以内で，かつ，できる限り短い期間内に，その完成を確認するための検査を完了しなければならない。

解答 4
解説 1 は建設業法第 24 条の 2 により正しい。2 は第 24 条の 3 第 1 項により正しい。3 は第 24 条の 3 第 3 項により正しい。4 は第 24 の 4 第 1 項に「元請負人は，下請負人からその請け負った建設工事が完成した旨の通知を受けたときは，当該通知を受けた日から 20 日以内で，かつ，できる限り短い期間内に，その完成を確認するための検査を完了しなければならない」と規定されている。

03 主任技術者及び監理技術者等

▶▶ **パパっとまとめ**

主任技術者及び監理技術者の設置に関する基準，職務等について覚える。

☐ **現場代理人及び主任技術者等**：主任技術者及び監理技術者は，建設業法で設置が義務付けられており，公共工事標準請負契約約款に定められている現場代理人を兼ねることができる。（公共工事標準請負契約約款第 10 条）**よく出る**

☐ **主任技術者及び監理技術者の設置等**：建設業許可を受けている建設業者が下請契約により建設工事を施工するときは，その下請代金の額にかかわらず，当該建設工事に関し主任技術者を置かなければならない。

☐ 発注者から直接建設工事を請け負った特定建設業者は，当該建設工事を施工するために締結した下請契約の請負代金の額（当該下請契約が 2 以上あるときは，それらの請負代金の額の総額）が 4,500万円（建築工事業の場合は 7,000 万円）以上になる場合においては監理技術者を置かなければならない。**よく出る**

※法改正により，R5.1.1 より下請契約の請負代金の額が 4,000 万円（建築工事業の場合は，6,000 万円）以上から変更となった。

☐ 国又は地方公共団体が注文者である施設又は工作物に関する建設工事で，工事 1 件の請負代金の額が 4,000 万円（建築一式工事の場合は，8,000 万円）以上の工事に置かなければならない主任技術者又は監理技術者は，工事現場ごとに，専任の者でなければならない。（建設業法第 26 条）**よく出る**

※法改正により，R5.1.1 より工事 1 件の請負代金の額が 3,500 万円（建築一式工事の場合は，7,000 万円）以上から変更となった。

☐ **主任技術者及び監理技術者の職務等**：主任技術者及び監理技術者は，工事現場における建設工事を適正に実施するため，当該建設工事の施工計画の作成，工程管理，品質管理その他の技術上の管理及び当該建設工事の施工に従事する者の技術上の指導監督の職務を誠実に行わなければならない。**よく出る**

□ 工事現場における建設工事の施工に従事する者は，主任技術者又は監理技術者がその職務として行う指導に従わなければならない。（第26条の4）**よく出る**

□ **専任の主任技術者又は監理技術者を必要とする建設工事**：専任を要する工事のうち，密接な関係にある2以上の建設工事を同一の建設業者が同一の場所又は近接した場所において施工する場合は，同一の専任の主任技術者がこれらの工事を管理することができる。（建設業法施行令第27条）

例題
R2【A-No. 54】

技術者制度に関する次の記述のうち，建設業法令上，**誤っているも**のはどれか。

(1) 主任技術者及び監理技術者は，建設業法で設置が義務付けられており，公共工事標準請負契約約款に定められている現場代理人を兼ねることができる。

(2) 発注者から直接建設工事を請け負った特定建設業者は，当該建設工事を施工するために締結した下請契約の請負代金の額にかかわらず，工事現場に監理技術者を置かなければならない。

(3) 主任技術者及び監理技術者は，工事現場における建設工事を適正に実施するため，当該建設工事の施工計画の作成，工程管理，品質管理その他の技術上の管理及び当該建設工事の施工に従事する者の技術上の指導監督を行わなければならない。

(4) 工事現場における建設工事の施工に従事する者は，主任技術者又は監理技術者がその職務として行う指導に従わなければならない。

解答 2

解説 1は公共工事標準請負契約約款第10条第5項により正しい。2は建設業法第26条第2項及び同法施行令第2条より「発注者から直接建設工事を請け負った特定建設業者は，当該建設工事を施工するために締結した下請契約の請負代金の額（当該下請契約が2以上あるときは，それらの請負代金の額の総額）が4,500万円（建築工事業の場合は7,000万円）以上になる場合においては監理技術者を置かなければならない」と規定されている。3は第26条の4第1項により正しい。4は同条第2項により正しい。

01 火薬類取締法

▶▶ パパっとまとめ

火薬類の取扱い方法や発破に関する規定，留意事項を覚える。

火薬類の取扱い

☐ **火薬庫の設置**：火薬庫を設置し，移転し又はその構造若しくは設備を変更しようとする者は，都道府県知事の許可を受けなければならない。(第12条)

☐ **火薬類の運搬**：火薬類を運搬しようとする場合は，その荷送人は，その旨を出発地を管轄する都道府県公安委員会に届け出て，届出を証明する文書（運搬証明書）の交付を受けなければならない。また火薬類を運搬する場合は，運搬証明書を携帯しなければならない。(第19条，第20条)

☐ **火薬類の消費**：火薬類を爆発させ，又は燃焼させようとする者（消費者）は，都道府県知事の許可を受けなければならない。(第25条)

☐ **火薬類の廃棄**：火薬類を廃棄しようとする者は，経済産業省令で定めるところにより，都道府県知事の許可を受けなければならない。(第27条)

☐ **喫煙等の制限**：何人も，火薬類の製造所又は火薬庫においては，製造業者又は火薬庫の所有者若しくは占有者の指定する場所以外の場所で，喫煙し，又は火気を取り扱ってはならない。(第40条)

☐ **事故届等**：火薬類を取り扱う者は，その所有し，又は占有する火薬類，譲渡許可証，譲受許可証又は運搬証明書を喪失し，又は盗取されたときは，遅滞なくその旨を警察官又は海上保安官に届け出なければならない。(第46条) **よく出る**

☐ **火薬類取扱所**：火薬類取扱所の建物の屋根の外面は，金属板，スレート板，かわらその他の不燃性物質を使用し，建物の内面は，板張りとし，床面にはできるだけ鉄類を表さない。

☐ 火薬類取扱所において存置することのできる火薬類の数量は，一日の消費見込量以下とする。(施行規則第52条)

発破

□ **発破**：発破場所に携行する火薬類の数量は，当該作業に使用する消費見込量をこえないこと。 **よく出る**

□ 発破場所においては，責任者を定め，火薬類の受渡し数量，消費残数量及び発破孔又は薬室に対する装填方法をその都度記録させること。 **よく出る**

□ 装填が終了し，火薬類が残った場合には，直ちに始めの火薬類取扱所又は火工所に返送すること。

□ 発破に際しては，あらかじめ定めた危険区域への通路に見張人を配置し，その内部に関係人のほかは立ち入らないような措置を講じ，附近の者に発破する旨を警告し，危険がないことを確認した後でなければ点火しないこと。（施行規則第53条）

□ **電気発破**：発破母線は，点火するまでは点火器に接続する側の端を短絡させておき，発破母線の電気雷管の脚線に接続する側は，短絡を防ぐために心線を長短不揃にしておくこと。

□ 多数斉発に際しては，電圧並びに電源，発破母線，電気導火線及び電気雷管の全抵抗を考慮した後，電気雷管に所要電流を通じなければならない。（施行規則第54条）

3
法規

例題

R3【A-No. 55 改題】

火薬類取締法令上，火薬類の取扱い等に関する次の記述のうち，正しいものはどれか。

(1) 火薬類取扱所において存置することのできる火薬類の数量は，その週の消費見込量以下としなければならない。

(2) 装填が終了し，火薬類が残った場合には，発破終了後に始めの火薬類取扱所又は火工所に返送しなければならない。

(3) 火薬類の発破を行う場合には，発破場所に携行する火薬類の数量は，当該作業に使用する消費見込量をこえてはならない。

解答 4

解説 1は火薬類取締法施行規則第52条第3項第11号に「火薬類取扱所において存置することのできる火薬類の数量は，一日の消費見込量以下とする。」と規定されている。2は第53条第3号に「装填が終了し，火薬類が残った場合には，直ちに始めの火薬類取扱所又は火工所に返送すること」と規定されている。

01 道路法・車両制限令

▶▶ パパっとまとめ

道路の占用の許可，道路の使用の許可，道路の掘削工事の実施方法，及び限度超過車両の通行の許可等に関する規定や留意事項を覚える。

☐ **道路管理者以外の者の行う工事**：道路管理者以外の者が，工事用車両の出入りのために歩道切下げ工事を行う場合は，道路管理者の承認を受ける必要がある。(第24条) **よく出る**

道路の占用の許可

道路に以下に掲げる工作物，物件又は施設を設け，継続して道路を使用しようとする場合においては，道路管理者の許可が必要である。(第32条) **よく出る**

☐ 電柱，電線，変圧塔，郵便差出箱，公衆電話所，広告塔その他これらに類する工作物

☐ 水管，下水道管，ガス管その他これらに類する物件

☐ 鉄道，軌道その他これらに類する施設

☐ 歩廊，雪よけその他これらに類する施設

☐ 地下街，地下室，通路，浄化槽その他これらに類する施設

☐ 露店，商品置場その他これらに類する施設

☐ 工事用板囲，足場，詰所，その他の工事用施設，土石，竹木，瓦，その他の工事用材料，トンネルの上又は高架の道路の路面下に設ける事務所，店舗，倉庫，住宅，自動車駐車場，自転車駐車場，広場，公園，運動場，その他これらに類する施設等

☐ 道路の占用の許可を受けようとする者は，①道路の占用の目的，②道路の占用の期間，③道路の占用の場所，④工作物，物件又は施設の構造，⑤工事実施の方法，⑥工事の時期，⑦道路の復旧方法，を記載した申請書を道路管理者に提出する。

☐ **道路の占用の軽易な変更**：道路占用者が重量の増加を伴わない占用物件の構造を変更する場合，道路の構造又は交通に支障を及ぼすお

それがないと認められるものは，あらためて道路管理者の許可を受ける必要はない。（第32条，施行令第8条） よく出る

道路の使用の許可

道路において以下の行為を行うものは，所轄警察署長の許可（当該行為に係る場所が同一の公安委員会の管理に属する2以上の警察署長の管轄にわたるときは，いずれかの所轄警察署長の許可）が必要である。（道路交通法第77条）

☐ 道路において工事若しくは作業をしようとする者又は当該工事若しくは作業の請負人

☐ 道路に石碑，銅像，広告板，アーチその他これらに類する工作物を設けようとする者

☐ 場所を移動しないで，道路に露店，屋台店その他これらに類する店を出そうとする者

☐ 道路において祭礼行事をし，又はロケーションをする等一般交通に著しい影響を及ぼすような通行の形態若しくは方法により道路を使用する行為又は道路に人が集まり一般交通に著しい影響を及ぼすような行為で，公安委員会が，その土地の道路又は交通の状況により，道路における危険を防止し，その他交通の安全と円滑を図るため必要と認めて定めたものをしようとする者

☐ **支障埋設物の立会**：掘削工事で支障となる電線，水管，下水道管，ガス管若しくは石油管などのライフラインの地下埋設物については，その埋設物の管理者と十分調整し，必要に応じて立会を申し入れる。（道路法施行令第13条）

道路を掘削する場合における工事実施の方法

占用に関する工事で，道路を掘削するものの実施方法は，次の各号に掲げるところによるものとする。（施行規則第4条の4の4）

☐ 舗装道の舗装の部分の切断は，のみ又は切断機を用いて，原則として直線に，かつ，路面に垂直に行う。

☐ 掘削部分に近接する道路の部分には，掘削した土砂をたい積しないで余地を設けるものとし，当該土砂が道路の交通に支障を及ぼすおそれがある場合には，他の場所に搬出する。

□ わき水又はたまり水の排出に当たっては，道路の排水に支障を及ぼすことのないように措置して道路の排水施設に排出する場合を除き，路面その他の道路の部分に排出しないように措置する。 よく出る

□ 掘削面積は，工事の施工上やむを得ない場合，覆工を施す等道路の交通に著しい支障を及ぼすことのないように措置して行う場合を除き，当日中に復旧可能な範囲とする。 よく出る

□ 道路を横断して掘削する場合は，原則として交通に著しい支障を及ぼさないと認められる道路の部分の掘削を行い，交通に支障を及ぼさないための措置を講じた後，その他の道路の部分を掘削する。

□ **占用のために掘削した土砂の埋戻しの方法**：占用のために掘削した土砂の埋戻しは，各層（層の厚さは，原則として0.3m（路床部にあっては0.2m）以下とする）ごとにランマーその他の締固め機械又は器具で確実に締め固める。（施行規則第4条の4の6） よく出る

車両の幅等の最高限度

車両制限令には，道路の構造を保全し，又は交通の危険を防止するため，車両の幅，重量，高さ，長さ及び最小回転半径の最高限度が定められている。（道路法第47条，車両制限令第3条）

□ 車両の幅等の最高限度

車両の幅	2.5m
総重量	20t（高速自動車国道又は道路管理者が道路の構造の保全及び交通の危険の防止上支障がないと認めて指定した道路を通行する車両にあっては25t以下）
軸重	10t
輪荷重	5t
高さ	3.8m（道路管理者が道路の構造の保全及び交通の危険の防止上支障がないと認めて指定した道路を通行する車両にあっては4.1m）
長さ	12m
最小回転半径	車両の最外側のわだちについて12m

□ **特殊車両（限度超過車両）の通行の許可等**：道路管理者は，車両の構造又は車両に積載する貨物が特殊であるためやむを得ないと認めるときは，当該車両を通行させようとする者の申請に基づいて，通行経路，通行時間等について，道路の構造を保全し，又は交通の危険を防止するため必要な条件を付して，限度超過車両の通行を許可することができる。 よく出る

□ 申請が道路管理者を異にする二以上の道路に係るものであるときは、許可に関する権限は、一の道路の道路管理者が行うものとする。
よく出る

□ 道路管理者は、通行の許可をしたときは、許可証を交付しなければならない。

□ 許可証の交付を受けた者は、当該許可に係る通行中、当該許可証を当該車両に備え付けていなければならない。(道路法第47条の2)
よく出る

□ **罰則**：特殊な車両を許可なく又は通行許可条件に違反して通行させた場合には、運転手に罰則規定が適用されるほか、事業主に対しても適用される。(第103条及び第107条)

3
法規

例題

道路占用工事における道路の掘削に関する次の記述のうち、道路法令上、**誤っているもの**はどれか。
(1) 占用のために掘削した土砂を埋め戻す場合においては、層ごとに行うとともに、確実に締め固めること。
(2) 舗装道の舗装の部分の切断は、のみ又は切断機を用いて、原則として直線に、かつ、路面に垂直に行うこと。
(3) わき水又はたまり水の排出に当たっては、いかなる場合でも道路の排水施設や路面に排出しないよう措置すること。
(4) 道路の掘削面積は、道路の交通に著しい支障を及ぼすことのないよう覆工を施工するなどの措置をした場合を除き、当日中に復旧可能な範囲とすること。

解答 3

解説 1は道路法施行規則第4条の4の6第1号により正しい。2は第4条の4の4第1号により正しい。3は同条第4号に「わき水又はたまり水の排出に当たっては、道路の排水に支障を及ぼすことのないように措置して道路の排水施設に排出する場合を除き、路面その他の道路の部分に排出しないように措置すること」と規定されている。4は同条第5号により正しい。

3-6 河川法

01 河川法

学習 /

▶▶ パパっとまとめ

河川区域内の土地の占用の許可, 工作物の新築・改築・除却の許可及び土地の掘削等に関する規定を覚える。

- [ ] **流水の占用の許可**:河川の流水を占用しようとする者は, 国土交通省令で定めるところにより, 河川管理者の許可を受けなければならない。ただし, 発電のために河川の流水を占用しようとする場合は, この限りでない。(第23条)

- [ ] モルタル練り混ぜ水として, 河川からバケツ等でごく少量の水を汲み上げる取水は, 河川管理者の許可は必要ない。

- [ ] **土地の占用の許可**:河川区域内の土地(河川管理者以外の者がその権原に基づき管理する土地を除く)を占用しようとする者は, 河川管理者の許可が必要である。この規定は地表面だけではなく, 上空や地下にも適用される。

- [ ] 河川区域内にある民有地で公園等を整備する場合は, 民有地であっても河川区域内にある土地の形状を変更する行為には許可が必要である。 **よく出る**

- [ ] 河川管理者が管理する河川区域内の土地に工作物の新築等の許可を河川管理者から受ける者は, あらためて土地の占用の許可を受けなければならない。 **よく出る**

- [ ] 河川管理者が管理する河川区域内の土地の地下を横断して農業用水のサイホンを設置する場合は, 河川管理者の許可を受けなければならない。 **よく出る**

- [ ] 河川管理者以外の者が権原に基づいて管理する土地において新たに公園を整備するときは, 土地の占用の許可を受ける必要がない。(第24条)

- [ ] **土石等の採取の許可**:河川区域内の土地において土石(砂を含む)を採取しようとする者は, 河川管理者の許可を受けなければならない。

- [ ] 水道取水施設の補修で河川区域内の転石や浮石を工事材料として採取する場合は, 民有地においても河川管理者の許可が必要である。

178

□ 河川管理者以外の者が権原に基づいて管理する土地においては，土石の採取及び土石以外の竹木，あし，かやを採取するときは，土石等の採取の許可を受ける必要はない。(第 25 条)

□ **工作物の新築等の許可**：河川区域内の土地において工作物を新築し，改築し，又は除却しようとする者は，河川管理者の許可を受けなければならない。

□ 吊り橋や電線や通信ケーブルなどを，河川区域内の上空を通過して設置する場合は，河川管理者の許可が必要である。 よく出る

□ 河川区域内に一時的に仮設の資材置き場を設置する場合は，河川管理者の許可が必要である。

□ 河川区域内に資機材を荷揚げする桟橋を設置する場合は，河川管理者の許可が必要である。

□ 河川区域内の民有地に一時的な仮設工作物として現場事務所を設置する場合，河川管理者の許可が必要である。(第 26 条) よく出る

□ **土地の掘削等の許可**：河川区域内において土地の掘削，盛土など土地の形状を変更する行為又は竹木の栽植若しくは伐採をしようとする者は，民有地においても河川管理者の許可が必要である。 よく出る

□ 河川管理者の許可を受けて設置されている取水・排水施設の機能を維持するために取水・排水口付近に積もった土砂を排除する場合には，河川管理者の許可を受ける必要はない。 よく出る

□ 河川区域内の土地に工作物の新築について河川管理者の許可を受けている場合，その工作物を施工するための土地の掘削，盛土，切土等の行為の許可を受けなくてもよい。(第 27 条) よく出る

3 法規

例題 1

R4【A-No. 57 改題】

河川管理者以外の者が河川区域（高規格堤防特別区域を除く）で行う行為の許可に関する次の記述のうち，河川法上，**誤っているもの**はどれか。

(1) 水道取水施設の補修で河川区域内の転石や浮石を工事材料として採取する場合は，河川管理者の許可が必要である。

(2) 河川区域内に電柱を設けず上空を通過する電線等を設置する場合でも，河川管理者の許可が必要である。

(3)　河川区域内にある民有地で公園等を整備する場合は，民有地であるため河川管理者の許可は必要ない。

解答 3

解説 1は河川法第25条により許可が必要である。2は同法第26条第1項に「河川区域内の土地において工作物を新築し，改築し，又は除却しようとする者は，河川管理者の許可を受けなければならない。（後略）」と規定されている。この規定は河川区域内の上空，地下にも適用され，現場事務所等の仮設工作物にも適用される。3は同法第24条より，河川管理者以外の者がその権原に基づき管理する河川区域内の土地においては占用の許可の必要はないが，第27条第1項に「河川区域内の土地において土地の掘削，盛土若しくは切土その他土地の形状を変更する行為又は竹木の栽植若しくは伐採をしようとする者は，河川管理者の許可を受けなければならない。（後略）」と規定されており，民有地であっても河川区域内にある土地の形状を変更する行為には許可が必要である。

例題2　　　　　　　　　　　　　　　　　　　　R3【No. 57 改題】

　河川管理者以外の者が，河川区域内（高規格堤防特別区域を除く）で工事を行う場合の手続きに関する次の記述のうち，**誤っているもの**はどれか。
(1)　河川管理者の許可を受けて設置されている取水施設の機能維持するための取水口付近の土砂等の撤去は，河川管理者の許可を受ける必要がある。
(2)　河川区域内に一時的に仮設の資材置き場を設置する場合は，河川管理者の許可を受ける必要がある。
(3)　河川区域内において土地の掘削，盛土など土地の形状を変更する行為は，民有地においても河川管理者の許可を受ける必要がある。

解答 1

解説 1は河川法第27条第1項及び同法施行令第15条の4第1項第2号により，河川管理者の許可を受けて設置した排水施設の機能を維持するために，取水口付近に積もった土砂を排除する場合には，河川管理者の許可を必要としない。2は同法第26条第1項により正しい。3は同法第27条第1項により正しい。

01 建築基準法

▶▶ パパっとまとめ

建築基準法では，現場事務所等，仮設建築物に対し制限の緩和措置がある。制限が緩和される項目を覚える。なお，防火地域又は準防火地域内にある延べ面積が 50m² を超える仮設建築物の屋根については，制限の緩和を受けないことに注意する。

仮設建築物に対する制限が緩和される規定

以下の規定については，建築基準法第 85 条（仮設建築物に対する制限の緩和）第 2 項の適用を受け制限が緩和される。

□ 建築物の建築等に関する申請及び確認（第 6 条）よく出る

□ 建築物の建築又は除却の届け出（第 15 条）

□ 敷地の衛生及び安全（第 19 条）

① 敷地を道の境より高く，建築物の地盤面は接する周囲の土地より高くする。よく出る

② 湿潤又はごみ等による埋立地に仮設建築物を建築する場合の盛土，地盤の改良その他衛生上又は安全上必要な措置。

③ 敷地に，雨水及び汚水を排出，処理する下水管，下水溝等の施設の設置。よく出る

□ 居室の床の高さ及び防湿方法の規定（第 36 条及び同法施行令第 22 条）よく出る

□ 建築物の敷地の 2m 以上の接道規定（第 43 条）よく出る

□ 仮設建築物の建築では，建蔽率の制限（第 53 条）よく出る

□ 建築物の各部分の高さ制限（斜線制限）（第 56 条）

□ 用途地域や前面道路の幅員に応じた建築物の高さ制限。（第 68 条の 9）よく出る

□ 防火地域又は準防火地域内の延べ面積が 50m² 以内の仮設建築物の屋根の構造（第 62 条）よく出る

3
法規

仮設建築物に対する制限が緩和されない規定

以下の規定については，建築基準法第85条（仮設建築物に対する制限の緩和）第2項の適用を受けないため，建築基準法が適用される。

☐ 建築物の所有者，管理者又は占有者は，その建築物の敷地，構造及び建築設備を常時適法な状態に維持するように努める。（第8条）

☐ 建築物は，自重，積載荷重，積雪荷重，風圧，土圧及び地震等に対して安全な構造のものとし，定められた技術基準に適合するものでなければならない。（第20条）

☐ 居室には，換気のための窓その他の開口部を設け，その換気に有効な部分の面積は，その居室の床面積に対して，原則として，20分の1以上としなければならない。（第28条） **よく出る**

☐ 防火地域内に設ける延べ面積 50m² を超える仮設建築物の屋根の構造は，政令で定める技術的基準に適合するもので，国土交通大臣の認定を受けたものとしなければならない。（第62条）

例題

R2【A-No. 58 改題】

建築基準法上，工事現場に設ける仮設建築物に対する制限の緩和が**適用されないもの**は，次の記述のうちどれか。

(1)　建築物の床下が砕石敷均し構造で，最下階の居室の床が木造である場合は，床の高さを直下の砕石面からその床の上面まで45cm 以上としなければならない。

(2)　建築物の敷地は，道路に 2m 以上接し，建築物の延べ面積の敷地面積に対する割合（容積率）は，区分ごとに定める数値以下でなければならない。

(3)　建築物は，自重，積載荷重，積雪荷重，風圧，土圧及び地震等に対して安全な構造のものとし，定められた技術基準に適合するものでなければならない。

解答 3

解説 1は第36条及び同法施行令第22条により，制限の緩和が適用される。2は第43条及び第53条により，制限の緩和が適用される。3は第20条であり，制限の緩和が適用されない。

01 港則法

▶▶ パパっとまとめ

　　船舶の特定港における入出港や停泊，危険物の運搬等における許可・届け出と航路及び航法について覚える。

□ **入出港の届出**：船舶は，特定港に入港したとき又は特定港を出港しようとするときは，国土交通省令の定めるところにより，港長に届け出なければならない。（第4条） よく出る

□ **びょう地**：特定港内に停泊する船舶は，港長にびょう地を指定された場合を除き，各々そのトン数，又は積載物の種類に従い，当該特定港内の一定の区域内に停泊しなければならない。（第5条）

□ **修繕及び係船**：特定港内においては，汽艇等以外の船舶を修繕し，又は係船しようとする者は，その旨を港長に届け出なければならない。（第7条）

□ **係留等の制限**：汽艇等及びいかだは，港内においては，みだりにこれを係船浮標若しくは他の船舶に係留し，又は他の船舶の交通の妨げとなるおそれのある場所に停泊させ，若しくは停留させてはならない。（第8条）

□ **航法**：船舶は，航路内においては，並列して航行してはならない。

□ 航路外から航路に入り，又は航路から航路外に出ようとする船舶は，航路を航行する他の船舶の進路を避けなければならない。 よく出る

□ 船舶は，航路内においては，他の船舶を追い越してはならない。

□ 船舶は，航路内において，他の船舶と行き会うときは，右側を航行しなければならない。（第13条）

□ **入出航する汽船の進路**：汽船が港の防波堤の入口又は入口附近で他の汽船と出会うおそれのあるときは，入航する汽船は，防波堤の外で出航する汽船の進路を避けなければならない。（第15条） よく出る

□ **港内における航行**：船舶は，港内においては，防波堤，ふとうその他の工作物の突端又は停泊船舶を右げんに見て航行するときは，できるだけこれに近寄り，左げんに見て航行するときは，できるだけこれに遠ざかって航行しなければならない。（第17条） よく出る

183

☐ **危険物積載船舶の入港**：爆発物その他の危険物（当該船舶の使用に供するものを除く）を積載した船舶は，特定港に入港しようとする時は港の境界外で港長の指揮を受けなければならない。（第 20 条）

☐ **危険物の積込，積替，運搬等**：船舶は，特定港内又は特定港の境界附近において危険物を運搬しようとするときは，港長の許可を受けなければならない。 よく出る

☐ 船舶は，特定港内において危険物の積込，積替又は荷卸をするには，港長の許可を受けなければならない。（第 22 条） よく出る

☐ **灯火等**：特定港内において使用すべき私設信号を定めようとする者は，港長の許可を受けなければならない。（第 28 条）

☐ **工事等の許可及び進水等の届出**：特定港内又は特定港の境界附近で工事又は作業をしようとする者は，港長の許可を受けなければならない。（第 31 条） よく出る

☐ **いかだのけい留・運行等**：特定港内において竹木材を船舶から水上に卸そうとする者及び特定港内においていかだをけい留し，又は運行しようとする者は，港長の許可を受けなければならない。（第 34 条） よく出る

例題

　船舶の入出港及び停泊に関する次の記述のうち，港則法令上，**誤っているもの**はどれか。
(1)　船舶は，特定港に入港したとき，又は特定港を出港しようとするときは，国土交通省令の定めるところにより，港長の許可を受けなければならない。
(2)　特定港内においては，汽艇等以外の船舶を修繕し，又は係船しようとする者は，その旨を港長に届け出なければならない。
(3)　汽艇等及びいかだは，港内においては，みだりにこれを係船浮標若しくは他の船舶に係留し，又は他の船舶の交通の妨げとなるおそれのある場所に停泊させ，若しくは停留させてはならない。

解答 1
解説 1 は港則法第 4 条に船舶は，特定港に入港又は出港しようとするときは，港長に届け出なければならないと規定されている。2 は第 7 条第 1 項により正しい。3 は第 8 条により正しい。

4

第4章

共通工学

01 トータルステーション による測量

学習 /

▶▶ パパっとまとめ

TS（トータルステーション）による観測方法，測定方法を理解しておく。

TS（トータルステーション）

☐ 任意の点に対して観測点からの3次元座標を求め，x，y，zを表示する。

☐ 観測した斜距離と鉛直角により，観測点と視準点の水平距離と高低差を算出できる。

☐ 観測では，座標値を持つ標杭などを基準として，すでに計算された座標値を持つ点を設置できる。

☐ デジタルセオドライトと光波測距儀を一体化したもので，測距と測角を1台の器械で行うことができるが，気温，気圧及び器械高は自動で計測できない。

TS による観測

☐ 水平角観測において，目盛変更が不可能な機器は，1対回の繰り返し観測を行う。

☐ 器械高，反射鏡高及び目標高は，ミリメートル位まで測定を行う。

☐ 水平角観測，鉛直角観測及び距離測定は，1視準で同時に行うことを原則とする。

☐ 鉛直角観測は，1視準1読定，望遠鏡正及び反の観測1対回とする。 **よく出る**

☐ 水平角観測は，1視準1読定，望遠鏡正及び反の観測を1対回とする。

☐ 水平角観測は，対回内の観測方向数を5方向以下とする。

☐ 距離測定は，1視準2読定を1セットとする。

□ 距離測定に伴う気温及び気圧などの測定は，TS又は測距儀を整置した測点（観測点）で行い，3級及び4級基準点測量においては，気圧の測定を行わず，標準大気圧を用いて気象補正を行うことができる。

□ 距離測定に伴う気象補正のための気温，気圧の測定は，距離測定の開始直前，又は終了直後に行う。 よく出る

□ 観測値の記録は，データコレクタを用いるが，これを用いない場合には観測手簿に記載するものとする。 よく出る

□ 水平角観測の必要対回数に合わせ，取得された鉛直角観測値及び距離測定値はすべて採用し，その平均値を用いることができる。 よく出る

例題

R3【B-No.1】

4
共通工学

TS（トータルステーション）を用いて行う測量に関する次の記述のうち，**適当でないもの**はどれか。

(1) TSでの鉛直角観測は，1視準1読定，望遠鏡正及び反の観測1対回とする。

(2) TSでの水平角観測は，対回内の観測方向数を10方向以下とする。

(3) TSでの観測の記録は，データコレクタを用いるが，これを用いない場合には観測手簿に記載するものとする。

(4) TSでの距離測定に伴う気象補正のための気温，気圧の測定は，距離測定の開始直前，又は終了直後に行うものとする。

解答 2

解説 1は測量法第34条（作業規程の準則）の規定に基づき定められた「作業規程の準則」（国土交通省告示第413号）第37条（観測の実施）第2項第1号ニにより正しい。2は同号トに「水平角観測において，対回内の観測方向数は，5方向以下とする」と規程されている。3は同号チにより正しい。4は同号ヘ（2）により正しい。

187

02 公共工事標準請負契約約款

学習 /

▶▶ ババっとまとめ

工事材料の検査や設計図書と工事現場などの不一致，天災等の不可抗力などによる損害の取扱いについて理解しておく。

□ **施工方法**：仮設，施工方法その他工事目的物を完成するために必要な一切の手段については，この約款及び設計図書に特別の定めがある場合を除き，受注者がその責任において定める。（第 1 条）**よく出る**

□ **権利義務の譲渡等**：受注者は，工事請負契約により生じた権利又は義務を第三者に譲渡し又は承継させてはならない。

□ 受注者は，原則として発注者の検査に合格した工事材料を第三者に譲渡，貸与し又は抵当権その他の担保の目的に供してはならない。（第 5 条）

□ **一括委任又は一括下請負の禁止**：受注者は，工事の全部若しくはその主たる部分又は他の部分から独立してその機能を発揮する工作物の工事を一括して第三者に委任し，又は請け負わせてはならない。（第 6 条）**よく出る**

□ **現場代理人**：発注者は，工事現場における運営等に支障がなく，かつ発注者との連絡体制も確保されると認めた場合には，現場代理人について工事現場における常駐を要しないものとすることができる。（第 10 条）**よく出る**

□ **工事材料の品質及び検査等**：工事材料の品質については，設計図書に定めるところによる。設計図書にその品質が明示されていない場合にあっては，中等の品質を有するものとする。

□ 受注者は，設計図書において監督員の検査を受けて使用すべきものと指定された工事材料が，検査の結果不合格と決定された場合，発注者の指定した期間内に工事現場外に搬出しなければならない。（第 13 条）**よく出る**

□ **改造義務**：受注者は，工事の施工部分が設計図書に適合しない場合において，監督員がその改造を請求したときは，当該請求に従わなければならない。（第 17 条）

☐ **条件変更等**：受注者は，工事の施工に当たり，次の各号のいずれか
　　に該当する事実を発見したときは，その旨を直ちに監督員に通知し，
　　その確認を請求しなければならない。（第18条）よく出る

　一　図面，仕様書，現場説明書及び現場説明に対する質問回答書が
　　　一致しないこと。
　二　設計図書に誤謬又は脱漏があること。
　三　設計図書の表示が明確でないこと。
　四　工事現場の形状，地質，湧水等の状態，施工上の制約等設計図
　　　書に示された自然的又は人為的な施工条件と実際の工事現場が一
　　　致しないこと。
　五　設計図書で明示されていない施工条件について予期することの
　　　できない特別な状態が生じたこと。

☐ **設計図書の変更**：発注者は，設計図書の変更を行った場合において，
　　必要があると認められるときは，工期若しくは請負代金額を変更し，
　　又は受注者に損害を及ぼしたときは必要な費用を負担しなければな
　　らない。（第19条）

☐ **工事の中止**：発注者は，受注者の責めに帰すことができない自然的，
　　又は人為的な事象により，工事を施工できないと認められる場合は，
　　工事の全部，又は一部の施工を一時中止させなければならない。（第
　　20条）

☐ **著しく短い工期の禁止**：発注者は，工期の延長又は短縮を行うとき
　　は，この工事に従事する者の労働時間その他の労働条件が適正に確
　　保されるよう，やむを得ない事由により工事等の実施が困難である
　　と見込まれる日数等を考慮しなければならない。（第21条）

☐ **工期の変更方法**：工期を変更する場合は，発注者と受注者が協議し
　　て定めるが，所定の期日までに協議が整わないときには，発注者が
　　定めて受注者に通知する。（第24条）

☐ **臨機の措置**：受注者は，災害防止等のため必要があると認められる
　　ときは，臨機の措置をとらなければならない。

☐ 受注者が，災害防止等のためにとった臨機の措置に要した費用は，
　　受注者が請負代金額の範囲において負担することが適当でないと認
　　められる部分については，発注者が負担する。（第27条）

☐ **一般的損害**：工事目的物の引渡し前に，天災等の不可抗力や発注者の責めに帰するもの及び保険等によりてん補された部分を除いた，工事目的物又は工事材料に生じた損害による費用は，受注者が負担する。（第28条）

☐ **第三者に及ぼした損害**：発注者は，受注者の責によらず，工事の施工に伴い通常避けることができない騒音，振動，地盤沈下，地下水の断絶等の理由により第三者に損害を及ぼしたときは，損害による費用を負担する。（第29条）

☐ **不可抗力による損害**：受注者は，工事目的物の引渡し前に，天災等で発注者と受注者のいずれの責めにも帰すことができないものにより，工事目的物等に損害が生じたときは，その事実の発生直後直ちにその状況を発注者に通知しなければならない。

☐ 受注者は，工事目的物の引渡し前に，天災等で発注者と受注者のいずれの責に帰すことができないものにより，工事目的物等に損害が生じたときは，損害による費用の負担を発注者に請求することができる。

☐ 工事目的物の引渡し前に，天災等の発注者と受注者のいずれの責めにも帰すことができないものにより生じた工事目的物の損害による費用は，発注者は請負代金額の100分の1を超える額を負担しなければならない。（第30条）

☐ **検査及び引渡し**：発注者は，検査によって工事の完成を確認した後，受注者が工事目的物の引渡しを申し出たときは，直ちに当該工事目的物の引渡しを受けなければならない。（第32条）

☐ **契約不適合責任**：発注者は，引き渡された工事目的物が契約不適合であるときは，受注者に対し，目的物の修補又は代替物の引渡しによる履行の追完を請求することができる。（第45条）

例題 1

R3【B-No. 2 改題】

　公共工事標準請負契約約款に関する次の記述のうち，**誤っているもの**はどれか。
(1) 受注者は，設計図書と工事現場が一致しない事実を発見したときは，その旨を直ちに監督員に口頭で通知しなければならない。

- (2) 発注者は，検査によって工事の完成を確認した後，受注者が工事目的物の引渡しを申し出たときは，直ちに当該工事目的物の引渡しを受けなければならない。
- (3) 発注者は，受注者の責めに帰すことができない自然的，又は人為的事象により，工事を施工できないと認められる場合は，工事の全部，又は一部の施工を一時中止させなければならない。

解答 1

解説 1は公共工事標準請負契約約款第18条第1項に「受注者は，工事の施工に当たり，次の各号のいずれかに該当する事実を発見したときは，その旨を直ちに監督員に通知し，その確認を請求しなければならない」及び第4号に「工事現場の形状，地質，湧水等の状態，施工上の制約等設計図書に示された自然的又は人為的な施工条件と実際の工事現場が一致しないこと」と規定されている。2は第32条第4項により正しい。3は第20条第1項により正しい。

4 共通工学

例題2

R2【No. 2 改題】

公共工事標準請負契約約款に関する次の記述のうち，**誤っているもの**はどれか。

- (1) 受注者は，原則として，工事の全部若しくはその主たる部分又は他の部分から独立してその機能を発揮する工作物の工事を一括して第三者に委任し，又は請け負わせてはならない。
- (2) 受注者は，設計図書において監督員の検査を受けて使用すべきものと指定された工事材料が検査の結果不合格とされた場合は，工事現場内に存置しなければならない。
- (3) 発注者は，工事現場における運営等に支障がなく，かつ発注者との連絡体制も確保されると認めた場合には，現場代理人について工事現場における常駐を要しないものとすることができる。

解答 2

解説 2は公共工事標準請負契約約款第6条により正しい。2は同約款第13条第2項及び第5項より「受注者は，設計図書において監督員の検査を受けて使用すべきものと指定された工事材料が検査の結果不合格と決定された場合，発注者の指定した期間内に工事現場外に搬出しなければならない」と規定されている。3は同約款第10条第3項により正しい。

03 土積曲線（マスカーブ）

▶▶ **パパっとまとめ**

土積曲線の見方を理解しておく。土積曲線がプラス方向の場合は切土，マイナス方向の場合は盛土，また土積曲線の頂点は切土から盛土，底点は盛土から切土への変移点を表している。

土積曲線 よく出る

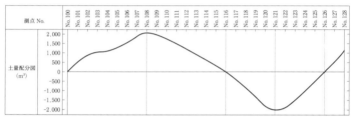

出典：H30 年度 1 級土木施工管理技術検定 問題 B【No.3】

□ 図に示す土積曲線は，横軸に縦断方向の距離（測定位置），縦軸に始点（基線）からの累加土量を示し，土積曲線がプラス方向（No.100 ～108，No.121～128）の場合は切土，マイナス方向（No.108 ～121）の場合は盛土，また土積曲線の頂点（No.108）は切土から盛土，底点（No.121）は盛土から切土への変移点を表している。

□ 当該工事区間では，盛土区間より切土区間の方が長い。

　▶切土区間は No.100～108，No.121～128 の 15 区間であり，盛土区間は No.108～121 の 13 区間であり，切土区間の方が 2 区間長い。

□ 当該工事区間では，使用土量より発生土量（残土）の方が多い。

　▶ No.128 における累加土量はプラスであり，残土が発生する。

□ No.100 から No.116 の区間と，No.116 から No.126 の区間では，発生土量と使用土量が均衡する。

04 建設機械・建設機械用エンジン

▶▶ パパっとまとめ
　　建設機械にはディーゼルエンジンが多用されているが，ディーゼルエンジンの特徴，排出ガス対策について理解する。また ICT を利用した建設機械の動向についてもアンテナを張っておく。

建設機械用エンジンの特徴

☐ ガソリンエンジンは，エンジン制御システムの改良に加え排出ガスを触媒（三元触媒）を通すことにより，窒素酸化物（NOx），炭化水素（HC），一酸化炭素（CO）をほぼ 100％近く取り除くことができる。**よく出る**

☐ 小型の建設機械には，一般に負荷に対する即応性が良好なガソリンエンジンの機器が多用されているが，中型や大型の機械では，燃料消費率，耐久性及び保全性などが良好であるディーゼルエンジンが多用されている。**よく出る**

☐ ディーゼルエンジンは，排出ガス中に多量の酸素を含み，かつ，すすや硫黄酸化物を含むことから後処理装置（触媒）によって排出ガス中の各成分を取り除くことが難しいため，エンジン自体の改良を主体とした対策を行っている。**よく出る**

☐ 建設機械用ディーゼルエンジンは，自動車用ディーゼルエンジンより大きな負荷が作用するので耐久性，寿命の問題などからエンジンの回転速度を下げている。

☐ ディーゼルエンジンとガソリンエンジンでは，エンジンに供給された燃料のもつエネルギーのうち正味仕事として取り出せるエネルギーは，ガソリンエンジンの方が小さい。

建設機械の最近の動向

☐ ICT を活用したマシンコントロールやマシンガイダンスにより，非熟練オペレータでも一定品質以上の施工が可能となっている。

☐ 建設機械の省エネルギーの技術的な対応としては，エネルギー効率を高めることやアイドリング時にエンジン回転数を抑制することで，燃費を改善することが行われている。

4 共通工学

□ 超小旋回形油圧ショベルは，小型機の進歩と現場適応性の向上として，いろいろな工種で省人化をはかる応用製品とアタッチメント類が考案され使われている。

□ 熟練オペレータ不足からの機械の自動化としては，一般的な建設・土木工事の現場においても一定の作業レベルを確保できるような運転の半自動化，デジタル化された操作機構などの活用が進められている。

□ ハイブリッド型油圧ショベルは，機械の旋回制動時等に発生するエネルギーを旋回モータで電気エネルギーに変換しそれを蓄えておき，エンジンをアシストする方式である。

建設機械の種類・用途

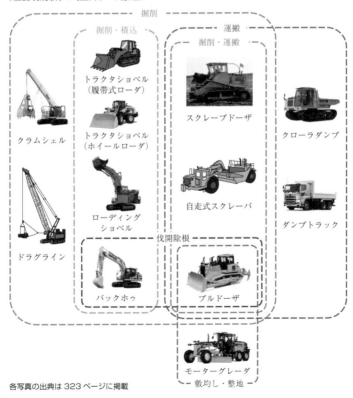

各写真の出典は 323 ページに掲載

建設機械の用途による分類

☐ 油圧ショベルは，クローラ式のものが圧倒的に多く，都市部の土木工事において便利な超小旋回型や後方超小旋回型が普及し，道路補修や側溝掘り等に使用される。

☐ 油圧ショベルは，機械が設置された地盤より高い所を削り取るのに適した機械で山の切りくずし等に使用する。

☐ バックホゥは，機械が設置された地盤より低い所を掘るのに適した機械で水中掘削もでき，機械の質量に見合った掘削力が得られる。

☐ 最近の建設機械は，GPS装置，ブレード等の動きを計測するセンサーや位置誘導装置等のICT機器を用いた自動制御により，オペレータの技量に頼らない高い精度の施工ができる。

☐ ブルドーザは，操作レバーの配置や操作方式がメーカーごとに異なっていたが，誤操作による危険をなくすため，標準操作方式建設機械の普及活用が図られている。

☐ 油圧式クラムシェルは，本体を反力にバケットを押し付けて掘削するもので，一般土砂の孔掘りやウェルなどの基礎掘削，河床・海底の浚渫等に使用される。

☐ ドラグラインは，掘削半径が大きく，ブームのリーチより遠い所で掘れ，水中掘削も可能で河川や軟弱地の改修工事等に適している。

☐ ドラグラインは，ワイヤーで吊るしたバケットを旋回による遠心力を利用して遠くに投げ，手前に引き寄せながら掘削する。

締固め

タイヤローラ　　　　振動ローラ　　　　ロードローラ（マカダムローラ）

コンバインドローラ　　タンピングローラ　　タンパ　　振動コンパクタ

各写真の出典は323ページに掲載

締固め機械の選定

☐ タンピングローラは，ローラの表面に突起をつけ先端に荷重を集中でき，土塊や岩塊などの破砕や締固め，粘質性の強い粘性土の締固めに効果的である。転圧した跡に窪みができることから，次の層との接合が良好になる。

☐ 振動ローラは，ローラに起振機を組み合わせ，振動によって小さな重量で大きな締固め効果を得るものであり，一般に粘性に乏しい砂利や砂質土の締固めに効果的である。粘性のある地盤に使用すると，こね返しにより，転圧が困難となる。

☐ ロードローラは，表面が滑らかな鉄輪であり，高含水比の粘性土を締固めると，地盤をこね返すこととなり，締固まらない。また，鉄輪に粘性土が付着し，作業に支障をきたす。

☐ タイヤローラは，タイヤの空気圧を変えて接地圧を調整し，バラストを付加して輪荷重を増加させることにより締固め効果を大きくすることができ，アスファルト舗装の仕上げや，路床，路盤の締固めに用いられる。機動性に富み，比較的種々の土質に適用できる。

例題

R2【B-No. 4 改題】

建設機械用エンジンの特徴に関する次の記述のうち，**適当でないも
の**はどれか。
(1)　ガソリンエンジンは，一般に負荷に対する即応性，燃料消費率
及び保全性などが良好であり，ほとんどの建設機械に使用され
ている。
(2)　ガソリンエンジンは，エンジン制御システムの改良に加え排
出ガスを触媒（三元触媒）を通すことで，窒素酸化物，炭化水素，
一酸化炭素をほぼ100%近く取り除くことができる。
(3)　ディーゼルエンジンは，排出ガス中に多量の酸素を含み，すす
や硫黄酸化物を含むことから後処理装置（触媒）によって排出ガ
ス中の各成分を取り除くことが難しい。

解答　1

解説　ガソリンエンジンは，一般に負荷に対する即応性が良好なため小型の
機械に用いられることがあるが，中型や大型建設機械の多くは耐久性
及び保全性などが良好なディーゼルエンジンが使用されている。

05 電気設備

▶▶ ババっとまとめ
....
工事現場における受電及び電力設備について理解する。また，仮設の配線や電気設備による感電防止対策についても理解する。

工事用電力設備

☐ 工事現場における電気設備の容量は，月別の電気設備の電力合計を求め，このうち最大となる負荷設備容量に対して受電容量不足をきたさないように決定する。 よく出る

☐ 工事現場に設置する変電設備の位置は，一般にできるだけ負荷の中心に近い位置を選定する。 よく出る

☐ 小規模な工事現場等で契約電力が，電灯，動力を含め 50kW 未満のものについては，低圧の電気の供給を受ける。なお，50kW 以上の場合は高圧となる。 よく出る

☐ 工事現場で高圧にて受電し，現場内の自家用電気工作物に配電する場合，電力会社からは 6kV の電圧で供給を受ける。

☐ 工事現場で高圧にて受電し現場内の自家用電気工作物に配電する場合，電力会社との責任分界点に保護施設（区分開閉器）を備えた受電設備を設置する。

電気設備

☐ 仮設の配線を通路面で使用する場合は，配線の上を車両等が通過すること等によって絶縁被覆が損傷するおそれのないような状態で使用する。 よく出る

☐ 移動電線に接続する手持型の電灯や架空つり下げ電灯などには，口金の接触や電球の破損による危険を防止するためのガードを取り付けて使用する。

☐ アーク溶接等（自動溶接を除く）の作業に使用する溶接棒等のホルダーについては，感電の危険を防止するために必要な絶縁効力及び耐熱性を有するものを使用する。

4
共通工学

感電の防止

☐ 水中ポンプやバイブレータ等の可搬式の電動機械器具を使用する場合は，漏電による感電防止のため感電防止用漏電遮断装置を接続しなければならない。

☐ 電動機械器具に，漏電による感電の危険を防止する感電防止用漏電遮断装置の接続が困難なときは，電動機の金属製外被等の金属部分を定められた方法により接地して使用する。

☐ 電気機械器具の操作を行う場合には，感電や誤った操作による危険を防止するために操作部分に必要な照度を保持する。

例題

R1【B-No. 4】

工事用電力設備に関する次の記述のうち，**適当なもの**はどれか。

(1)　工事現場において，電力会社と契約する電力が電灯・動力を含め 100kW 未満のものについては，低圧の電気の供給を受ける。

(2)　工事現場に設置する自家用変電設備の位置は，一般にできるだけ負荷の中心から遠い位置を選定する。

(3)　工事現場で高圧にて受電し，現場内の自家用電気工作物に配電する場合，電力会社からは 3kV の電圧で供給を受ける。

(4)　工事現場における電気設備の容量は，月別の電気設備の電力合計を求め，このうち最大となる負荷設備容量に対して受電容量不足をきたさないように決定する。

解答 4

解説 1の工事現場において，電力会社と契約する電力が電灯・動力を含め 50kW 未満のものについては，低圧の電気の供給を受ける。2の工事現場に設置する自家用変電設備の位置は，一般にできるだけ負荷の中心に近い位置を選ぶ。負荷の中心から遠い位置にすると，電圧降下を防ぐため，太い断面の配線を長距離敷設することとなる。3の工事現場で高圧にて受電し，現場内の自家用電気工作物に配電する場合，電力会社からは 6kV の電圧で供給を受ける。4 は記述の通りである。

5

第5章

施工管理

01 施工計画の立案・作成

▶▶ パパっとまとめ

施工計画の立案・作成の方法，手順及び施工計画立案・作成のための留意点について理解しておく。

安全を最優先にした施工

□ 施工計画の作成（立案）においては，発注者の要求する品質を確保するとともに，安全を最優先にした施工を基本とした計画とする。
よく出る

複数の代替案の作成

□ 施工計画の作成にあたっては，計画は1つのみでなく，複数の代替案を作り，経済的に安全，品質，工程を比較検討して，最良の計画を採用することに努める。**よく出る**

最適工期の模索

□ 施工計画の作成にあたり，発注者から示された工期が，必ずしも最適工期とは限らないので，指示された工期の範囲内でさらに経済的な工程を模索することも重要である。**よく出る**

全社的な高度の技術水準を活用

□ 施工計画の作成にあたっては，現場担当者のみで行うことなく，社内組織も活用して，全社的な高度の技術水準を活用するよう検討する。
よく出る

新工法や新技術の導入

□ 施工計画の検討は，過去の実績や経験のみならず，新工法や新技術を取り入れ工夫・改善を心がけ総合的に検討して，現場に最も合致した施工方法を採用する。**よく出る**

重要工種を優先した施工手順の検討

□ 施工手順の検討は，全体のバランスを考えた上で，全体工期，全体工費に及ぼす影響の大きい重要工種を優先して十分に検討を行うとともに，重要工種に影響を及ぼす付随した従作業についても十分な検討を行う。**よく出る**

施工計画立案に使用した資料の保管

☐ 施工計画立案に使用した資料は，施工過程における計画変更等に重要な資料となったり，工事を安全に完成するための資料となる。

施工計画の内容

☐ 施工計画は，契約図書に基づき，施工方法，施工順序及び資源調達方法などについて計画する。

施工計画の要素

☐ 施工計画は，施工の管理基準になるとともに品質，工程，原価，安全，環境保全の要素を満たす管理計画とする。

適正な利潤の追求

☐ 施工方法の決定は，工事現場の十分な事前調査により得た資料に基づき，契約条件を満足させるための工法の選定，請負者自身の適正な利潤の追求につながるものでなければならない。

例題

R2【B-No. 5】

施工計画に関する次の記述のうち，**適当でないもの**はどれか。
(1) 施工計画の検討は，現場担当者のみで行うことなく，企業内の組織を活用して，全社的に高い技術レベルでするものである。
(2) 施工計画の立案に使用した資料は，施工過程における計画変更などに重要な資料となったり，工事を安全に完成するための資料となるものである。
(3) 施工手順の検討は，全体工期，全体工費に及ぼす影響の小さい工種を優先にして行わなければならない。
(4) 施工方法の決定は，工事現場の十分な事前調査により得た資料に基づき，契約条件を満足させるための工法の選定，請負者自身の適正な利潤の追求につながるものでなければならない。

解答 3

解説 施工手順の検討は，全体工期，全体工費に及ぼす影響の大きい工種を優先にして行わなければならない。

02 施工計画作成における事前調査

▶▶ パパっとまとめ

施工計画作成のための事前調査の内容，方法，事前調査における留意事項について理解しておく。

工事の制約条件や課題の明確化

☐ 事前調査には契約条件の確認と現場条件の調査があり，これらの調査の結果から工事の制約条件や課題を明らかにし，それらを基に工事の基本方針を策定する。 よく出る

契約関係書類の正確な理解

☐ 工事内容を十分把握するためには，契約関係書類の調査により，工事数量や仕様（規格）などのチェックを行い，契約関係書類を正確に理解する。 よく出る

調査漏れの除去，精度の向上

☐ 現場条件の調査では，調査項目が多いため，脱落がないようにチェックリストを作成して選定し，複数人での調査や調査回数を重ねるなどにより，個人的偶発的な要因による錯誤や調査漏れを取り除き，精度を高める。 よく出る

☐ 事前調査は，工事の目的，内容に応じて必要なものをもれなく重点的に行う。

☐ 現地調査では，過去の災害の状況等はわからないので，地元の古老などから話を聞くことも必要である。

工事契約後の現地事前調査

☐ 一般に工事発注時の現場説明において事前説明が行われるが，工事契約後の現地事前調査は，その後の施工の良否を決めるので，個々の現場に適した事前調査を行う。

☐ 現場の自然環境，気象条件，立地条件などを十分に調査・把握することが，安全かつ確実な施工計画の立案や適切な工事価格の見積り，さらには工事の成功につながる。

輸送ルートの道路状況や交通規制等の把握

□ 資機材等の輸送調査では、輸送ルートの道路状況や交通規制等を把握し、不明な点がある場合は、道路管理者、警察署、地元関係者と協議し、法令上必要な措置をとるなどして解決しておく。

地質調査資料の分析

□ 地質調査は、発注者から与えられる地質調査資料をよく分析し、また原位置試験法や土質試験法についても現場技術者として十分理解しておく。

既設施設物に近接した工事

□ 市街地の工事や既設施設物に近接した工事の事前調査では、施設物の変状防止対策や使用空間の確保等を施工計画に反映する。

下請負業者の選定

□ 下請負業者の選定にあたっての調査では、技術力、過去の実績、労働力の供給、信用度、安全管理能力などについて調査する。

5

施工管理

例題

R1【B-No. 5 改題】

　施工計画立案のための事前調査に関する次の記述のうち、**適当でないもの**はどれか。
(1)　契約関係書類の調査では、工事数量や仕様などのチェックを行い、契約関係書類を正確に理解することが重要である。
(2)　現場条件の調査では、調査項目の落ちがないよう選定し、複数の人で調査をしたり、調査回数を重ねるなどにより、精度を高めることが重要である。
(3)　資機材の輸送調査では、輸送ルートの道路状況や交通規制などを把握し、不明な点がある場合は、道路管理者や労働基準監督署に相談して解決しておくことが重要である。

解答 3

解説 資機材の輸送調査では、輸送ルートの道路状況や交通規制などを把握し、不明な点がある場合は、道路管理者、警察署、地元関係者と協議し、法令上必要な措置をとるなどして解決しておく。

03 仮設備計画

▶▶ パパっとまとめ

仮設工事の材料など計画の策定における留意事項と，仮設構造物設計における安全率や荷重の取扱について理解する。

仮設工事の材料

☐ 仮設工事の材料は，一般の市販品を使用して可能な限り規格を統一し，その主要な部材については他工事にも転用できる計画にする。
よく出る

柔軟性のある計画

☐ 仮設工事計画は，本工事の工法・仕様などの変更にできるだけ追随可能な柔軟性のある計画とする。 **よく出る**

安全率

☐ 仮設構造物設計における安全率は，使用期間が短いなどの要因から一般に本体構造物よりも割引いて設計することがあるが，使用期間が長期にわたるものや重要度が高い場合は，相応の安全率をとる。
よく出る

仮設構造物設計における荷重

☐ 仮設構造物設計における荷重は短期荷重で算定する場合が多く，また，転用材を使用するときには，一時的な短期荷重扱いは妥当ではない。

型枠支保工に作用する鉛直荷重

☐ 仮設工事での型枠支保工に作用する鉛直荷重のうち，型枠，支保工，コンクリート及び鉄筋等は死荷重として扱い，それ以外は作業荷重及び衝撃荷重として扱う。

補強などの対応

☐ 仮設工事の設計において，仮設構造物に繰返し荷重や一時的に大きな荷重がかかる場合は，安全率に余裕を持たせた検討が必要であり，補強などの対応を考慮する。

法律・規則の確認

□ 仮設工事計画は，仮設構造物に適用される法律や規則を確認し，施工時に計画の手直しが生じないように立案する。

省力化が図れる計画

□ 仮設工事計画では，取扱いが容易でできるだけユニット化を心がけるとともに，作業員不足を考慮し，省力化が図れるものとする。

総合的な計画

□ 仮設工事計画の策定にあたっては，仮設物の運搬，設置，運用，メンテナンス，撤去などの面から総合的に考慮する。

例題

R1【B-No. 8】

仮設工事計画立案の留意事項に関する次の記述のうち，**適当でない**ものはどれか。

(1) 仮設工事計画は，本工事の工法・仕様などの変更にできるだけ追随可能な柔軟性のある計画とする。

(2) 仮設工事の材料は，一般の市販品を使用して可能な限り規格を統一し，その主要な部材については他工事にも転用できるような計画にする。

(3) 仮設工事計画では，取扱いが容易でできるだけユニット化を心がけるとともに，作業員不足を考慮し，省力化がはかれるものとする。

(4) 仮設工事計画は，仮設構造物に適用される法規制を調査し，施工時に計画変更することを前提に立案する。

解答 4

解説 1は記述の通りである。2の仮設工事の材料は，一般の市販品を使用し他工事にも転用できるようにすると，材料の調達が容易になり，無駄を省くことができる。3の仮設工事計画では，主体となる熟練工の減少のため，取扱いが容易でできるだけユニット化や機械化などによる施工の合理化・省力化がはかれるものとする。4の仮設工事計画は，施工時に計画変更が生じると，工費や工期の増加の可能性があるので，仮設構造物に適用される法規則を調査し，施工時に計画の手直しが生じないようにする。

04 土止め（土留め）工

▶▶ パパっとまとめ

土止め工の仮設構造物の設計・施工における留意事項と，土止め壁を構築する場合における掘削底面の破壊現象を理解する。

施工条件

☐ 地盤条件に関しては，施工地点の土質性状，地形，地層構成及び地下水の分布・性状を考慮する。

☐ 施工条件に関しては，作業空間や作業時間の制約，施工機械に対する制約，地下水位低下の可否，掘削方法，本体構造物の構築方法，工期などを考慮し，施工上支障のないようにする。

☐ 周辺環境に関しては，周辺構造物，地下埋設物，交通量の状況などの周辺環境条件を考慮し，条件に適したものとする。

施工における留意事項

☐ バイブロハンマ：親杭及び鋼矢板の打設機械のバイブロハンマは，施工能率が高く，経済的な施工が可能であるが，振動が大きいため適用場所が限定される。

☐ 親杭横矢板壁：壁面に止水性がないため，地下水の状況に注意を払い，必要に応じて地下水位低下工法などの検討を行う。

☐ 鋼矢板及び親杭横矢板の杭打ちの位置：地下埋設物の調査に基づき施工可能な位置とし，鋼矢板及び親杭の割付けは，隅矢板や隅角部の杭配置などの形状を考慮して行う。

☐ 鋼矢板の溶接継手：原則としてアーク溶接を用い，継手位置はできるだけ応力の小さい位置に設け，継手は千鳥に配置する。

掘削底面の破壊現象

☐ ボイリング：遮水性の土止め壁を用いた場合に水位差により上向きの浸透流が生じ，この浸透圧が土の有効重量を超えると，沸騰したように沸き上がり掘削底面の土がせん断抵抗を失い，急激に土止めの安定性が損なわれる現象である。

□ パイピング：地盤の弱い箇所の土粒子が浸透流により洗い流され地中に水みちが拡大し，最終的にはボイリング状の破壊に至る現象である。

□ ヒービング：土止め背面の土の重量や土止めに接近した地表面での上載荷重等により，掘削底面の隆起が生じ最終的には土止め崩壊に至る現象である。軟らかい粘性土で地下水が高く，土止め工法が鋼矢板の場合，ヒービングに留意する。

□ 盤ぶくれ：地盤が難透水層のとき上向きの浸透流は生じないが難透水層下面に上向きの水圧が作用し，これが上方の土の重さ以上となる場合は，掘削底面が浮き上がり，最終的にはボイリング状の破壊に至る現象である。

例題

H26【B-No. 7】

　土留め工の施工に関する次の記述のうち，**適当でないもの**はどれか。

(1)　親杭横矢板壁は，壁面に止水性がないため，地下水の状況に注意を払い，必要に応じて地下水位低下工法などの検討を行う。

(2)　親杭及び鋼矢板の打設機械のバイブロハンマは，施工能率が高く，経済的な施工が可能であるが，振動が大きいため適用場所が限定される。

(3)　鋼矢板及び親杭横矢板の杭打ちの位置は，地下埋設物の調査に基づき施工可能な位置とし，鋼矢板及び親杭の割付けは，隅矢板や隅角部の杭配置などの形状を考慮して行う。

(4)　鋼矢板の溶接継手は，原則としてアーク溶接を用い，継手位置はできるだけ応力の大きい位置に設け，継手は千鳥に配置する。

解答　4

解説　1の親杭横矢板壁は，親杭にH形鋼を使用し，そこに木材の板を壁材として差し込むため，板と板の間に隙間が生じ，止水性がない。2のバイブロハンマは，高サイクルな振動を発生させ，地盤との摩擦を低減させるためにかなり大きな振動と騒音が生じるので，施工場所周辺の状況を勘案する必要がある。3の鋼矢板は，1枚の幅が定尺で決まっており，この幅で施工箇所を割り切れるような配置にしないと，工事が複雑になる。4の鋼矢板の溶接継手は，原則としてアーク溶接を用い，継手は千鳥に配置する。継手は構造物の弱点となりかねないので，継手位置はできるだけ応力の小さい位置に設ける。

05 建設機械の選定・使用計画

▶▶ パパっとまとめ

　建設機械の選定，組合せ建設機械の選択及び建設機械の使用計画策定における留意事項について理解する。

建設機械の使用計画

☐ 建設機械の使用計画を立てる場合は，作業量をできるだけ平滑化し，使用機械の必要量が大きく変動しないように計画する。**よく出る**

☐ 機械施工における経済性の指標である施工単価は，機械の「運転1時間当たりの機械経費」を「運転1時間当たりの作業量」で除して求められ，運転1時間当たりの作業量の増大，又は，運転1時間当たりの機械経費の減少によって施工単価を安くできる。**よく出る**

☐ 施工可能日数を決定するには，工事の着手前に，当該地方の気象，地山性状，建設機械のトラフィカビリティーの調査などを行う。

☐ 単独の建設機械又は組み合わされた一群の建設機械の作業能力は，一般的に時間当たりの平均作業量で算出する。

☐ 建設機械の計画では，工事全体を検討して，台数や機種を調整し，現場存置期間を月ごとに機種と台数を決める。

☐ 建設機械の作業能率は，地形，地質，気象，作業場所の広さ，環境，機械の組合せの適否，整備の程度，運転手の熟練度等が関連する。

☐ 建設機械の機械工程表は，直接工事，仮設工事計画から，工種，作業ごとに選定した建設機械により，全体のバランスを考え調整する。

☐ 機械計画では，機械の種類，性能，調達方法のほか，機械が効率よく稼働できるよう整備や修理などのサービス体制も確認しておく。

建設機械の選定

☐ 建設機械で締固め作業を行う場合は，土質によって適応性が異なるので，選定にあたって試験施工等によって機械を選定する。

☐ 建設機械の選定は，作業の種類，工事規模，土質条件，運搬距離などの現場条件のほか建設機械の普及度や作業中の安全性を確保できる機械であることなども考慮する。

☐ 建設機械は，機種・性能により適用範囲が異なり，同じ機能を持つ機械でも現場条件により施工能力が違うので，工事施工上の制約条件より最も適した建設機械を選定し，その機械の最大限の能率を発揮できる施工法を選定することが合理的かつ経済的である。 **よく出る**

☐ 建設機械の選定で重要なことは，施工速度に大きく影響する機械の作業能率，稼働率の決定である。

建設機械の組合せ

☐ 組合せ建設機械の選択では，主要機械の能力を最大限に発揮させるため作業体系を並列化し，可能な限り繰返し作業を増やすことにより習熟をはかり効率を高めるとともに，従作業の施工能力を主作業の施工能力と同等，あるいは幾分高めにし，全体的に作業能力のバランスがとれるよう計画する。 **よく出る**

☐ 建設機械の組合せ作業能力は，組み合わせた各建設機械の中で最小の作業能力の建設機械によって決定されるので，各建設機械の作業能力に大きな格差を生じないように規格と台数を決定する。 **よく出る**

☐ 建設機械の合理的な組合せの計画は，組合せ作業のうちの主作業を明確に選定し，主作業を中心に，各分割工程の施工速度を検討する。

5

施工管理

例題

R2【B-No. 9 改題】

建設機械の選定に関する次の記述のうち，**適当でないもの**はどれか。

(1) 建設機械は，機種・性能により適用範囲が異なり，同じ機能を持つ機械でも現場条件により施工能力が違うので，その機械が最大能率を発揮できるように選定する。

(2) 組合せ建設機械は，最大の作業能力の建設機械によって決定されるので，各建設機械の作業能力に大きな格差を生じないように規格と台数を決定する。

(3) 組合せ建設機械の選択では，主要機械の能力を最大限に発揮させるため作業体系を並列化し，従作業の施工能力を主作業の施工能力と同等，あるいは幾分高めにする。

解答 2

解説 組合せ建設機械は，最小の作業能力の建設機械によって決定されるため，各建設機械の作業能力に大きな格差を生じないように規格と台数を決定する。

209

06 原価管理

▶▶ パパっとまとめ

原価管理の目的，実施方法について理解する。また実行予算の作成手順についても理解する。

原価管理の目的

☐ 発生原価と実行予算を比較して差異を見出し，これを分析・検討して適時適切な処置をとり，発生原価を実行予算より低めに設定し，最終予想原価を実行予算まで，さらには実行予算より低くすることである。 **よく出る**

☐ 目的には，将来の同種工事の見積りに役立たせるため，原価資料を収集・整理することが含まれる。

原価管理の実施期間

☐ 一般に工事受注後に最も経済的な施工計画を立て，これに基づいた実行予算の作成，工事材料の発注及び労務契約を締結から始まって，管理サイクルを回し，工事決算時点まで実施される。 **よく出る**

原価管理の実施

☐ 実施体制は，工事の規模・内容によって担当する工事の内容並びに責任と権限を明確化し，各職場，各部門を有機的，効果的に結合させる必要がある。 **よく出る**

☐ 有効に実施するには，管理の重点をどこにおくかの方針を持ち，あらかじめどのような手順・方法でどの程度の細かさでの原価計算を行うかを決めておくことが必要である。 **よく出る**

☐ ある程度の天災その他不可抗力による損害や，設計図書と工事現場の不一致，条件変更など工事の変更，中止，物価，労賃の変動についても考慮する必要がある。

☐ 施工担当者は，常に工事の原価を把握し，実行予算と発生原価の比較対照を行う必要がある。

実行予算

☐ 契約後に現地を詳細調査し契約図書を再度照査し直し，本格的な施工のための詳細施工計画を立て，見積りを見直して実態に即して作成する。

☐ 具体的な施工計画，工程計画に基づいて算出した施工に必要な事前原価である。

☐ 工事管理の方針及び施工計画の内容を費用の面で裏付けて施工担当者が施工するうえで設定するものであり原価管理の基準である。

修正実行予算

☐ 原価管理は，施工改善・計画修正等があれば修正実行予算を作成して，これを基準として，再び管理サイクルを回していくこととなる。

コストダウン

☐ 原価を引き下げるためには，コストダウンについて誰でも参加できる提案制度を作り，どんな細かい提案でも有効なものは積極的に採用し，ムリ・ムダ・ムラを排除する創意工夫，施工改善を行う。

5
施工管理

例題

工事の原価管理に関する次の記述のうち，**適当でないもの**はどれか。
(1)　原価管理は，天災その他不可抗力による損害について考慮する必要はないが，設計図書と工事現場の不一致，工事の変更・中止，物価・労賃の変動について考慮する必要がある。
(2)　原価管理は，工事受注後，最も経済的な施工計画をたて，これに基づいた実行予算の作成時点から始まって，工事決算時点まで実施される。
(3)　原価管理の目的は，発生原価と実行予算を比較し，これを分析・検討して適時適切な処置をとり，最終予想原価を実行予算まで，さらには実行予算より原価を下げることである。

解答　1
解説　原価管理は，設計図書と工事現場の不一致，工事の変更・中止，物価・労賃の変動はもとより，天災その他不可抗力による損害についても考慮する。

07 施工体制台帳等

▶▶ パパっとまとめ

施工体制台帳に関しては建設業法第24条の8（施工体制台帳及び施工体系図の作成等）及び公共工事の入札及び契約の適正化の促進に関する法律に規定されている。施工体制台帳への記載内容，また施工体制台帳及び施工体系図の取扱について理解する。

施工体制台帳の作成（建設業法第24条の8第1項関連）

☐ 建設業者は，発注者から直接建設工事を請け負った場合において，当該建設工事を施工するために下請契約を締結したときは，建設工事の適正な施工を確保するため，当該建設工事について，下請負人の商号又は名称，当該下請負人に係る建設工事の内容及び工期，許可を受けて営む建設業の種類，健康保険等の加入状況等を記載した施工体制台帳を作成し，工事現場ごとに備え置かなければならない。 よく出る

☐ 発注者から直接工事を請け負った建設業者は，当該工事を施工するために下請契約を締結する場合には，下請金額にかかわらず，施工体制台帳を作成しなければならない。 よく出る

☐ 発注者から直接工事を請け負った建設業者は，「公共工事の入札及び契約の適正化の促進に関する法律」に基づき，作成した施工体制台帳の写しを発注者に提出しなければならない。

☐ 一般建設業許可を受けた建設業者が受注した工事を下請負人に発注せずに，自ら工事を行う場合は，施工体制台帳を作成する必要はない。

再下請通知（同条第2項関連）

☐ 建設工事の下請負人は，その請け負った建設工事を他の建設業を営む者に請け負わせたときは，建設業者に対して，当該他の建設業を営む者の商号又は名称，当該者の請け負った建設工事の内容及び工期その他の事項を通知しなければならない。 よく出る

☐ 施工体制台帳の作成を義務づけられた者は，再下請負通知書に記載されている事項に変更が生じた場合には，施工体制台帳の修正，追加を行わなければならない。

□ 施工体制台帳を作成する建設業者は，施工に携わる下請負人の把握に努め，これらの下請負人に対して再下請通知書を提出するよう指導するとともに，自らも情報の把握に努めなければならない。

施工体制台帳の閲覧（同条第 3 項）

□ 建設業者は，発注者から請求があったときは，施工体制台帳をその発注者の閲覧に供しなければならない。 **よく出る**

施工体系図の掲示（同条第 4 項関連）

□ 建設業者は，当該建設工事における各下請負人の施工の分担関係を表示した施工体系図を作成し，これを当該工事現場の工事関係者が見やすい場所及び公衆が見やすい場所に掲げなければならない。
よく出る

例題

R1【B-No. 7 改題】

公共工事における施工体制台帳の作成に関する次の記述のうち，**適当でないもの**はどれか。

(1) 発注者から直接工事を請け負った建設業者は，当該工事を施工するため，一定額以上の下請契約を締結する場合は，施工体制台帳を作成しなければならない。

(2) 施工体制台帳を作成する建設業者は，当該工事における施工の分担関係を表示した施工体系図を作成し，工事関係者及び公衆が見やすい場所に掲示しなければならない。

(3) 発注者から直接工事を請け負った建設業者は，「公共工事の入札及び契約の適正化の促進に関する法律」に基づき，作成した施工体制台帳の写しを発注者に提出しなければならない。

解答 1

解説 1 は公共工事の入札及び契約の適正化の促進に関する法律第 15 条（施工体制台帳の作成及び提出等）第 1 項及び建設業法第 24 条の 8 第 1 項より，公共工事を請け負った建設業者は，施工するために下請契約を締結した場合，下請金額にかかわらず，施工体制台帳を作成しなければならない。2 は建設業法第 24 条の 8 第 4 項により正しい。3 は公共工事の入札及び契約の適正化の促進に関する法律第 15 条第 2 項により正しい。

5

施工管理

08 関係機関への届出等

▶▶ パパっとまとめ

厚生労働大臣又は労働基準監督署長への計画の届出が必要な工事は、労働安全衛生法第88条（計画の届出等）及び同規則第89条，第90条に規定されている。計画の届出が必要な工事とその規模を覚える。

労働安全衛生法
厚生労働大臣への計画の届出（大規模工事）

☐ 事業者は，建設業に属する事業の仕事のうち以下に示す重大な労働災害を生ずるおそれがある特に大規模な仕事で，厚生労働省令で定めるものを開始しようとするときは，その計画を当該仕事の開始の日の30日前までに，厚生労働省令で定めるところにより，厚生労働大臣に届け出なければならない。

☐ 高さが300m以上の塔の建設の仕事 よく出る

☐ 堤高（基礎地盤から堤頂までの高さをいう）が150m以上のダムの建設の仕事 よく出る

☐ 最大支間500m（つり橋にあっては，1,000m）以上の橋梁の建設の仕事 よく出る

☐ 長さが3,000m以上のずい道等の建設の仕事 よく出る

☐ 長さが1,000m以上3,000m未満のずい道等の建設の仕事で，深さが50m以上のたて坑（通路として使用されるものに限る）の掘削を伴うもの

☐ ゲージ圧力が0.3MPa以上の圧気工法による作業を行う仕事 よく出る

労働基準監督署長への計画の届出（本体構造物関係）

☐ 事業者は以下に示す，建設業その他政令で定める業種に属する事業の仕事で，厚生労働省令で定めるものを開始しようとするときは，その計画を当該仕事の開始の日の14日前までに，労働基準監督署長に届け出なければならない。

- [ ] 高さ 31m を超える建築物又は工作物（橋梁を除く）の建設，改造，解体又は破壊（以下「建設等」という）の仕事
- [ ] 最大支間 50m 以上の橋梁の建設等の仕事
- [ ] 最大支間 30m 以上 50m 未満の橋梁の上部構造の建設等の仕事
- [ ] ずい道等の建設等の仕事（ずい道等の内部に労働者が立ち入らないものを除く）
- [ ] 掘削の高さ又は深さが 10m 以上である地山の掘削の作業（掘削機械を用いる作業で，掘削面の下方に労働者が立ち入らないものを除く）を行う仕事
- [ ] 圧気工法による作業を行う仕事
- [ ] 建築基準法に規定する耐火建築物又は準耐火建築物で，石綿等が吹き付けられているものにおける石綿等の除去の作業を行う仕事
- [ ] ダイオキシン類対策特別措置法施行令に掲げる廃棄物焼却炉を有する廃棄物の焼却施設に設置された廃棄物焼却炉，集じん機等の設備の解体等の仕事
- [ ] 掘削の高さ又は深さが 10m 以上の土石の採取のための掘削の作業を行う仕事
- [ ] 坑内掘りによる土石の採取のための掘削の作業を行う仕事

労働基準監督署長への計画の届出（型枠支保工・足場等）

- [ ] 労働安全衛生法第 88 条（計画の届出等）第 1 項及び同規則別表第 7 より，設置，移転，又はこれらの主要構造部分を変更しようとするときに，その計画を当該工事の開始の日の 30 日前までに，労働基準監督署長に届け出なければならないものは以下のものである。
- [ ] 型枠支保工（支柱の高さが 3.5m 以上のもの）
- [ ] 架設通路（高さ及び長さがそれぞれ 10m 以上のもの）
- [ ] 足場（つり足場，張出し足場以外の足場にあっては，高さが 10m 以上の構造のもの）

消防法
圧縮アセチレンガスの貯蔵（第9条の3及び危険物の規制に関する政令第1条の10）

□ ガス溶接作業において圧縮アセチレンガスを 40kg 以上貯蔵し，又は取り扱う者は，その旨をあらかじめ所轄消防長又は消防署長に届け出なければならない。

指定数量以上の危険物の貯蔵（第10条）

□ 指定数量以上の危険物は，貯蔵所以外の場所でこれを貯蔵してはならない。ただし，所轄消防長又は消防署長の承認を受けた場合は，10日以内の期間，仮に貯蔵し，又は取り扱うことができる。

例題

R1【B-No. 52】

　労働安全衛生法令上，工事の開始の日の 30 日前までに，厚生労働大臣に計画を届け出なければならない工事が定められているが，次の記述のうちこれに**該当しない**ものはどれか。
(1)　ゲージ圧力が 0.2MPa の圧気工法による建設工事
(2)　堤高が 150m のダムの建設工事
(3)　最大支間 1,000m のつり橋の建設工事
(4)　高さが 300m の塔の建設工事

解答 1

解説 1 は労働安全衛生法第 88 条第 2 項及び同規則第 89 条第 1 項第 6 号に「ゲージ圧力が 0.3MPa 以上の圧気工法による作業を行う仕事」と規定されている。2 は同規則同条同項第 2 号により正しい。3 は同項第 3 号により正しい。4 は同項第 1 号により正しい。

01 工程管理の手順と内容

▶▶ パパっとまとめ

工程計画作成の留意点，工程管理の機能，方法及び工程管理の手順と管理のポイントについて理解する。また1日平均施工量，所要作業日数などについても理解する。

工程計画

☐ 工程管理は，施工計画において品質，原価，安全など工事管理の目的とする要件を総合的に調整し，策定された基本の工程計画をもとにして実施される。**よく出る**

統制機能と改善機能

☐ 工程管理は，施工計画の立案，計画を施工の面で実施する統制機能と，施工途中で計画と実績を評価，欠陥や不具合等があれば処置を行う改善機能とに大別できる。**よく出る**

☐ 統制機能における進度管理では，工程進捗の計画と実施との比較をし，進捗報告を行う。

☐ 改善機能は，施工の途中で基本計画を再評価し，改善の余地があれば計画立案段階にフィードバックし，是正措置では，作業の改善，工程の促進，再計画を行う。

是正措置

☐ 工程管理は，工事の施工順序と進捗速度を表す工程表を用い，常に工事の進捗状況を把握し計画と実施のずれを早期に発見し，適切な是正措置を講ずることが大切である。**よく出る**

施工段階を評価測定する基準

☐ 工程管理は，工事の施工段階を評価測定する基準を時間におき，労働力，機械設備，資材などの生産要素を，最も効果的に活用することを目的とした管理である。

5

施工管理

日程計画
☐ 各種工事に要する実稼働日数を算出し，この日数が作業可能日数より少ないか等しくなるようにする。

作業可能日数
☐ 暦日による日数から定休日，天候その他に基づく作業不能日数を差し引いて推定する。

1日平均施工量と所要作業日数
☐ 1時間平均施工量 × 1日平均作業時間 ＝ 1日平均施工量
☐ 工事量 ÷ 作業可能日数 ＝ 1日の施工量 ＜ 1日平均施工量
☐ 工事量 ÷ 1日平均施工量 ＝ 所要作業日数 ＜作業可能日数

工程管理の手順
☐ 建設工事の工程管理における一般的な作業手順は，計画（Plan）：施工順序，施工法などの方針により工程の手順と工程表の作成を行う→実施（Do）：工事の指示，監督を行う→検討（Check）：工事の進捗に伴い計画と実施の比較及び作業量の資料の整理とチェックを行う→処置（Act）：作業の改善，工程促進，再計画などの是正措置を行う，の順となる。

進捗状況の把握
☐ 工程の進捗状況の把握には，工事の施工順序と進捗速度を表すいくつかの工程表を用いるのが一般的である。

山積み
☐ 資源の山積みとは各作業の1日当たりに必要な人数，機械，資材などの量を算出し，作業全体の日々の累計を算出するものである。この山積みの結果は大抵凹凸がひどく，効率の悪い計画であることから，山積みの平準化を図るのが山崩しである。

山崩し
☐ 資源の山崩しとは，契約工期の範囲内で施工順序や施工時期を変えながら，人員や資機材など資源の投入量が最も効率的な配分となるよう調整し，工事のコストダウンを図るものである。

工程計画

□ 施工計画では，施工順序，施工法等の施工の基本方針を決定し，工程計画では，手順と日程の計画，工程表の作成を行う。

□ 工程計画は，工事を予定通りかつ経済的に進めるために重要なもので，十分な予備調査に基づいて慎重に立てる。

□ 工程計画は，その工事の施工方法と密接に関連しているため工事条件に適した工法を想定し，これを前提に概略工程計画を作成し，工期内に入るように検討する。

□ 工程計画は，工事の各過程が計画通りに遂行されているか常に比較対照し，計画とのずれが生じた場合に必要な是正措置が適切に講じられるようにしておく。

工事実施

□ 施工計画で決定した施工順序，施工法等に基づき，工事実施では，工事の指示，施工監督を行う。

例題

R2【B-No. 10】

工事の工程管理に関する次の記述のうち，**適当でないもの**はどれか。

(1) 工程管理は，品質，原価，安全など工事管理の目的とする要件を総合的に調整し，策定された基本の工程計画をもとにして実施される。

(2) 工程管理は，工事の施工段階を評価測定する基準を品質におき，労働力，機械設備，資材などの生産要素を，最も効果的に活用することを目的とした管理である。

(3) 工程管理は，施工計画の立案，計画を施工の面で実施する統制機能と，施工途中で計画と実績を評価，改善点があれば処置を行う改善機能とに大別できる。

(4) 工程管理は，工事の施工順序と進捗速度を表す工程表を用い，常に工事の進捗状況を把握し計画と実施のずれを早期に発見し，適切な是正措置を講ずることが大切である。

解答 2

解説 工程管理は，工事の施工段階を評価測定する基準を時間におき，労働力，機械設備，資材，資金などを最も効果的に活用することを目的とした管理である。

02 各種工程図表の特徴

▶▶ パパっとまとめ

　各種工程表の特徴について理解する。特に各工種の相互関係，作業に必要な日数，作業進行の度合い，工期に影響する作業かどうかなどが判明するか不明であるかなどについて理解する。

斜線式工程表（座標式工程表）

☐ 横軸に区間（距離程），縦軸に日数（工期）をとって表したもので，トンネル工事のように工事区間が線状に長く，しかも工事の進行方向が一定の方向にしか進捗しない工事によく用いられる。　よく出る◀

☐ 路線に沿った工事や，トンネル工事では掘進延長方向における各工種の進捗状況など工事内容を確実に示すことができるが，平面的で広がりのある工事の場合は各工種の相互関係を明確に示しにくい。

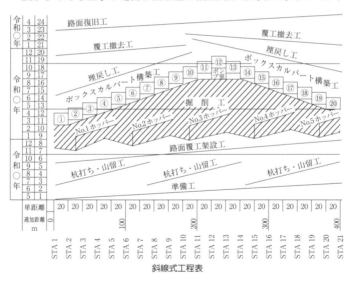

斜線式工程表

ネットワーク式工程表

□ 作業の順序・関連性が明確で，各作業に含まれる余裕時間の状況も把握でき，ある1つの作業の遅れや変化が**工事全体の工期**にどのように影響してくるかを早く，正確に把握でき，**重点管理**すべき作業が明確にできるが，作業の数が多くなるにつれ**煩雑化**の程度が高くなる。 よく出る

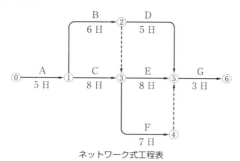

ネットワーク式工程表

グラフ式工程表

□ 横軸に**工期**，縦軸に**各作業の出来高比率**（％）を表示した工程表で，各作業の予定と実績の差を**直視的に比較**するのに便利であり，施工中の作業の**進捗状況**もよくわかる。 よく出る

□ どの作業が未着手か，施工中か，完了したのか一目瞭然である。

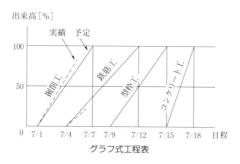

グラフ式工程表

バーチャート

☐ 工種を縦軸，工期を横軸にとるので各工種の所要日数がタイムスケールで描かれて見やすく，また作業の流れが左から右へ移行しているので，作業全体の流れがおおよそ把握でき漠然と作業間の関連はわかるが，他の工種との相互関係，手順，各工種が全体の工期に及ぼす影響などは明確につかめず，工期に影響する作業がつかみにくい。 **よく出る**

☐ 簡単な工事で作業数の少ない場合に適しているが，複雑な工事では作成・変更・読取りが難しい。

☐ 工事全体の進捗状況を表現することができないため，工程管理曲線を併記することにより，全体工程の進捗状況を把握できる。

☐ 実施工程を書き入れることにより一目で工事の進捗状況がわかる。

☐ 作成は比較的容易であるが，工事内容を詳しく表現すれば，かなり高度な工程表とすることも可能である。

☐ 作成方法には以下の3方法がある。

 ①順行法 ………… 施工手順に従って，着手日から決めていく。
 ②逆算法 ………… 竣工期日からたどって，着手日を決める。
 ③重点法 ………… 季節や工事条件，契約条件等に基づき，重点的に着手日や終了日を取り上げ，これを全工期の中のある時点に固定し，その前後を順行法又は逆算法で固めていく。

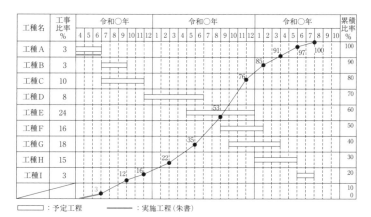

☐☐☐：予定工程　　━━━：実施工程（朱書）

バーチャート

□ 工種を縦軸にとり，工期を横軸にとって各工種の工事期間を横棒で
　表現しているが，これは**ガントチャート**の欠点をある程度改良した
　ものである。

ガントチャート

□ 横軸に各作業の**進捗度**，縦軸に工種や作業名をとり，作業完了時が
　100%となるように表されており，各作業のある時点の進捗度合い
　は明確であるが，各作業の開始から終了までの**所要日数**や**工期に影
　響する作業**，任意の工事がどの工事の進捗に影響を与えるかは**不明
　確**である。 よく出る

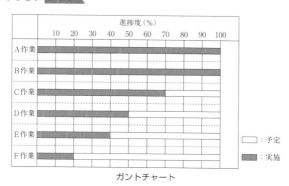

ガントチャート

各種工程表の特徴

□ 各種工程表とその特徴を表す事項

工程表	事項	作業の手順	作業に必要な日数	作業進行の度合い	工期に影響する作業
横線式工程表	バーチャート	不明（漠然）	判明	判明	不明
	ガントチャート	不明	不明	判明	不明
曲線式工程表	グラフ式	不明	判明	判明	不明
	斜線式	判明（漠然）	判明	判明	不明
	出来高累計曲線	不明	不明	判明	不明
ネットワーク式工程表		判明	判明	判明	判明

例題

工程管理に使われる工程表の種類と特徴に関する次の記述のうち，**適当でないもの**はどれか。

(1) ガントチャートは，横軸に各作業の進捗度，縦軸に工種や作業名をとり，作業完了時が100％となるように表されており，各作業ごとの開始から終了までの所要日数が明確である。

(2) 斜線式工程表は，トンネル工事のように工事区間が線上に長く，しかも工事の進行方向が一定の方向にしか進捗できない工事に用いられる。

(3) ネットワーク式工程表は，コンピューターを用いたシステム的処理により，必要諸資源の最も経済的な利用計画の立案などを行うことができる。

(4) グラフ式工程表は，横軸に工期を，縦軸に各作業の出来高比率を表示したもので，予定と実績との差を直視的に比較するのに便利である。

解答 1

解説 1のガントチャートは作成が容易で，各作業の現時点での進捗度合は明確であるが，作業の所要日数や工期に影響する作業は不明確である。2の斜線式工程表は，横軸に区間（距離程）をとり，縦軸に日数（工期）をとって表したもので，施工場所と施工時期の進捗状況が直視的に分かるが，工種間の相互関係が不明確で，部分的な変更があった場合に全体に及ぼす影響がわかりにくい。3のネットワーク式工程表は，作業の順序関係が明確で，全体工程に最も影響を与える作業が明らかとなり，重点管理が可能になる。4は記述の通りである。

03 ネットワーク式工程表

▶▶▶ パパっとまとめ

ネットワーク式工程表の用語を理解する。またクリティカルパスについて理解する。

所要時間とクリティカルパス

☐ ネットワーク式工程表の所要時間は，各作業の最遅の経路（クリティカルパス）となる。

トータルフロート

☐ ネットワーク式工程表では，トータルフロートの非常に小さい経路はクリティカルパスと同様に重点管理の対象とする必要がある。

イベント（結合点）

☐ イベントとは，作業と作業の結合点及び作業の開始，終了を示すものとしてマル（○）をつけ○の中に正整数を記入する。

アクティビティ（作業）

☐ アクティビティとは，時間を要する諸作業のことであり，矢印で示される。

ダミー

☐ ダミーとは，所要時間を持たない（使用時間ゼロの）疑似作業で，アクティビティ相互の関係を示すために使われ，破線に矢印（---→）で表示される。

イベントとアクティビティの関係

☐ ネットワーク式工程表のイベント（結合点）は，イベントに入ってくるアクティビティ（作業）が全て終了しないと，イベントから出ていくアクティビティは開始できない関係を示している。

5

施工管理

225

最遅結合点時刻

☐ 最遅結合点時刻とは，工期から逆算して，任意のイベントで完了する作業のすべてが，遅くとも完了していなければならない時刻をいう。

経済的な利用計画の立案

☐ ネットワーク式工程表は，コンピューターを用いたシステム的処理により，必要諸資源の最も経済的な利用計画の立案などを行うことができる。

例題

　下図のネットワーク式工程表に関する次の記述のうち，**適当なもの**はどれか。

　ただし，図中のイベント間の A～K は作業内容，日数は作業日数を表す。

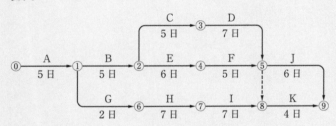

(1)　クリティカルパスは，⓪→①→②→④→⑤→⑨である。

(2)　①→⑥→⑦→⑧の作業余裕日数は 4 日である。

(3)　作業 K の最早開始日は，工事開始後 26 日である。

(4)　工事開始から工事完了までの必要日数（工期）は 28 日である。

解答　4

解説　1 のクリティカルパス（最長経路）は⓪→①→②→③→⑤→⑨であり，4 の必要日数（工期）は 28 日となる。2 の①→⑥→⑦→⑧の所要日数は 16 日であり，クリティカルパスの①→②→③→⑤は 17 日であるから，作業余裕日数は 1 日となる。3 の作業 K の最早開始日は，⑤から⑧にダミー（破線の矢印）でつながっているため，クリティカルパス上の作業 D 終了後の工事開始後 22 日目となる。

04 工程管理曲線 (バナナ曲線)

▶▶ **パパっとまとめ**

上方許容限界曲線 (上方限界) と下方許容限界曲線 (下方限界) から外れる場合の検討・対策について理解する。

☐ 工程計画は, 全工期に対して工程 (出来高) を表す**工程管理曲線**の勾配が, 工期の初期→中期→後期において, **緩→急→緩**となるようにする。

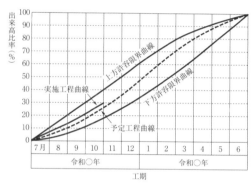

工程管理曲線

☐ 予定工程曲線が許容限界曲線 (バナナ曲線) の上方限界と下方限界の間にある場合には, 工程曲線の中期における工程 (S字曲線の中央部分) をできるだけ**緩やかな勾配**になるよう合理的に調整する。
よく出る

☐ 予定工程曲線が許容限界からはずれる場合は, 一般に不合理な工程計画と考えられるので, 横線式工程表の主工事の位置を変更するなど施工計画を再検討し, 許容限界内に入るよう調整する。**よく出る**

☐ 実施工程曲線が許容限界曲線 (バナナ曲線) の上方限界を超えたときは, 工程が進みすぎている (工期がさほど経過していないのに出来高が上がっている) ことを示しており, 必要以上に**大型機械**を入れるなど, **不経済**となっていないかを検討する。**よく出る**

5

施工管理

☐ 実施工程曲線が許容限界曲線（バナナ曲線）の下方限界に接近している場合は，工程が遅れており，この状態が続くと突貫工事のおそれがあるので，実施工程曲線の勾配を急にするよう直ちに対策をとる必要がある。 よく出る

☐ 実施工程曲線が許容限界曲線（バナナ曲線）の下方限界を下回るときは，工程遅延により突貫工事が不可避となるので，根本的な施工計画の再検討が必要である。 よく出る

☐ 実施工程曲線が許容限界から外れる場合は，一般に不合理な工程計画と考えられるので，付帯工事や補助工事よりも主工事を優先し，工程を見直す必要がある。

☐ 実施工程曲線が許容限界曲線（バナナ曲線）の許容限界以内にある場合は，中期における工程をできるだけ緩やかな勾配となるように調整する。

例題

R1【B-No. 13 改題】

工程管理曲線（バナナ曲線）を用いた工程管理に関する次の記述のうち，**適当なもの**はどれか。

(1)　予定工程曲線が許容限界からはずれるときには，一般に不合理な工程計画と考えられるので，再検討を要する。

(2)　工程計画は，全工期に対して工程（出来高）を表す工程管理曲線の勾配が，工期の初期→中期→後期において，急→緩→急となるようにする。

(3)　実施工程曲線が予定工程曲線の上方限界を超えたときは，工程遅延により突貫工事となることが避けられないため，突貫工事に対して経済的な実施方策を検討する。

解答　1

解説　1の予定工程曲線が許容限界から外れるときは，人員や機材を過剰投入したり，反対に過小であったりしている可能性があるため，再検討を要する。2の工程計画は，全工期に対して工程（出来高）を表す工程管理曲線の勾配が，工期の初期→中期→後期において，緩→急→緩となるようにする。3の実施工程曲線が予定工程曲線の上方限界を超えたときは，工期がさほど経過していないのに出来高が上がっていることを示しており，必要以上に大型機械を入れるなど，不経済となっていないかを検討する。

5-2 工程管理

05 工程・原価・品質の相互関係

学習 /

▶▶ ババっとまとめ

品質・工程・原価の相互関係について理解しておく。

工程と原価の関係 よく出る

□ 工程と原価の関係は，施工を速めると原価は段々安くなり，さらに
施工速度を速めて突貫作業を行うと，原価は逆に高くなる（曲線 A）。

原価と品質の関係 よく出る

□ 原価と品質の関係は，悪い品質のものは安くできるが，よい品質の
ものは原価が高くなる（曲線 B）。

品質と工程の関係 よく出る

□ 品質と工程の関係は，品質のよいものは時間がかかり，施工を速め
て突貫作業をすると，品質は悪くなる（曲線 C）。

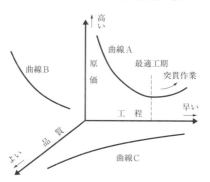

工程・原価・品質の相互関係

□ 工程，原価，品質との間には相反する性質があり，これらの調整を
図りながら計画し，工期を守り，品質を保つように管理することが
大切である。

5

施工管理

229

建設工事公衆災害
防止対策要綱

▶▶ パパっとまとめ

　土木工事の施工にあたって、当該工事の関係者以外の第三者（公衆）に対する生命、身体及び財産に関する危害並びに公衆災害を防止するために必要な対策について理解する。

工事区域

□ 工事現場の周囲は、必要に応じて鋼板、ガードフェンスなど防護工を設置し、作業員及び第三者に対して工事区域を明確にするとともに、立入防止施設は、子供など第三者が容易に侵入できない構造とする。

遠方よりの工事箇所の確認

□ 工事を予告する道路標識や標示板は、工事箇所の前方 50m から 500m の間の路側又は中央帯のうち、交通の支障とならず、かつ視認しやすい箇所に設置しなければならない。

車道幅員

□ 工事のために道路を 1 車線とし、それを往復の交互交通で一般車両を通行させる場合は、交通の整流化を図るため、規制区間をできるだけ短くするとともに、必要に応じて交通誘導員を配置しなければならない。

保安灯

□ 夜間施工を行う場合は、バリケード等の柵に沿って高さ 1m 程度のもので夜間 150m 前方から視認できる光度を有する保安灯を設置しなければならない。

02 埋設物並びに架空線等上空施設

▶▶ パパっとまとめ

工事中の地下埋設物・架空線等上空施設の損傷等の防止のための保安, 防護の方法等について理解する。

埋設物の確認

☐ 埋設物が予想される場所で施工するときは, 施工に先立ち, 台帳と照らし合わせて位置 (平面・深さ) を確認した上で細心の注意のもとで試掘を行い, その埋設物の種類, 位置 (平面・深さ), 規格, 構造等を原則として目視により, 確認する。 よく出る◀

☐ 試掘により埋設物を確認した場合には, その位置 (平面・深さ) や周辺地質の状況等の情報を道路管理者及び埋設物の管理者に報告する。

☐ 工事施工中において, 管理者の不明な埋設物を発見した場合, 必要に応じて専門家の立会を求め埋設物に関する調査を再度行って管理者を確認し, 当該管理者の立会を求め, 安全を確認した後に措置する。 よく出る◀

布掘り及びつぼ掘り

☐ 道路上において土木工事のために杭, 矢板等を打設し, 又は穿孔等を行う必要がある場合においては, 埋設物のないことがあらかじめ明確である場合を除き, 埋設物の予想される位置を深さ 2m 程度まで試掘を行い, 埋設物の存在が確認されたときは, 布掘り又はつぼ掘りを行ってこれを露出させなければならない。

掘削作業

☐ 明り掘削作業で, 掘削機械・積込機械・運搬機械の使用によるガス導管や地中電線路等の損壊により労働者に危険を及ぼすおそれのあるときは, これらの機械を使用してはならない。

☐ 明り掘削で露出したガス導管のつり防護等の作業には作業指揮者を指名し, その者の直接の指揮のもとに作業を行わなければならない。 よく出る◀

5 施工管理

231

露出した埋設物の保安維持等

☐ 露出した埋設物には，物件の名称，保安上の必要事項，管理者の連絡先等を記載した標示板を取り付ける等により，工事関係者等に対し注意を喚起しなければならない。 **よく出る**

☐ 工事中に露出した埋設物がすでに破損していた場合においては，施工者は，直ちに起業者（発注者）及びその埋設物の管理者に連絡し，修理等の措置を求めなければならない。 **よく出る**

☐ 埋設物の位置が床付け面より高い等，通常の作業位置からの点検等が困難な場合には，原則として，あらかじめ起業者及びその埋設物管理者と協議の上，点検等のための通路を設置しなければならない。

近接位置の掘削

☐ 埋設物に近接して掘削を行う場合は，周囲の地盤のゆるみ，沈下等に十分注意するとともに，必要に応じて埋設物の補強，移設等について，起業者及びその埋設物の管理者とあらかじめ協議し，埋設物の保安に必要な措置を講じなければならない。 **よく出る**

☐ 埋設物に近接して掘削作業を行う場合，埋設物の損壊などにより労働者に危険を及ぼすおそれのあるときには，これらを補強し，移設する等当該危険を防止するための措置が講じられた後でなければ，作業を行なってはならない。

火気

☐ 可燃性物質の輸送管等の埋設物の付近において，溶接機，切断機等火気を伴う機械器具を使用してはならない。ただし，やむを得ない場合において，その埋設物の管理者と協議の上，周囲に可燃性ガス等の存在しないことを検知器等によって確認し，熱遮へい装置など埋設物の保安上必要な措置を講じたときにはこの限りではない。

架空線等上空施設一般

☐ 工事現場における架空線等上空施設について，施工に先立ち，現地調査を実施し，種類，位置（場所，高さ等）及び管理者を確認する。

☐ 架空線等上空施設に近接して工事を行う場合は，必要に応じてその管理者に施工方法の確認や立会いを求める。

☐ 架空線等上空施設に近接した工事の施工にあたっては，架空線等と機械，工具，材料等について安全な離隔を確保する。

□ 建設機械のブーム操作やダンプトラックのダンプアップ等により架空線の接触・切断の可能性がある場合は，必要に応じ，防護カバーの設置，現場出入口での高さ制限装置の設置，看板等の設置，建設機械のブーム等の旋回・立入禁止区域の設定等を行う。

□ 架空線に接触等のおそれがある場合は，建設機械，ダンプトラック等のオペレータ・運転手に対し，工事現場区域及び工事用道路内の架空線等上空施設の種類，位置（場所，高さ等）を連絡するとともに，ダンプトラックのダンプアップ状態での移動・走行の禁止や建設機械の旋回・立ち入り禁止区域等の留意事項について周知徹底する。

□ 架空電線等に近接する場所で作業を行う場合，感電防止のための電路の移設，感電防止の囲い又は絶縁用防護具を装着すること等の措置が困難なときは，監視人を置き，作業を監視させる。

例題

埋設物ならびに架空線に近接して行う工事の安全管理に関する次の記述のうち，**適当でないもの**はどれか。

(1)　架空線に接触などのおそれがある場合は，建設機械の運転手などに工事区域や工事用道路内の架空線などの上空施設の種類・場所・高さなどを連絡し，留意事項を周知徹底する。

(2)　架空線の近接箇所で建設機械のブーム操作やダンプトラックのダンプアップを行う場合は，防護カバーや看板の設置，立入禁止区域の設定などを行う。

(3)　管理者の不明な埋設物を発見した場合には，調査を再度行って労働基準監督署に連絡し，立会いを求めて安全を確認した後に処置する。

解答 3

解説 1は土木工事安全施工技術指針 第3章地下埋設物・架空線等上空施設一般 第2節架空線等上空施設一般 3.現場管理（2）により正しい。2は同節 1.事前確認（2）により正しい。3は同章 第1節地下埋設物一般 2.事前確認（4）に「工事施工中において，管理者の不明な埋設物を発見した場合，埋設物に関する調査を再度行って管理者を確認し，当該管理者の立会を求め，安全を確認した後に処置すること」と記されている。

5

施工管理

03 建設業の安全衛生管理体制

▶▶ パパっとまとめ

建設工事における安全衛生管理体制は労働安全衛生法により規定されており，個々の事業場単位の安全衛生管理体制と複数の事業者が混在して施工を行う混在現場における安全衛生管理体制がある。それぞれの安全衛生管理体制について理解する。

☐ 『個々の事業場単位の安全衛生管理体制』総括安全衛生管理者：事業者は，常時 100 人以上の労働者を使用する事業場ごとに，総括安全衛生管理者を選任し，その者に安全管理者，衛生管理者又は技術的事項を管理する者の指揮をさせるとともに，次の業務を統括管理させる。(法第 10 条)

① 労働者の危険又は健康障害を防止するための措置に関すること。
② 労働者の安全又は衛生のための教育の実施に関すること。
③ 健康診断の実施その他健康の保持増進のための措置に関すること。
④ 労働災害の原因の調査及び再発防止対策に関すること。
⑤ 労働災害を防止するため必要な業務で，厚生労働省令で定めるもの。

☐ 安全管理者：事業者は，常時 50 人以上の労働者を使用する事業場では安全管理者を選任し，その者に，総括安全衛生管理者の業務のうち安全に係る技術的事項について管理させる。(法第 11 条)

☐ 衛生管理者：事業者は，常時 50 人以上の労働者を使用する事業場では安全管理者を選任し，その者に，総括安全衛生管理者の業務のうち衛生に係る技術的事項を管理させる。(法第 12 条)

☐ 『混在現場における安全衛生管理組織』統括安全衛生責任者：特定元方事業者は，その労働者及びその関係請負人の労働者を合わせた数が常時 50 人以上である場合には，統括安全衛生責任者を選任する。(法第 15 条関連)

☐ 統括安全衛生責任者は，当該場所においてその事業の実施を統括管理する者があたり，元方安全衛生管理者の指揮を行う。

□ 特定元方事業者は，統括安全衛生責任者に，以下の事項を統括管理させなければならない。

① 協議組織の設置及び運営を行う。 よく出る

② 作業間の連絡及び調整を行う。 よく出る

③ 作業場所を巡視する。 よく出る

④ 関係請負人が行う労働者の安全又は衛生のための教育に対する指導及び援助を行う。 よく出る

⑤ 仕事を行う場所が仕事ごとに異なることを常態とする業種で，厚生労働省令で定めるものに属する事業を行う特定元方事業者にあっては，仕事の工程に関する計画及び作業場所における機械，設備等の配置に関する計画を作成するとともに，当該機械，設備等を使用する作業に関し関係請負人がこの法律又はこれに基づく命令の規定に基づき講ずべき措置についての指導を行う。

⑥ その他，当該労働災害を防止するため必要な事項。

例題

R1【B-No. 15】

建設業の安全衛生管理体制に関する次の記述のうち，労働安全衛生法令上，**誤っているもの**はどれか。

(1) 総括安全衛生管理者が統括管理する業務には，安全衛生に関する計画の作成，実施，評価及び改善が含まれる。

(2) 安全管理者の職務は，総括安全衛生管理者の業務のうち安全に関する技術的な具体的事項について管理することである。

(3) 統括安全衛生責任者は，当該場所においてその事業の実施を統括管理する者が充たり，元方安全衛生管理者の指揮を行う。

(4) 衛生管理者の職務は，総括安全衛生管理者の業務のうち衛生に関する事務的な具体的事項について管理することである。

解答 4

解説 1は労働安全衛生法第10条第1項第5号及び同規則第3条の2（総括安全衛生管理者が統括管理する業務）第3号により正しい。2は同法第11条第1項により正しい。3は同法第15条（統括安全衛生責任者）第1項及び第2項により正しい。4は同法第12条第1項に「事業者は（中略），衛生管理者を選任し，その者に（中略）衛生に係る技術的事項を管理させなければならない」と規定されている。

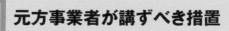

04 元方事業者が講ずべき措置

▶▶ パパっとまとめ

　労働安全衛生法令上, 元方事業者の講ずべき措置について理解する。

元方事業者の講ずべき措置 (法第29条)

☐ 元方事業者は, 関係請負人及び関係請負人の労働者が, 当該仕事に関し, 法律又はこれに基づく命令の規定に違反しないよう必要な指導を行わなければならない。

☐ 元方事業者は, 関係請負人又は関係請負人の労働者が, 当該仕事に関し, この法律又はこれに基づく命令の規定に違反していると認めるときは, 是正のため必要な指示を行なわなければならない。

☐ 元方事業者は, 機械等が転倒するおそれのある場所において, 関係請負人の労働者が当該事業の仕事の作業を行うときは, 当該場所に係る危険を防止するための措置が適正に講じられるように, 技術上の指導その他の措置を講じなければならない。

☐ 元方事業者の講ずべき技術上の指導その他の必要な措置には, 技術上の指導のほか, 危険を防止するために必要な資材等の提供, 元方事業者が自ら又は関係請負人と共同して危険を防止するための措置を講じること等が含まれる。

注文者の講ずべき措置 (法第31条) よく出る

下図に示す施工体制の現場において, A社がB社に組立てさせた作業足場でB社, C社, D社が作業を行い, E社はC社が持ち込んだ移動式足場で作業を行う場合, 労働安全衛生法令上, 特定事業の仕事を行う注文者として積載荷重の表示, 点検等の安全措置義務は次の通りとなる。

☐ A 社は, 作業足場について, B 社, C 社, D 社の労働者に対し注文者としての安全措置義務を負う。

☐ B 社は, D 社に対し注文者ではない。したがって, D 社の労働者に対し積載荷重の表示, 点検等の安全措置義務を負わない。

☐ A 社は, C 社が持ち込んだ移動式足場について, E 社の労働者に対し注文者としての安全措置義務を負う。

☐ C 社は, 移動式足場について, 事業者としての必要措置を行わなければならないが, 注文者としての安全措置義務も負う。

例題

　下図に示す施工体制の現場において, A 社が B 社に組み立てさせた作業足場で B 社, C 社, D 社が作業を行い, E 社は C 社が持ち込んだ移動式足場で作業を行うこととなった。特定事業の仕事を行う注文者として積載荷重の表示, 点検等の安全措置義務に関する次の記述のうち, 労働安全衛生法令上, **正しいものはどれか。**

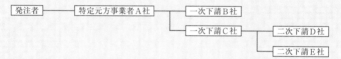

(1)　　B 社は, 自社が組み立てた作業足場について, D 社の労働者に対し注文者としての安全措置義務を負う。

(2)　　A 社は, C 社が持ち込んだ移動式足場について, E 社の労働者に対し注文者としての安全措置義務を負わない。

(3)　　C 社は, 移動式足場について, 事業者としての必要措置を行わなければならないが, 注文者としての安全措置義務も負う。

解答 3

解説 労働安全衛生法第 31 条に,「特定事業の仕事を自ら行う注文者は, 建設物, 設備又は原材料を, 当該仕事を行う場所においてその請負人の労働者に使用させるときは, 当該建設物等について, 当該労働者の労働災害を防止するため必要な措置を講じなければならない」と規定されている。1 の B 社は, D 社に対し注文者ではない。したがって, D 社の労働者に対し積載荷重の表示, 点検等の安全措置義務を負わない。2 の A 社は, C 社が持ち込んだ移動式足場について, E 社に対し注文者としての安全措置義務を負う。3 は記述の通りである。

5

施工管理

05 労働者の健康管理

▶▶ パパっとまとめ

　労働安全衛生法令上，事業者が行うべき労働者の健康管理について理解する。

雇入時の健康診断（規則第43条）

☐ 常時使用する労働者の雇い入れ時は，医師による健康診断から3月を経過しない者で診断結果を証明する書面の提出を受けた場合を除き，所定の項目について健康診断を行う必要がある。

定期健康診断（規則第44条）

☐ 事業者は，常時使用する労働者に対し，1年以内ごとに1回，定期に医師による健康診断を行わなければならない。 よく出る

特定業務従事者の健康診断（規則第45条）

☐ さく岩機の使用によって身体に著しい振動を与える業務や坑内における業務など特定業務に常時従事する労働者に対し，当該業務への配置替えの際及び6月以内ごとに1回，定期に医師による健康診断を行わなければならない。

特別の健康診断（施行令第22条関連）

☐ 次の有害な業務に常時従事する労働者等に対し，原則として，雇入れ時，配置替えの際及び6月以内ごとに1回（じん肺健診は管理区分に応じて1〜3年以内ごとに1回），それぞれ特別の健康診断を実施しなければならない。

- 高圧室内作業及び潜水作業に係る業務
- 有機溶剤を用いた作業に係る業務
- ずい道等工事でじん肺をり患するおそれのある作業に係る業務

危険性又は有害性等の調査（法第57条の3）

☐ 一定の危険性・有害性が確認されている化学物質を取り扱う場合には，事業場におけるリスクアセスメントが義務とされている。

面接指導等（法第 66 条の 8）

□ 休憩時間を除き 1 週間当たり 40 時間を超えて労働させた場合におけるその超えた時間が 1 月当たり 80 時間を超え，かつ，疲労の蓄積が認められる労働者に対し，医師による面接指導を行わなければならない。

R1【B-No. 23】

労働者の健康管理のために事業者が講じるべき措置に関する次の記述のうち，労働安全衛生法令上，**誤っているもの**はどれか。

(1)　事業者は，原則として常時使用する労働者に対し，1 年以内ごとに 1 回，定期に，医師による健康診断を行わなければならない。

(2)　休憩時間を除き 1 週間当たり 40 時間を超えて労働させた場合におけるその超えた時間が 1 月当たり 100 時間を超え，かつ，疲労の蓄積が認められる労働者の申出により，保健所のカウンセラーによる面接指導を行わなければならない。

(3)　一定の危険性・有害性が確認されている化学物質を取り扱う場合には，事業場におけるリスクアセスメントが義務づけられている。

(4)　事業者は，常時特定粉じん作業に係る業務に労働者を就かせるときは，粉じんの発散防止及び作業場所の換気方法，呼吸用保護具の使用方法等について特別の教育を行わなければならない。

解答　2

解説　1 は労働安全衛生規則第 44 条第 1 項により正しい。2 は労働安全衛生法第 66 条の 8 第 1 項及び同規則第 52 条の 2（面接指導の対象となる労働者の要件等）第 2 項より，事業者は，その労働時間の状況その他の事項が労働者の健康の保持を考慮して休憩時間を除き 1 週間当たり 40 時間を超えて労働させた場合におけるその超えた時間が 1 月当たり 80 時間を超え，かつ，疲労の蓄積が認められる労働者に対し，医師による面接指導を行わなければならない。3 は労働安全衛生法 57 条の 3 第 3 項の規定に基づく「化学物質等による危険性又は有害性等の調査等に関する指針」により正しい。4 は粉じん障害防止規則第 22 条（特別の教育，5-3 安全管理，16 ずい道等の安全作業（粉じん作業）にて解説）により正しい。

5

施工管理

06 安全衛生教育・特別教育・技能講習

> ▶▶ パパっとまとめ
>
> 　労働安全衛生法令上，労働者を雇い入れたとき，または作業内容を変更したときの安全又は衛生のための教育について覚える。また特別教育，技能講習が必要な業務についても覚える。

新規入場者への教育

☐ **雇入れ時等の教育**：事業者は，労働者を雇い入れたとき又は労働者の作業内容を変更したときは，遅滞なく，当該労働者が従事する業務に関する安全又は衛生のための教育を行わなければならない。（規則第35条）**よく出る**

☐ **特別教育の記録の保存**：事業者が，作業の開始に先立ち，従事する労働者に法令に基づく特別教育を行った場合には，受講者，科目等の記録を作成するとともに，これを3年間保存しておかなければならない。（規則第38条）

☐ **特別教育の科目の省略**：事業者は，労働者を雇い入れたときは，安全又は衛生のための教育を実施する必要があり，当該作業に十分な知識及び技能を有していると認められる労働者については，当該事項についての教育を省略することができる。（規則第37条）

☐ **職長等の教育**：事業者は，新たに作業を行うこととなった職長その他の作業中の労働者を監督する立場の者に対し，作業手順の決定，労働者の配置や指導，異常時の措置等について，所定時間以上の教育を行わなければならない。（規則第40条）

特別教育を必要とする業務

事業者は，以下の危険又は有害な業務に労働者をつかせるときは，当該業務に関する安全又は衛生のための特別の教育を行なう。（規則第36条）

☐ アーク溶接機を用いて行う金属の溶接，溶断等の業務

☐ 最大荷重1t未満のショベルローダ又はフォークローダの運転の業務

☐ 最大積載量が1t未満の不整地運搬車の運転の業務

□ 機体重量が 3t 未満の整地・運搬・積込み用，掘削用機械，基礎工事用機械又は解体用機械で，動力を用い，かつ，不特定の場所に自走できるものの運転の業務

□ 締固め用機械で，動力を用い，かつ，不特定の場所に自走できるものの運転の業務

□ 作業床の高さが 10m 未満の高所作業車の運転の業務

□ つり上げ荷重が 5t 未満のクレーン（移動式クレーンを除く）の運転の業務

□ つり上げ荷重が 1t 未満の移動式クレーンの運転の業務

□ つり上げ荷重が 5t 未満のデリックの運転の業務

□ 建設用リフトの運転の業務

□ つり上げ荷重が 1t 未満のクレーン，移動式クレーン又はデリックの玉掛けの業務

□ ゴンドラの操作の業務

□ 高圧室内作業に係る業務

□ 酸素欠乏危険場所における作業に係る業務

□ 粉じん障害防止規則の特定粉じん作業に係る業務

□ ずい道等の掘削の作業又はこれに伴うずり，資材等の運搬，覆工のコンクリートの打設等の作業に係る業務

□ 足場の組立て，解体又は変更の作業に係る業務

□ 高さが 2m 以上の箇所であって作業床を設けることが困難なところにおいて，墜落制止用器具のうちフルハーネス型のものを用いて行う作業に係る業務

技能講習修了者を就業させる必要がある業務（法第 61 条関連）

□ 発破の場合におけるせん孔，装てん，結線，点火並びに不発の装薬又は残薬の点検及び処理の業務

□ 制限荷重が 5t 以上の揚貨装置の運転の業務

□ つり上げ荷重が 5t 以上のクレーン（跨線テルハを除く）の運転の業務

□ つり上げ荷重が 1t 以上の移動式クレーンの運転（道路上を走行させる運転を除く）の業務

- [ ] つり上げ荷重が5t以上のデリックの運転の業務
- [ ] 可燃性ガス及び酸素を用いて行なう金属の溶接，溶断又は加熱の業務
- [ ] 最大荷重が1t以上のフォークリフトの運転（道路上を走行させる運転を除く）の業務
- [ ] 機体重量が3t以上の整地・運搬・積込み用機械，掘削用機械，基礎工事用機械，解体用機械で，動力を用い，かつ，不特定の場所に自走することができるものの運転（道路上を走行させる運転を除く）の業務
- [ ] 最大荷重が1t以上のショベルローダ又はフォークローダの運転（道路上を走行させる運転を除く）の業務
- [ ] 最大積載量が1t以上の不整地運搬車の運転（道路上を走行させる運転を除く）の業務
- [ ] 作業床の高さが10m以上の高所作業車の運転（道路上を走行させる運転を除く）の業務
- [ ] 制限荷重が1t以上の揚貨装置又はつり上げ荷重が1t以上のクレーン，移動式クレーン若しくはデリックの玉掛けの業務

例題

H29【B-No. 18 改題】

　労働安全衛生法令上，技能講習を修了したものを就業させる必要がある業務は，次のうちどれか。
(1)　アーク溶接機を用いて行う金属の溶接，溶断等の業務
(2)　機体重量が3t未満の掘削用機械の運転の業務（道路上を走行させる運転を除く）
(3)　つり上げ荷重が1t以上の移動式クレーンの玉掛けの業務

解答　3

解説　労働安全衛生法第59条（安全衛生教育）第3項に「事業者は，危険又は有害な業務で，厚生労働省令で定めるものに労働者をつかせるときは，（中略）特別の教育を行なわなければならない」，及び同規則第36条第1項に特別教育を必要とする業務が規定されている。1は同項第3号により特別教育でよい。2は同項第9号により特別教育でよい。3はクレーン等安全規則第221条（就業制限）第1項第1号及び労働安全衛生法施行令第20条（就業制限に係る業務）第1項第16号より技能講習が必要である。

07 建設機械の災害防止

▶▶ パパっとまとめ

建設機械の災害防止に関しては，労働安全衛生規則に規定されている。転落等の防止等や，運転位置から離れる場合の措置等，事業者が行う安全対策について理解する。

車両系建設機械の使用に係る危険の防止

☐ **作業計画**：車両系建設機械などの事故防止のため，あらかじめ使用する機械の種類及び能力，運行経路，作業方法などを示した作業計画書を作成し，これに基づき作業を行わなければならない。（第155条）**よく出る**

☐ **前照灯の設置**：作業上で必要な照度が確保されている場合を除き，車両系建設機械には前照灯を備えなければならない。またフォークリフトやショベルローダ等の車両系荷役運搬機械には，前照灯及び後照灯を備えなければならない。（第152条）

☐ **ヘッドガード**：岩石の落下等により労働者に危険が生ずるおそれのある場所で車両系建設機械（ブルドーザ，トラクターショベル，ずり積機，パワーショベル，ドラグショベル及び解体用機械に限る）を使用するときは，当該車両系建設機械に堅固なヘッドガードを備えなければならない。（第153条）

☐ **調査及び記録**：車両系建設機械を用いて作業を行なうときは，当該車両系建設機械の転落，地山の崩壊等による労働者の危険を防止するため，あらかじめ，当該作業に係る場所について地形，地質の状態等を調査し，その結果を記録しておかなければならない。（第154条）

☐ **転落等の防止等**：路肩，傾斜地等で車両系建設機械を用いて作業を行う場合において，当該車両系建設機械の転倒又は転落により労働者に危険が生ずるおそれのあるときは，誘導者を配置し，その者に当該車両系建設機械を誘導させなければならない。（第157条）

5
施工管理

☐ 路肩，傾斜地等であって，車両系建設機械の転倒又は転落により運転者に危険が生ずるおそれのある場所においては，転倒時保護構造を有し，かつ，**シートベルト**を備えたもの以外の車両系建設機械を使用しないように努めるとともに，運転者に**シートベルト**を使用させるように努めなければならない。（第 157 条の 2）

☐ **接触の防止**：事業者は，車両系建設機械を用いて作業を行なうときは，運転中の車両系建設機械に接触することにより労働者に危険が生ずるおそれのある箇所に，**労働者を立ち入らせてはならない**。ただし，誘導者を配置し，その者に当該車両系建設機械を誘導させるときは，この限りでない。（第 158 条）

☐ **合図**：事業者は，車両系建設機械の運転について誘導者を置くときは，一定の合図を定め，誘導者に当該合図を行なわせなければならない。（第 159 条）

☐ **運転位置から離れる場合の措置**：車両系建設機械の運転者が運転位置から離れるときは，バケット，ジッパー等の作業装置を地上に下ろし，かつ，原動機を止め走行ブレーキをかける等の車両系建設機械の逸走を防止する措置を講ずる。（第 160 条）

☐ **とう乗の制限**：事業者は，車両系建設機械を用いて作業を行なうときは，乗車席以外の箇所に労働者を乗せてはならない。（第 162 条）

☐ **ブーム等の降下による危険の防止**：事業者は，車両系建設機械のブーム，アーム等を上げ，その下で修理，点検等の作業を行うときは，ブーム，アーム等が不意に降下することによる労働者の危険を防止するため，当該作業に従事する労働者に安全支柱，安全**ブロック**等を使用させなければならない。（第 166 条）

車両系荷役運搬機械の荷台への乗車制限（第 151 条の 51）

☐ 車両系荷役運搬機械のうち，荷台にあおりのある不整地運搬車に労働者を乗車させるときは，荷の移動防止の歯止め措置や，あおりを確実に閉じる等の措置を講ずる必要がある。

貸与機械の取扱い（第 666 条関連）

☐ 機械等貸与者は，貸与前に当該機械を点検し，異常を認めたときは補修その他必要な整備を行なう。

☐ 建設機械・車両を運転者付きで貸与を受け使用開始する場合，貸与機械運転者に新規入場時教育を行い，作業内容の変更時は，労働災害を防止するため，作業内容について教育を行なう。

☐ 貸与する大型ブレーカ付き車両系建設機械を使用して特定建設作業を行う場合には，特定建設工事の施工者は，当該特定建設作業の開始の日の7日前までに，市町村長に届け出を行なう。

☐ 運転の資格に規制のない貸与機械の取扱い者については，作業の実態に応じた特別教育を現場の状況により実施する。

例題

車両系建設機械の災害防止のために事業者が講じるべき措置に関する次の記述のうち，労働安全衛生法令上，**誤っているもの**はどれか。

(1) 車両系建設機械の運転者が運転位置を離れるときは，バケット等の作業装置を地上に下ろすか，又は，原動機を止めて走行ブレーキをかけ，逸走防止をはからなければならない。

(2) 車両系建設機械は，路肩や傾斜地における転倒又は転落に備え，転倒からの保護構造とシートベルトの双方を装備した機種以外を使用しないよう努めなければならない。

(3) 車両系建設機械を用いて作業を行うときは，乗車席以外の箇所に労働者を乗せてはならない。

(4) 車両系建設機械のブーム・アーム等を上げ，その下で修理や点検作業を行うときは，不意な降下防止のため，安全支柱や安全ブロックを使用させなければならない。

解答 1

解説 1は労働安全衛生規則第160条第1項に「事業者は，車両系建設機械の運転者が運転位置から離れるときは，当該運転者に次の措置を講じさせなければならない。1）バケット，ジッパー等の作業装置を地上に下ろすこと。2）原動機を止め，かつ走行ブレーキをかける等の車両系建設機械の逸走を防止する措置を講ずること」と規定されており，両方とも講じなければならない。2は同規則第157条の2により正しい。3は同規則第162条により正しい。4は同規則第166条第1項により正しい。

5
施工管理

08 移動式クレーン・玉掛け作業

▶▶ **パパっとまとめ**

移動式クレーンによる作業は，クレーン等安全規則により規定されている。移動式クレーンによる作業における規制，安全措置，また玉掛け作業の安全について理解しておく。

移動式クレーンの安全確保

☐ クレーン機能付き油圧ショベルを小型移動式クレーンとして使用する場合，車両系建設機械と移動式クレーン双方の資格が必要となる。**よく出る**

☐ **定格荷重**：移動式クレーンの定格荷重とは，負荷させることができる最大の荷重から，それぞれフック，グラブバケット等のつり具の重量に相当する荷重を控除した荷重をいう。（第 1 条）**よく出る**

☐ **過負荷の制限**：事業者は，移動式クレーンにその定格荷重を超える荷重をかけて使用してはならない。（第 69 条）

☐ **定格荷重の表示等**：移動式クレーンを用いて作業を行うときは，移動式クレーンの運転者及び玉掛けをする者が当該移動式クレーンの定格荷重を常時知ることができるよう，表示その他の措置を講じなければならない。（第 70 条の 2）

☐ **アウトリガー等の張り出し**：事業者は，アウトリガーを有する移動式クレーン又は拡幅式のクローラを有する移動式クレーンを用いて作業を行うときは，当該アウトリガー又はクローラを最大限に張り出さなければならない。

☐ 狭あい用地などで，移動式クレーンのアウトリガーの張出し幅を縮小せざるを得ない場合，定格荷重表又は性能曲線により，クレーンにその定格荷重を超える荷重を絶対に掛けないことを事前確認する。（第 70 条の 5）

☐ **運転の合図**：移動式クレーンを用いて作業を行なうときは，移動式クレーンの運転者が単独で作業する場合を除き，移動式クレーンの運転について一定の合図を定め，あらかじめ指名した者に合図を行わせなければならない。（第 71 条）

- [ ] **搭乗の制限**：事業者は，移動式クレーンにより，労働者を運搬し，又は労働者をつり上げて作業させてはならない。（第72条）

- [ ] 作業の性質上やむを得ない場合又は安全な作業の遂行上必要な場合は，移動式クレーンのつり具に専用のとう乗設備を設けて，労働者に要求性能墜落制止用器具等を使用させるなどし，当該とう乗設備に労働者を乗せることができる。（第73条）

- [ ] **立入禁止**：移動式クレーンに係る作業を行うときは，当該移動式クレーンの上部旋回体と接触することにより労働者に危険が生ずるおそれのある箇所に労働者を立ち入らせてはならない。（第74条）

- [ ] **強風時の作業中止**：強風のため，移動式クレーンに係る作業の実施について危険が予想されるときは，当該作業を中止しなければならない。（第74条の3）

- [ ] **強風時における転倒の防止**：強風のためクレーン作業を中止した場合であっても，クレーンが転倒するおそれがある場合は，ジブの位置を固定させるなどにより危険を防止する措置を講じなければならない。（第74条の4）

- [ ] **運転位置からの離脱の禁止**：事業者は，移動式クレーンの運転者を，荷をつったままで，運転位置から離れさせてはならない。（第75条）

- [ ] **巻過防止装置の調整**：移動式クレーンの巻過防止装置については，フック，グラブバケット等のつり具等の上面に接触するおそれのある物の下面との間隔が0.25m以上となるように調整しておく。（第65条）

移動式クレーンの転倒，倒壊の防止

- [ ] 移動式クレーンの転倒，倒壊の主な要因は，ブーム，ジブ，マストあるいはアウトリガー，基礎等のモーメントオーバー，過荷重である。

- [ ] 移動式クレーンでつり上げた荷は，支持地盤の沈下等により機体側に移動するため，フックの位置は作業半径の少し内側とする。

- [ ] 移動式クレーンの転倒に対する安全度は，急旋回時のつり荷重による遠心力や巻き下げ時の急ブレーキによる衝撃荷重，ブームにかかる風荷重等により低下する。

- [ ] 移動式クレーンのつり上げ荷重は，作業半径の違いに大きく影響を受けるため，移動式クレーンを選定する場合はつり上げ荷重に対し余裕を持った機種を選定する。

5

施工管理

47

玉掛作業

☐ ワイヤロープ及びフックによりつり上げ作業を行う場合には，ワイヤロープの安全係数は 6 以上，フックの安全係数は 5 以上を満たしたものを使用する。(第 213 条，第 214 条)

☐ 重心の片寄った荷をつり上げる場合は，事前にそれぞれのロープにかかる荷重を計算して，安全を確認する。

☐ 玉掛用具であるフックを用いて作業する場合には，フックの位置を吊り荷の重心に誘導し，吊り角度と水平面とのなす角度を 60° 以内に確保して作業を行う。

☐ 作業を開始する前にワイヤロープやフック，リングの異常がないかどうかの点検を行い，異常があった場合には直ちに交換や補修をしてから使用する。(第 220 条)

例題

R2【B-No. 20 改題】

　移動式クレーンの安全確保に関する次の記述のうち，事業者が講じるべき措置として，クレーン等安全規則上，**正しいもの**はどれか。

(1)　クレーン機能付き油圧ショベルを小型移動式クレーンとして使用する場合，車両系建設機械運転技能講習修了者であれば，クレーン作業の運転にも従事させることができる。

(2)　移動式クレーンの定格荷重とは，負荷させることができる最大荷重から，フックの重量・その他つり具等の重量を差し引いた荷重である。

(3)　強風のため移動式クレーンの作業の危険が予想される場合は，つり荷や介しゃくロープの振れに特に十分注意しながら作業しなければならない。

解答 2

解説 1 は厚生労働省労働基準局事務連絡「クレーン機能を備えた車両系建設機械の取扱いについて」(平成 12 年 2 月 28 日) 3 資格関係についてより，クレーン機能付き油圧ショベルを小型移動式クレーンとして使用する場合，車両系建設機械と移動式クレーン両方の資格が必要となる。2 はクレーン等安全規則第 1 条第 6 号により正しい。3 は同規則第 74 条の 3 に「事業者は，強風のため，移動式クレーンに係る作業の実施について危険が予想されるときは，当該作業を中止しなければならない」と規定されている。

09 コンクリートポンプ車

▶▶ パパっとまとめ

コンクリートポンプ車の安全対策は，労働安全衛生規則に規定されている。ここ数年出題されていないが，以下の項目は押さえておく。

特別教育（第36条）

☐ コンクリートポンプ車の圧送等の装置の操作の業務は，コンクリートポンプ車の特別教育を受けたものが行う。

輸送管等の脱落及び振れの防止等（第171条の2）

☐ コンクリート等の吹出しにより労働者に危険が生ずるおそれのある箇所に労働者を立ち入らせない。

☐ 作業装置の操作を行う者とホースの先端部を保持する者との間の連絡を確実にするため，電話，電鈴等の装置を設け，又は一定の合図を定め，それぞれ当該装置を使用する者を指名してその者に使用させ，又は当該合図を行う者を指名してその者に行わせること。

作業指揮（第171条の3）

☐ 事業者は，輸送管等の組立て又は解体を行うときは，作業の方法，手順等を定め，これらを労働者に周知させ，かつ，作業を指揮する者を指名して，その直接の指揮の下に作業を行わせなければならない。

墜落等による危険の防止（第518条）

☐ コンクリート打込みにおいて，高所作業で墜落の危険のおそれがある場合は，要求性能墜落制止用器具の使用，手すりや防護網の設置等，墜落及び落下防止の措置を講じる。

5

施工管理

10 型枠支保工

▶▶ パパっとまとめ

型枠支保工については，労働安全衛生規則に規定されている。型枠支保工の組立て作業，コンクリートの打設の作業における安全対策等について理解しておく。

材料（第 237 条）

☐ 型枠支保工の材料については，著しい損傷，変形又は腐食があるものを使用してはならない。

組立図（第 240 条）

☐ 型枠支保工を組み立てるときは，組立図を作成し，かつ，当該組立図により組み立てなければならない。

☐ 組立図は，支柱，はり，つなぎ，筋かい等の部材の配置，接合の方法及び寸法が示されているものでなければならない。

型枠支保工の組立て等の作業（第 245 条）

☐ 型枠支保工の組立て作業を行う区域には，関係労働者以外の労働者の立ち入りを禁止する。

☐ 強風，大雨，大雪等の悪天候のため，作業の実施について危険が予想されるときは，型枠支保工の組立て等の作業に労働者を従事させない。 よく出る◀

☐ 材料，器具又は工具を上げ，又はおろすときは，つり綱，つり袋等を労働者に使用させる。

型枠支保工についての措置等（第 242 条）

☐ 敷角の使用，コンクリートの打設，くいの打込み等支柱の沈下を防止するための措置を講ずること。

☐ 支柱の脚部の固定，根がらみの取付け等支柱の脚部の滑動を防止するための措置を講ずること。

☐ 支柱の継手は，突合せ継手又は差込み継手とすること。 よく出る◀

- ☐ 鋼材と鋼材との接続部及び交差部は，ボルト，クランプ等の金具を用いて緊結する。**よく出る**

- ☐ 型枠が曲面のものであるときは，控えの取付け等当該型枠の浮き上がりを防止するための措置を講ずる。

- ☐ 鋼管枠を支柱として用いる場合は，鋼管枠と鋼管枠との間に交差筋かいを設ける。

コンクリートの打設の作業（第244条）

- ☐ コンクリートの打設にあたっては，その日の作業を開始する前に，当該箇所の型枠支保工について点検し，異状を認めたときは，補修する。**よく出る**

- ☐ 作業中に型枠支保工に異状が認められた際における作業中止のための措置をあらかじめ講じておく。

型枠支保工の組立て等作業主任者の職務（第247条）

- ☐ 作業の方法を決定し，作業を直接指揮する。

- ☐ 材料の欠点の有無並びに器具及び工具を点検し，不良品を取り除く。

- ☐ 作業中，要求性能墜落制止用器具等及び保護帽の使用状況を監視する。

5 施工管理

例題

　型枠支保工に関する次の記述のうち，事業者が講じるべき措置として，労働安全衛生法令上，**誤っているもの**はどれか。

(1)　型枠支保工の支柱の継手は，重ね継手とし，鋼材と鋼材との接合部及び交差部は，ボルト，クランプ等の金具を用いて緊結する。

(2)　型枠支保工については，敷角の使用，コンクリートの打設，くいの打込み等支柱の沈下を防止するための措置を講ずる。

(3)　型枠が曲面のものであるときは，控えの取付け等当該型枠の浮き上がりを防止するための措置を講ずる。

解答　1

解説　1は労働安全衛生規則第242条第1項第3号に「支柱の継手は，突合せ継手又は差込み継手とすること」と規定されている。2は同条第1号により正しい。3は同条第5号により正しい。

足場，作業床

> ▶▶ パパっとまとめ
>
> 　足場，作業床については，労働安全衛生規則により規定されている。つり足場，張出し足場又は高さが 2m 以上の足場の組立て，解体又は変更の作業を行うとき，事業者が行わなければならない措置を理解する。また，作業床の幅等の数値を覚える。

足場の組立て等の作業（第 564 条）

☐ 組立て，解体又は変更の作業を行う区域内には，関係労働者以外の労働者の立入りを禁止する。

☐ 足場材の緊結，取り外し，受渡し等の作業にあっては，幅 40cm 以上の作業床を設け，要求性能墜落制止用器具を使用させること。

☐ 材料，器具，工具等を上げ，又は下ろすときは，つり綱，つり袋等を労働者に使用させる。

☐ 強風，大雨，大雪等の悪天候のため，作業の実施について危険が予想されるときは，作業を中止する。

最大積載荷重（第 562 条）

☐ 作業床は，足場の構造及び材料に応じて，最大積載荷重を定め，かつ，これを超えて積載してはならない。

作業床（第 563 条）

☐ 足場高さ 2m 以上の作業場所に設ける作業床（つり足場を除く）は，つり足場の場合を除き，幅は 40cm 以上，床材間の隙間は 3cm 以下，及び床材と建地との隙間は 12cm 未満としなければならない。 よく出る◀

☐ 足場高さ 2m 以上の作業場所に設ける作業床で，作業のため物体が落下することにより，労働者に危険を及ぼすおそれのあるときは，高さ 10cm 以上の幅木，メッシュシート若しくは防網又はこれらと同等以上の機能を有する設備を設けること。

- [ ] 足場高さ 2m 以上の作業場所に設ける作業床の床材は，つり足場の場合を除き，床材は，転位し，又は脱落しないように 2 以上の支持物に取り付けること。

- [ ] 高さ 2m 以上の足場の作業床には，作業に伴う物体の落下による危険防止のため，わく組足場では手すりわくか交さ筋かい及び高さ 15cm 以上の幅木等を設置する必要がある。

- [ ] 墜落により労働者に危険を及ぼすおそれのある箇所に設けるわく組足場以外の足場の場合，手すりの高さは 85cm 以上とする。

- [ ] 墜落により労働者に危険を及ぼすおそれのある箇所に設けるわく組足場の場合，手すりわくの水平のさんの高さは 35cm 以上 50cm 以下の位置等に設置する。

- [ ] 作業床の端，開口部などには，必要な強度の囲い，手すり，覆いなどを設置し，床上の開口部の覆いの上には，原則として材料などを置かないこととし，その旨を表示する。

- [ ] 足場の組立て等の作業では，作業員の墜落防止のため，要求性能墜落制止用器具を使用させる等の措置を講じても，立入禁止の措置及び防網の設置は省略できない。

材料等の集積

- [ ] 足場，鉄骨等物体の落下しやすい高所には物を置かないこと。また，飛散物を仮置きする場合には緊結するか，箱，袋に収納すること。やむを得ず足場上に材料等を集積する場合には，集中荷重による足場のたわみ等の影響に留意すること。

- [ ] 作業床端，開口部，のり肩等の 1m 以内には集積しないこと。作業床の開口部等では，幅木等により，落下を防止する措置を講じること。

足場の組立て等作業主任者の選任（第 565 条）

- [ ] つり足場，張り出し足場，又は高さ 5m 以上の足場の組立て，解体又は変更作業では，足場の組立て等作業主任者技能講習を修了した者のうちから，足場の組立て等作業主任者を選任しなければならない。

足場の組立て等作業主任者の職務（第566条）

☐ 作業の方法及び労働者の配置や作業の進行状況の監視のみでなく，材料の欠点の有無を点検し，不良品を取り除く職務も負う。

☐ 器具，工具，要求性能墜落制止用器具等及び保護帽の機能を点検し，不良品を取り除くほか，要求性能墜落制止用器具等及び保護帽の使用状況を監視しなければならない

点検（第567条）

☐ 足場の組立て，一部解体若しくは変更を行った場合は，床材・建地・幅木等の点検を行い，その記録を，当該足場を使用する作業が終了するまで保存しなければならない。

☐ 事業者は，注文者として大雨等の悪天候後は足場にかかる作業を開始する前に足場を点検し，危険防止のための必要な措置を速やかに行わなければならない。

鋼管足場

☐ 足場の脚部には，ベース金具を用い，かつ敷板，敷角を用い，根がらみを設ける等の措置を講ずるものとする。（第570条）

☐ 外径及び肉厚が同一であり強度が異なるものを同一事業場で使用するときは，鋼管に色又は記号を付する等の措置を講じなければならない。（第573条）

☐ 壁つなぎとして引張材と圧縮材とで構成されている場合，引張材と圧縮材との間隔は1m以内とする。（第569条）

つり足場（第574条）

☐ つり足場のワイヤロープは，直径の減少が公称径の7%を超えるものは使用してはならない。

☐ 作業床は，幅を40cm以上とし，かつ，隙間がないようにすること。

単管足場（第570条，第571条）

☐ 地上第1の布は，2m以下の位置に設置しなければならない。

☐ 壁つなぎの間隔は，垂直方向5m以下，水平方向5.5m以下としなければならない。

☐ 建地の間隔は，けた方向 1.85m 以下，はり間方向 1.5m 以下としなければならない。

☐ 建地間の積載荷重は，400kg を限度としなければならない。

　足場，作業床の組立て等に関する次の記述のうち，労働安全衛生法令上，**誤っているもの**はどれか。

(1)　足場高さ 2m 以上の作業場所に設ける作業床の床材（つり足場を除く）は，原則として転位し，又は脱落しないように 2 以上の支持物に取り付けなければならない。

(2)　足場高さ 2m 以上の作業場所に設ける作業床で，作業のため物体が落下し労働者に危険を及ぼすおそれのあるときは，原則として高さ 10cm 以上の幅木，メッシュシート若しくは防網を設けなければならない。

(3)　高さ 2m 以上の足場の組立て等の作業で，足場材の緊結，取り外し，受渡し等を行うときは，原則として幅 40cm 以上の作業床を設け，安全帯を使用させる等の墜落防止措置を講じなければならない。

(4)　足場高さ 2m 以上の作業場所に設ける作業床（つり足場を除く）は，原則として床材間の隙間 5cm 以下，床材と建地との隙間 15cm 未満としなければならない。

解答　4

解説　1 は，労働安全衛生規則第 563 条第 1 項第 5 号により正しい。2 は，同項第 6 号により正しい。3 は，同規則第 564 条第 1 項第 4 条により正しい。4 は，同規則第 563 条第 1 項第 2 条イに「幅は，40cm 以上とすること」，ロに「床材間の隙間は，3cm 以下とすること」，ハに「床材と建地との隙間は，12cm 未満とすること」と規定されている。

5 施工管理

255

12 地山の掘削作業

▶▶ バパっとまとめ

　　地山の掘削作業は，労働安全衛生規則に規定されている。地山の崩壊等による危険の防止，埋設物等による危険の防止，運搬機械，掘削機械の使用による安全対策について理解する。

掘削面のこう配の基準（第 356 条）

☐ 手掘りにより砂からなる地山の掘削作業を行なうときは，掘削面のこう配を 35° 以下とし，又は掘削面の高さを 5m 未満とする。

☐ 発破等により崩壊しやすい状態になっている地山を手掘りにより掘削の作業を行うときは，掘削面のこう配を 45° 以下とし，又は掘削面の高さを 2m 未満とする。

点検（第 358 条）

☐ 地山の崩壊又は土石の落下による労働者の危険を防止するため，点検者を指名して，その日の作業開始前や大雨や中震（震度 4）以上の地震の後に浮石及びき裂や湧水等の状態を点検させなければならない。 よく出る

☐ 点検者を指名して発破作業を行なった後，当該発破を行なった箇所及びその周辺の浮石及びき裂の有無及び状態を点検させなければならない。

地山の掘削作業主任者の選任（第 359 条）

☐ 掘削面の高さが 2m 以上となる地山の掘削の作業については，地山の掘削及び土止め支保工作業主任者技能講習を修了した者のうちから，地山の掘削作業主任者を選任しなければならない。

地山の掘削作業主任者の職務（第360条）

事業者は，地山の掘削作業主任者に，次の事項を行わせなければならない。

☐ 作業の方法を決定し，作業を直接指揮すること。

☐ 器具及び工具を点検し，不良品を取り除くこと。

☐ 要求性能墜落制止用器具等及び保護帽の使用状況を監視すること。

地山の崩壊等による危険の防止（第361条）

☐ 地山の崩壊又は土石の落下により労働者に危険を及ぼすおそれのあるときは，あらかじめ，土止め支保工を設け，防護網を張り，労働者の立入りを禁止する等当該危険を防止するための措置を講じなければならない。 **よく出る**

掘削作業における墜落防止措置

☐ 土止め・支保工内の掘削には，適宜通路を設けることとし，切梁，腹おこし等の土止め・支保工部材上の通行を禁止する。

埋設物等による危険の防止（第362条）

☐ 明り掘削の作業により露出したガス導管の損壊により労働者に危険を及ぼすおそれのある場合，つり防護，受け防護等による当該ガス導管についての防護を行ない，又は当該ガス導管を移設する等の措置が講じられた後でなければ，作業を行なってはならない。

掘削機械等の使用禁止（第363条）

☐ 掘削機械，積込機械等の使用によるガス導管，地中電線路等の損壊により労働者に危険を及ぼすおそれのあるときは，これらの機械を使用してはならない。 **よく出る**

運搬機械等の運行の経路等（第364条）

☐ 運搬機械，掘削機械及び積込機械の運行の経路並びにこれらの機械の土石の積卸し場所への出入の方法を定めて，これを関係労働者に周知させなければならない。 **よく出る**

5
施工管理

誘導者の配置（第365条）

☐ 運搬機械等が，労働者の作業箇所に後進して接近するとき，又は転落するおそれのあるときは，誘導者を配置し，その者にこれらの機械を誘導させなければならない。 よく出る

照度の保持（第367条）

☐ 明り掘削の作業を行なう場所については，当該作業を安全に行なうため必要な照度を保持しなければならない。

例題   H29【B-No. 23】

　土工工事における明り掘削作業にあたり事業者が遵守しなければならない事項に関する次の記述のうち，労働安全衛生法令上，**誤っているもの**はどれか。

(1)　掘削機械等の使用によるガス導管等地下に在する工作物の損壊により労働者に危険を及ぼすおそれのあるときは，誘導員を配置し，その監視のもとに作業を行わなければならない。

(2)　明り掘削の作業を行う場所については，当該作業を安全に行うため必要な照度を保持しなければならない。

(3)　明り掘削の作業では，地山の崩壊，土石の落下等による危険を防止するため，あらかじめ，土止め支保工や防護網の設置，労働者の立入禁止等の措置を講じなければならない。

(4)　明り掘削の作業を行う際には，あらかじめ，運搬機械等の運行経路や土石の積卸し場所への出入りの方法を定め，これを関係労働者に周知させなければならない。

解答 1

解説 1は労働安全衛生規則第362条第3項に「事業者は，前項のガス導管の防護の作業については，当該作業を指揮する者を指名して，その者の直接の指揮のもとに当該作業を行なわせなければならない」と規定されている。2は同第367条により正しい。3は同第361条により正しい。4は同第364条により正しい。

13 土止め支保工

学習 /

▶▶ ババっとまとめ

　土止め支保工は，労働安全衛生規則に規定されている。作業にあたり事業者が遵守しなければならない事項に付いて理解する。また土止め支保工の組立て作業における留意事項も理解する。

組立図（第370条）

☐ 土止め支保工を組み立てるときは，あらかじめ，組立図を作成し，かつ，当該組立図により組み立てなければならない。

部材の取付け等（第371条）

☐ 切りばり及び腹おこしは，脱落を防止するため，矢板，くい等に確実に取り付ける。

☐ 火打ちを除く圧縮材の継手は，突合せ継手とする。

☐ 切りばり又は火打ちの接続部及び切りばりと切りばりの交さ部は，当て板をあててボルトにより緊結し，溶接により接合する等の方法により堅固なものとする。

☐ 中間支持柱を備えた土止め支保工にあっては，切りばりを当該中間支持柱に確実に取り付ける。 よく出る◀

切りばり等の作業（第372条）

☐ 土止め支保工の切りばり又は腹おこしの取付け又は取り外しの作業作業を行なう箇所には，関係労働者以外の労働者が立ち入ることを禁止する。

☐ 材料，器具又は工具を上げ，又はおろすときは，つり綱，つり袋等を労働者に使用させる。

土止め支保工作業主任者の職務（第375条）

☐ 作業方法を決定し，作業を直接指揮する。

☐ 材料の欠点の有無並びに器具及び工具を点検し，不良品を取り除く。

☐ 要求性能墜落制止用器具等及び保護帽の使用状況を監視する。

5
施工管理

点検（第373条）

□ 土止め支保工を設けたときは，その後7日を超えない期間ごと，中震以上の地震の後及び大雨等により地山が急激に軟弱化するおそれのある事態が生じた後に，点検し，異常を認めたときは，直ちに，補強し，又は補修しなければならない。

事業者の行う土止め支保工に関する記述のうち，労働安全衛生規則上，**誤っているもの**はどれか。

(1)　土止め支保工を組み立てるときは，あらかじめ，組立図を作成し，かつ，当該組立図により組み立てなければならない。

(2)　切りばり及び腹おこしは，脱落を防止するため，矢板，くい等に確実に取り付ける。

(3)　土止め支保工の部材の取付けにおいては，火打ちを除く圧縮材の継手は重ね継手としなければならない。

(4)　中間支持柱を備えた土止め支保工にあっては，切りばりを当該中間支持柱に確実に取り付ける。

解答 3

解説 1は労働安全衛生規則第370条第1項により正しい。2は同規則第371条第1号により正しい。3は同条第2号に「圧縮材（火打ちを除く）の継手は，突合せ継手とすること」と規定されている。4は同条第4号により正しい。

コンクリート構造物の解体作業

14

▶▶ パパっとまとめ

コンクリート構造物の解体作業の工法，手順，留意事項について理解する。

コンクリート構造物の解体作業

☐ 転倒方式による取り壊しでは，解体する主構造部に複数本の引きワイヤを堅固に取り付け，引きワイヤで加力する際は，繰り返し荷重をかけてゆすってはいけない。

☐ 転倒方式による取壊しでは，縁切り，転倒作業は，必ず一連の連続作業で実施し，その日のうちに終了させ，縁切りした状態で放置してはならない。

☐ ウォータージェットによる取り壊しでは，取り壊し対象物周辺に防護フェンスを設置するとともに，水流が貫通するので取り壊し対象物の裏側は立ち入り禁止とする。

☐ ウォータージェットによる取壊しでは，病院，民家などが隣接している場合にはノズル付近に防音カバーを使用したり，周辺に防音シートによる防音対策を実施する。

☐ カッターによる取り壊しでは，撤去側躯体ブロックへのカッター取付けを禁止するとともに，切断面付近にシートを設置して冷却水の飛散防止をはかる。 よく出る◀

☐ 圧砕機及び大型ブレーカによる取り壊しでは，解体する構造物からコンクリート片の飛散，構造物の倒壊範囲を予測し，作業員，建設機械を安全作業位置に配置しなければいけない。 よく出る◀

☐ 圧砕機及び大型ブレーカによる取壊しでは，建設機械と作業員の接触を防止するため，誘導員を適切な位置に配置する。

静的破砕剤と大型ブレーカを併用する橋梁下部工の解体作業

☐ 静的破砕剤は強アルカリ性であるため，練混ぜ，充てん，シートがけ作業には，必ず防護めがね，ゴム手袋を着用する。

5

施工管理

☐ 静的破砕剤の練混ぜ水は，清浄な水を使用し，適用温度範囲の上限を超えないよう注意する。

☐ 穿孔径については，削岩機等を用いて破砕リフトの計画高さまで穿孔し，適用可能径の上限を超えていないか確認する。

☐ 大型ブレーカを用いる二次破砕，小割は，破砕設計に基づいた孔間隔で破砕対象物に穿孔を行い，水と練り混ぜた静的破砕剤を孔口まで充てん後，噴出現象による被災防止を目的として養生シート等で充てん箇所を覆い，10～24時間後，亀裂発生の確認後に行うのが一般的である。

☐ 大型ブレーカの作業では，解体ガラの落下，飛散による事故防止のため立入禁止の措置を講じる。 よく出る

R4【B-No.13改題】

コンクリート構造物の解体作業に関する次の記述のうち，**適当でないもの**はどれか。

(1) 転倒方式による取り壊しでは，解体する主構造部に複数本の引きワイヤを堅固に取り付け，引きワイヤで加力する際は，繰り返し荷重をかけてゆすってはいけない。

(2) ウォータージェットによる取り壊しでは，取り壊し対象物周辺に防護フェンスを設置するとともに，水流が貫通するので取り壊し対象物の裏側は立ち入り禁止とする。

(3) カッターによる取り壊しでは，撤去側躯体ブロックにカッターを堅固に取り付けるとともに，切断面付近にシートを設置して冷却水の飛散防止をはかる。

解答 3

解説 国土交通省総合政策局建設施工企画課策定 建設機械施工安全マニュアル 第Ⅲ編安全確認チェックシート 構造物取壊し工（カッターによる取壊し）に，①安全帯及び防護メガネを使用する，②撤去側躯体ブロックへのカッター取付けを禁止する，③アンカー設置時は，ジャンカ，空洞等を確認する，④ブレード，防護カバーを確実に設置，特にブレード固定用ナットは十分に締付ける，⑤切断面付近にはシートを設置し，冷却水の飛散防止を図る，⑥切断中は監視員を配置し，関係者以外の立入禁止措置をする等の安全確認事項が記されている。

15 ずい道等の安全作業（粉じん作業）

▶▶

パパッとまとめ

ずい道等の建設の作業は，労働安全衛生規則に規定されている。ずい道建設工事における避難や避難用器具，安全作業について理解しておく。また粉じん障害防止規則に規定されている，粉じん障害防止のための措置についても理解する。

点検（第382条）

□ ずい道等の建設の作業を行うときには，点検者を指名して，ずい道等の内部の地山について，毎日及び中震以上の地震の後，浮石及びき裂の有無及び状態並びに含水及び湧水の状態の変化を点検させなければならない。

退避等（第389条の7，第389条の8）

□ 落盤，出水等による労働災害発生の急迫した危険があるときは，直ちに作業を中止し，労働者を安全な場所に退避させなければならない。

□ ずい道等の内部における可燃性ガスの濃度が爆発下限界の値の30%以上であることを認めたときは，直ちに，労働者を安全な場所に退避させ，及び火気その他点火源となるおそれのあるものの使用を停止し，かつ，通風，換気等の措置を講じなければならない。

警報設備等（第389条の9）

□ 落盤，出水，ガス爆発，火災その他非常の場合に関係労働者にこれを知らせるため，出入り口から切羽までの距離が100mに達したとき，サイレン，非常ベル等の警報用の設備を設け，関係労働者に対し，その設置場所を周知させなければならない。

避難用器具（第389条の10）

□ 避難用器具の主なものには，懐中電灯等の携帯用照明器具，一酸化炭素用自己救命器等の呼吸用保護具などがある。

5 施工管理

263

□ 一酸化炭素用自己救命器等の**呼吸用保護具**については，同時に就業する労働者の人数と**同数以上**を備え，常時有効かつ清潔に保持しなければならない。

避難等の訓練（第 389 条の 11 関連）
□ 避難訓練の計画検討に必要な「ずい道の出入口から切羽までの距離」とは，斜坑の長さやたて坑の深さも算定に含まれる。

□ 避難訓練を行ったときは，**実施年月日**，訓練を受けた者の氏名，訓練内容を記録し，3 年間保存しなければならない。

粉じん障害防止のための特別の教育（第 22 条）
□ 事業者は，常時特定粉じん作業に係る業務に労働者を就かせるときは，粉じんの発散防止及び作業場所の換気方法，**呼吸用保護具**の使用方法等について**特別の教育**を行わなければならない。

粉じん障害防止（第 6 条の 3，第 27 条）
□ 粉じん作業を行う屋内の作業場所については，**毎日 1 回以上**，清掃を行わなければならない。

□ ずい道等の坑内作業等に常時労働者を従事させる場合は，原則として有効な**呼吸用保護具**を使用させなければならない。

□ 坑外において衝撃式削岩機を用いて掘削する作業に従事する労働者に，原則有効な**呼吸用保護具**を使用させなければならない。

作業環境測定（第 26 条〜第 26 条の 4）
□ 事業者は，粉じんにさらされる労働者の健康障害を防止するため，設備，作業工程又は作業方法の改善，作業環境の整備等必要な措置を講ずるよう努めなければならない。

□ 事業者は，粉じんにさらされる労働者の健康障害を防止するため，**健康診断の実施**，就業場所の変更，作業の転換，作業時間の短縮その他健康管理のための適切な措置を講ずるよう努めなければならない。

□ 事業者は，粉じん作業を行う坑内作業場について，**半月以内**ごとに 1 回，定期に，厚生労働大臣の定めるところにより，当該坑内作業場の切羽に近接する場所の空気中の粉じんの濃度を測定し，その結果を評価しなければならない。

例題

　事業者がずい道等の建設工事を行うときの安全作業に関する次の記述のうち，労働安全衛生法令上，**正しいもの**はどれか。

(1)　ずい道等の建設の作業を行うときには，点検者を指名して，内部の地山について毎週回及び中震以上の地震後，浮石及びき裂の有無及び状態並びに含水及び湧水の状態の変化を点検させなければならない。

(2)　落盤，出水，ガス爆発などの非常の場合に関係労働者にこれを知らせるため，出入り口から切羽までの距離が100mに達したとき，サイレン，非常ベル等の警報用の設備を設け，関係労働者に対し，その設置場所を周知させなければならない。

(3)　ずい道等の内部における可燃性ガスの濃度が爆発下限界の値の50%以上である場合は，直ちに労働者を安全な場所に退避させ関係者以外の坑内への立ち入りを禁止し，通風，換気等の措置を講じなければならない。

(4)　落盤，出水等による労働災害発生の急迫した危険が迫ったときには，作業中止の有無の判断や労働者の安全な場所への退避を直ちに検討しなければならない。

解答　2

解説　1の点検は，労働安全衛生規則第382条第1項第1号に「事業者は，ずい道等の掘削の作業を行うときは，落盤，出水，ガス爆発等による労働者の危険を防止するため，毎日，掘削箇所及びその周辺の地山について，次の事項を観察し，その結果を記録しておかなければならない」と規定されている。2は，同規則第389条の9により正しい。3の可燃性ガスの通風，換気等は，同規則第389条の8第1項により，可燃性ガスの濃度が爆発下限界の値の30%以上であることを認めたときに行うと記されている。4の落盤，出水等による労働災害発生の急迫した危険が迫ったときには，同規則第389条の7に，直ちに作業を中止して労働者を安全な場所に退避させなければならないと規定されている。

16 酸素欠乏症等防止規則

▶▶ **パパっとまとめ**

酸素欠乏危険作業において事業者が行うべき安全対策等について理解する。

作業環境測定等（第3条）

□ 事業者は，酸素欠乏危険作業に労働者を従事させるときは，その日の作業を開始する前に，当該作業場における空気中の酸素（第二種酸素欠乏危険作業に係る作業場にあっては，酸素及び硫化水素）の濃度を測定しなければならない。

測定器具（第4条）

□ 事業者は，酸素欠乏危険作業に労働者を従事させるときは，作業環境の測定を行うため必要な測定器具を備え，又は容易に利用できるような措置を講じておかなければならない。

換気（第5条）

□ 事業者は，酸素欠乏危険作業に労働者を従事させる場合は，当該作業を行う場所の空気中の酸素の濃度を18%以上（第二種酸素欠乏危険作業に係る場所にあっては，空気中の酸素の濃度を18%以上，かつ，硫化水素の濃度を10ppm以下）に保つように換気しなければならない。

保護具の使用等（第5条の2関連）

□ 防毒マスク及び防塵マスクは，酸素欠乏症の防止には全く効力がなく，酸素欠乏危険作業に用いてはならない。 **よく出る**

□ 事業者は，作業の性質上換気することが著しく困難な場合，同時に就業する労働者の人数と同数以上の空気呼吸器等を備え，労働者にこれを使用させなければならない。

要求性能墜落制止用器具等（第6条）

☐ 労働者が酸素欠乏症等にかかって転落するおそれがあるときは，労働者に要求性能墜落制止用器具その他の命綱を使用させなければならない。

人員の点検（第8条）

☐ 事業者は，酸素欠乏危険作業に労働者を従事させるときは，労働者を当該作業を行なう場所に入場させ，及び退場させるときに，人員を点検しなければならない。

立入禁止（第9条）

☐ 事業者は，酸素欠乏危険場所又はこれに隣接する場所で作業を行うときは，酸素欠乏危険作業に従事する労働者以外の労働者の立ち入りを禁止し，かつその旨を見やすい箇所に表示しなければならない。

作業主任者（第11条）

☐ 事業者は，酸素欠乏危険作業については，第一種酸素欠乏危険作業にあっては酸素欠乏危険作業主任者技能講習又は酸素欠乏・硫化水素危険作業主任者技能講習を修了した者のうちから，第二種酸素欠乏危険作業にあっては酸素欠乏・硫化水素危険作業主任者技能講習を修了した者のうちから，酸素欠乏危険作業主任者を選任しなければならない。

特別の教育（第12条）

☐ 事業者は，第一種（第二種）酸素欠乏危険作業に係る業務に労働者を就かせるときは，当該労働者に対し，酸素欠乏症の防止等に関する特別教育を行わなければならない。

避難用具等（第15条）

☐ 事業者は，酸素欠乏危険作業に労働者を従事させるときは，空気呼吸器，はしご，繊維ロープ等非常の場合に労働者を避難させ，又は救出するための必要な避難用具等を備えなければならない。

　酸素欠乏のおそれのある工事を行う際，事業者が行うべき措置に関する下記の文章中の　　　　　の（イ）～（ニ）に当てはまる語句の組合せとして，酸素欠乏症等防止規則上，**正しいもの**は次のうちどれか。

・事業者は，作業の性質上換気することが著しく困難な場合，同時に就業する労働者の　（イ）　の空気呼吸器等を備え，労働者にこれを使用させなければならない。

・事業者は，第一種酸素欠乏危険作業に係る業務に労働者を就かせるときは，　（ロ）　に対し，酸素欠乏症の防止等に関する特別教育を行わなければならない。

・事業者は，酸素欠乏危険作業に労働者を従事させるときは，入場及び退場の際，　（ハ）　を点検しなければならない。

・事業者は，第二種酸素欠乏危険作業に労働者を従事させるときは，　（ニ）　に，空気中の酸素及び硫化水素の濃度を測定しなければならない。

	（イ）	（ロ）	（ハ）	（ニ）
(1)	人数と同数以上	当該労働者	人員	その日の作業を開始する前
(2)	人数分	当該労働者	保護具	その作業の前日
(3)	人数分	作業指揮者	保護具	その日の作業を開始する前
(4)	人数と同数以上	作業指揮者	人員	その作業の前日

解答 1

解説 事業者が行うべき措置は，酸素欠乏症等防止規則等に規定されている。

・事業者は，作業の性質上換気することが著しく困難な場合，同時に就業する労働者の人数と同数以上の空気呼吸器等を備え，労働者にこれを使用させなければならない。（第5条の2第1項）

・事業者は，第一種酸素欠乏危険作業に係る業務に労働者を就かせるときは，当該労働者に対し，酸素欠乏症の防止等に関する特別教育を行わなければならない。（第12条第1項）

・事業者は，酸素欠乏危険作業に労働者を従事させるときは，労働者を当該作業を行う場所に入場させ，及び退場させるときに，人員を点検しなければならない。（第8条）

・事業者は，第二種酸素欠乏危険作業に労働者を従事させるときは，その日の作業を開始する前に，当該作業場における空気中の酸素及び硫化水素の濃度を測定しなければならない。（第3条第1項）

17 墜落・飛来落下時の災害防止

学習 /

▶▶ パパっとまとめ

　　労働安全衛生規則で規定されている建設工事における墜落災害の防止のための設備，高さが2m以上の箇所での作業の留意事項，及び安全ネット（防網）の使用制限，定期試験，落下高さ，使用及び管理等，使用上の留意点を理解する。

特別教育（第36条）

☐ 足場通路等からの墜落防止措置として，高さ2m以上の作業床設置が困難な箇所で，フルハーネス型の墜落制止用器具を用いて行う作業は，特別教育を受けた者が行うこと。

作業床の設置等（第518条，第519条）

☐ 高さが2m以上の箇所（作業床の端，開口部等を除く）で作業を行う場合において墜落により労働者に危険を及ぼすおそれのあるときは，足場を組み立てる等の方法により作業床を設けなければならない。

☐ 作業床を設けることが困難なときは，防網（安全ネット）を張り，労働者に要求性能墜落制止用器具を使用させる等墜落による労働者の危険を防止するための措置を講じなければならない。

☐ 高さが2m以上の作業床の端，開口部等で墜落により労働者に危険を及ぼすおそれのある箇所には，囲い，手すり，覆い等を設けなければならない。

要求性能墜落制止用器具等（第521条関連）

☐ 高さが2m以上の箇所で作業を行う場合において，労働者に要求性能墜落制止用器具等を使用させるときは，要求性能墜落制止用器具等を安全に取り付けるための設備等を設けなければならない。

☐ 足場通路等からの墜落防止措置として，足場及び鉄骨の組立，解体時には，要求性能墜落制止用器具が容易に使用できるよう親綱等の設備を設けること。

5

施工管理

269

悪天候時の作業禁止（第 522 条）

☐ 高さが 2m 以上の箇所で作業を行なう場合において，強風，大雨，大雪等の悪天候のため，当該作業の実施について危険が予想されるときは，当該作業に労働者を従事させてはならない。

照度の保持（第 523 条）

☐ 高さが 2m 以上の箇所で作業を行うときは，当該作業を安全に行うため必要な照度を保持しなければならない。

昇降するための設備の設置等（第 526 条）

☐ 高さ又は深さが 1.5m を超える箇所で作業を行うときは，当該作業に従事する労働者が安全に昇降するための設備等を設けなければならない。

高所からの物体投下による危険の防止（第 536 条）

☐ 3m 以上の高所から物体を投下するときは，適当な投下設備を設け，監視人を置く等労働者の危険を防止するための措置を講じなければならない。

物体の落下による危険の防止（第 537 条）

☐ 作業のため物体が落下することにより，労働者に危険を及ぼすおそれのあるときは，防網の設備を設け，立入区域を設定する等当該危険を防止するための措置を講じなければならない。

☐ 飛来落下の防止措置として，構造物の出入口と外部足場が交差する場所の出入口上部には，ネット，シートによる防護対策を講ずること。

☐ 上下作業は極力避けることとするが，やむを得ず上下作業を行うときは，事前に両者の作業責任者と場所，内容，時間などをよく調整し，安全確保をはかる。

保護帽の着用（第 539 条）

☐ 他の労働者がその上方で作業を行っているところで作業を行うときは，物体の飛来又は落下による労働者の危険を防止するため，保護帽を着用させなければならない。

移動式足場

☐ 移動式足場に労働者を乗せて移動してはならない。

ロープ高所作業（第539条の3）

☐ ロープ高所作業では，メインロープ及びライフラインを設け，作業箇所の上方にあるそれぞれ異なる堅固な支持物に外れないよう確実に緊結し作業する。

掘削作業

☐ 墜落のおそれがある人力のり面整形作業等では，親綱を設置し，要求性能墜落制止用器具を使用する。

安全ネット（防網）

☐ 人体又はこれと同等以上の重さを有する落下物による衝撃を受けたネットは，使用しない。 **よく出る**

☐ ネットの材料は合成繊維とし，支持点の間隔は，ネット周辺からの墜落による危険がないものでなければならない。 **よく出る**

☐ 溶接や溶断の火花，破れや切れ等で破損したネットは，その破損部分が補修されていない限り使用しない。

☐ ネットの取付けは，ネット周辺の支持間隔などからネットの垂れ，ネットと地表面及び作業床の垂直距離を計算し，設置方法が妥当であることを確認し設置する。

☐ 安全ネットは，使用開始後1年以内及びその後6箇月以内ごとに1回，定期に試験用糸についての等速引張試験を行い，所定の強度があることを確認し使用する。

☐ ネットの損耗が著しい場合，ネットが有毒ガスに暴露された場合等においては，ネットの使用後に試験用糸について，等速引張試験を行う。 **よく出る**

☐ ネットの落下高さとは，作業床等とネットの取付け位置との垂直距離をいう。

☐ ネットの取付け位置と作業床等との間の許容落下高さは，ネットを単体で用いる場合と複数のネットをつなぎ合わせて用いる場合では異なる。

☐ ネットには，製造者名，製造年月，仕立寸法，網目，新品時の網糸の強度を見やすい箇所に表示しておく。 よく出る

例題

建設工事における墜落災害の防止に関する次の記述のうち，事業者が講じるべき措置として，**適当なもの**はどれか。

(1) 移動式足場に労働者を乗せて移動する際は，足場上の労働者が手すりに要求性能墜落制止用器具（安全帯）をかけた状況を十分に確認した上で移動する。

(2) 墜落による危険を防止するためのネットは，人体又はこれと同等以上の重さの落下物による衝撃を受けた場合，十分に点検した上で使用する。

(3) 墜落による危険のおそれのある架設通路に設置する手すりは，丈夫な構造で著しい損傷や変形などがなく，高さ 75 cm 以上のものとする。

(4) 墜落による危険のおそれのある高さ 2m 以上の枠組足場の作業床に設置する幅木は，著しい損傷や変形などがなく，高さ 15cm 以上のものとする。

解答 4

解説 1 は「移動式足場の安全基準に関する技術上の指針」4 使用 4-2 移動 4-2-3 に「移動式足場に労働者を乗せて移動してはならないこと」と記されている。2 は「墜落による危険を防止するためのネットの構造等の安全基準に関する技術上の指針」4 使用及び管理 表示 4-6 使用制限に「次のネットは，使用しないこと。(2) 人体又はこれと同等以上の重さを有する落下物による衝撃を受けたネット」と記されている。3 は労働安全衛生規則第 552 条（架設通路）第 1 項第 4 号に「墜落の危険のある箇所には，次に掲げる設備（丈夫な構造の設備であって，たわみが生ずるおそれがなく，かつ，著しい損傷，変形又は腐食がないものに限る）を設けること。イ. 高さ 85cm 以上の手すり又はこれと同等以上の機能を有する設備」と規定されている。4 は同規則第 563 条（作業床）第 1 項 3 号イ（1）により正しい。

18 保護具の使用

▶▶ パパっとまとめ

保護帽，安全靴等保護具の使用事項について理解しておく。

保護帽

☐ 一度でも大きな衝撃を受けた保護帽は性能が低下しているため，**外観に異常がなくても使用してはならない。**

☐ 保護帽の使用期間は，日本安全帽工業会では，PC，PE，ABS などの熱可塑性樹脂製の保護帽は **3 年以内**，FRP などの熱硬化性樹脂製のものは **5 年以内**，装着体は **1 年以内**で交換を推奨している。

☐ 保護帽の着装体（ハンモック，ヘッドバンド，環ひも）を交換するときは，**同一メーカーの同一型式の部品**を使用する。

☐ 保護帽は，着装体のヘッドバンドで頭部に適合するように調節し，事故のとき脱げないように**あごひもは正しく締めて**着用する。

☐ 保護帽は，飛来又は落下用，墜落時の**保護用，電気絶縁用**等，それぞれ規格が定められており，用途に応じたものを選定する必要がある。

安全靴

☐ 安全靴は，作業区分をもとに用途や職場環境に応じたものを使用し，つま先部に大きな衝撃を受けた場合は，**外観に変形が認められなく**ても先芯の強度が低下しているおそれがあるため使用しない。

☐ 通路等の構造又は当該作業の状態に応じて**安全靴その他の適当な履物**を定め，作業中の労働者に使用させなければならない。

手袋の使用禁止

☐ 事業者はボール盤などの回転する刃物に，作業中の労働者の手を巻き込まれるおそれがある作業においては，当該労働者に手袋を**使用させてはならない。** よく出る

5

施工管理

273

R4【B-No. 8】

建設工事現場における保護具の使用に関する次の記述のうち，**適当なもの**はどれか。

(1) 大きな衝撃を受けた保護帽は，外観に異常がなければ使用することができる。

(2) 防毒マスク及び防塵マスクは，酸素欠乏危険作業に用いることができる。

(3) ボール盤等の回転する刃物に，労働者の手が巻き込まれるおそれのある作業の場合は，手袋を使用させなければならない。

(4) 通路等の構造又は当該作業の状態に応じて安全靴その他の適当な履物を定め，作業中の労働者に使用させなければならない。

解答 4

解説 1の保護帽は，度重なる衝撃に耐えるようにできておらず，一度でも大きな衝撃を受けた保護帽は性能が低下しているため，外観に異常がなくても使用してはならない。2の防毒マスクは，空気中に存在する有害ガス及び混在する粒子状物質を除去し，着用者が吸入する空気を浄化するもので，防塵マスクは，事業場等で発生する粒子状物質（粉じん等）をフィルターで除去するもので，いずれも呼吸用保護具であり，酸素の供給機能はないため酸素欠乏危険作業に用いてはならない。3は労働安全衛生規則第111条（手袋の使用禁止）第1項に「事業者は，ボール盤，面取り盤等の回転する刃物に作業中の労働者の手が巻き込まれるおそれのあるときは，当該労働者に手袋を使用させてはならない」と規定されている。4は同規則第558条（安全靴等の使用）第1項により正しい。

19 異常気象時の安全対策

▶▶ パパっとまとめ

悪天候等の定義を覚え,建設工事現場における異常気象時の安全対策について理解しておく。

悪天候等の定義(労働安全衛生法第 567 条)

☐ 強風:10 分間の平均風速が毎秒 10m 以上の風

☐ 大雨:1 回の降雨量が 50mm 以上の降雨

☐ 大雪:1 回の降雪量が 25cm 以上の降雪

☐ 中震以上の地震:震度階級 4 以上の地震

建設工事現場における異常気象時の安全対策

☐ 気象情報の収集は,テレビ,ラジオ,インターネット等を常備し,常に入手に努め,事務所,現場詰所及び作業場所への異常情報の伝達のため,複数の手段を確保し瞬時に連絡できるようにする。

☐ 現場における伝達は,現場条件に応じて,無線機,トランシーバー,拡声器,サイレンなどを設け,緊急時に使用できるよう常に点検整備しておく。

☐ 天気予報等であらかじめ異常気象が予想される場合は,作業の中止を含めて作業予定を検討する。

☐ 洪水が予想される場合は,各種救命用具(救命浮器,救命胴衣,救命浮輪,ロープ)などを緊急の使用に際して即応できるように準備しておく。

☐ 大雨などにより,大型機械などの設置してある場所への冠水流出,地盤の緩み,転倒のおそれなどがある場合は,早めに適切な場所への退避又は転倒防止措置をとる。

☐ 大雨により流出のおそれのある物件は,安全な場所に移動する等,流出防止の措置を講ずる。

☐ 予期しない強風が吹き始めた場合は,特に高所作業は作業を一時中止するとともに,物の飛散防止措置を施し,安全確保のため監視員,警戒員を配置し警戒する。

5 施工管理

275

□ 電気発破作業においては，雷光と雷鳴の間隔が短いときは，作業を中止し安全な場所に退避させること。また，雷雲が直上を通過した後も，雷光と雷鳴の間隔が長くなるまで作業を再開しない。

□ 警報及び注意報が解除され，作業を再開する前には，工事現場の地盤のゆるみ，崩壊，陥没等の危険がないか入念に点検する。

下水道管渠内工事等における局地的な大雨に対する安全対策

□ 工事着手の前には，当該作業箇所の地形，気象等の現場特性に関する資料や情報を収集・分析し，急激な増水による危険性をあらかじめ十分把握する。

□ 工事の中止は，工事着手前に「発注者が定める標準的な中止基準」をふまえ「現場特性に応じた中止基準」を設定し，工事開始後は的確に工事中止の判断をする。

□ 管渠内での作業員の退避は，当該現場の下流側の人孔を基本とするが，作業箇所等によっては上流側の人孔への退避も考慮し，可能な限り上下流双方の人孔の蓋を開放しておく。

例題

R3【B-No. 8 改題】

　建設工事現場における異常気象時の安全対策に関する次の記述のうち，**適当でないもの**はどれか。
(1)　気象情報の収集は，テレビ，ラジオ，インターネット等を常備し，常に入手に努めること。
(2)　天気予報等であらかじめ異常気象が予想される場合は，作業の中止を含めて作業予定を検討すること。
(3)　警報及び注意報が解除され，中止前の作業を再開する場合には，作業と併行し工事現場に危険がないか入念に点検すること。

解答　3

解説　1は土木工事安全施工技術指針 第2章安全措置一般 第7節異常気象時の対策 2.気象情報の収集と対応（4）により正しい。2は同節3.作業の中止，警戒及び各種点検（2）により正しい。3は同（8）に「警報及び注意報が解除され，**作業を再開する前には**，工事現場の地盤のゆるみ，崩壊，陥没等の危険がないか入念に点検すること」と記されている。

01 品質管理・ISO9000 シリーズ

学習 /

▶▶ パパっとまとめ

　品質管理の目的，品質管理の手順，品質特性の決定の留意事項について理解する。また、ISO9000 ファミリー規格についても理解する。

品質管理の目的

☐ 品質管理の目的は，契約約款，設計図書等に示された規格を十分満足するような構造物等を最も経済的に施工することである。

品質管理計画

☐ 品質管理は，施工者自らが必要と判断されるものを選択し実施すればよいが，発注者から示された設計図書などを事前に確認し，品質管理計画に反映させるとよい。

☐ 構造物に要求される品質は，一般に設計図書（図面）と仕様書に規定されており，この品質を満たすには，何を品質管理の対象項目とするかを決める必要がある。

☐ 品質管理は，ある作業を制御していく品質の統制から，施工計画立案の段階で管理特性を検討し，それを施工段階でつくり込むプロセス管理の考え方である。

☐ 品質管理を進めるうえで大切なことは，目標を定めて，その目標に最も早く近づくための合理的な計画を立て，それを実行に移すことである。

☐ 施工段階においては，問題が発生してから対策をとるのではなく，小さな変化の兆しから問題を事前に予見し，手を打っていくことが原価低減や品質確保につながる。

品質管理

☐ 品質管理は，一般に管理しようとする「品質特性」を決めてから，その特性値の「品質標準」を決め，品質標準を守るため「作業標準」に従って作業実施し，データを取り，できるだけ早期に異常を見つけ，品質の安定をはかるために行う。 よく出る

5 施工管理

品質特性

☐ 品質特性は，①工程の状態を総合的に表せるもの，②工程に対し処置をとりやすいもの，③選定された品質特性と最終品質との関係が明らかなもの，④構造物の品質に重要な影響を及ぼすもの，⑤測定しやすい特性のもの，⑥早期に結果が得られるもの，⑦できるだけ工程の初期に測定できるものに留意して決定する。 よく出る

☐ 品質特性として代用特性を用いる場合は，目的としている品質特性と代用特性との関係が明確であるものを選ぶ。代用特性を用いる例としては，盛土の締固めにあたり，使用する機械の機種・締固め回数などを規定する工法規定方式がある。

品質標準

☐ 品質は必ずある値付近にばらつくものであり，品質標準は，現場施工の際に実施しようとする品質の目標であり，設計値を十分満足するような品質を実現するため，品質のばらつきの度合いを考慮して，余裕を持った品質を目標とする。 よく出る

作業標準

☐ 作業標準は，品質標準を実現するための作業方法及び作業順序などを決めたもので，各段階の作業での具体的な管理方法や試験方法に関する基準を決めるものである。 よく出る

品質保証活動

☐ 工事目的物の品質を一定以上の水準に保つ活動を品質保証活動といい，品質の向上や品質の維持管理を行う品質管理よりも幅広い概念を含んでいる。

ISO 9000 ファミリー規格

☐ ISO 9000 ファミリー規格とは，ISO 9000（用語），ISO 9001，ISO 9004（持続的成功のための運営管理）及び ISO/TS 9002（ISO 9001 の適用に関する指針）のコア規格に品質マネジメントシステム（QMS）をさらに有効に運用するための支援規格（品質計画書，構成管理，顧客満足など）を加えた規格群である。

□ ISO 9000 ファミリー（シリーズ）は，構造物の品質を保証する規格ではなく，品質マネジメントシステム，すなわち，品質管理を行うための組織の「仕組み」を保証する規格である。

□ 日本では ISO 9000 の技術的内容及び規格票の様式や，対応国際規格の構成を変更することなく，あらゆる業種，形態及び規模の組織が効果的な品質マネジメントシステムを実施し，運用することを支援するために，JIS Q 9000 ファミリー規格を作成している。

ISO9000

□ ISO 9000 は QMS の基本概念，原則及び用語を示しており，また，他の QMS 規格の基礎となるものである。

□ ISO 9000 では，組織がその目標を実現するのを助けるために，確立された品質に関する基本概念，原則，プロセス及び資源を統合する枠組みに基づく，明確に定義された QMS を示している。

品質マネジメント 7 つの原則

□ 顧客重視：品質マネジメントの主眼は，顧客の要求事項を満たすこと及び顧客の期待を超える努力をすることにある。

□ リーダーシップ：全ての階層のリーダーは，目的及び目指す方向を一致させ，人々が組織の品質目標の達成に積極的に参加している状況を作り出す。

□ 人々の積極的参加：組織内の全ての階層にいる，力量があり，権限を与えられ，積極的に参加する人々が，価値を創造し提供する組織の実現能力を強化するために必須である。

□ プロセスアプローチ：活動を，首尾一貫したシステムとして機能する相互に関連するプロセスであると理解し，マネジメントすることによって，矛盾のない予測可能な結果が，より効果的かつ効率的に達成できる。

□ 改善：成功する組織は，改善に対して，継続して焦点を当てている。

□ 客観的事実に基づく意思決定：データ及び情報の分析及び評価に基づく意思決定によって，望む結果が得られる可能性が高まる。

□ 関係性管理：持続的成功のために，組織は，例えば提供者のような，密接に関連する利害関係者との関係をマネジメントする。

02 ヒストグラム・管理図（シューハート管理図）

▶▶ パパっとまとめ

ヒストグラム及び $\bar{x} - R$ 管理図が表す内容，見方を理解する。また，管理図（シューハート管理図）からわかる工程の状態について理解する。

ヒストグラム

□ 品質管理に用いられるヒストグラムは，データの存在する**範囲**をいくつかの**区間**に分け，それぞれの区間に入るデータの数を**度数**として高さに表した図である。

□ ヒストグラムは，品質の分布を表すのに便利であり，規格値を記入することで，規格値に対してどのような割合で規格の中に入っているか，合否の割合や**規格値**に対する余裕の程度が判定できる。なお，ヒストグラムは，品質の分布を表すのに便利であるが，個々のデータの時間的変化や変動の様子はわからない。

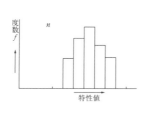

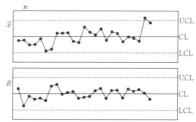

$\bar{x} - R$ 管理図

□ $\bar{x} - R$ 管理図は，平均値である**中心線**（CL）と，両側に統計的に求めた**上方管理限界**（UCL）と**下方管理限界**（LCL）を引き，得られた試験値を記入することで，品質変動が判定しやすく早期にわかる。

□ $\bar{x} - R$ 管理図では，$\bar{x}$ は群の平均，R は群の範囲を表し，$\bar{x}$ 管理図では平均値の変化を管理し，R 管理図では群の**バラツキ**を管理するものである。

□ 工程能力図・管理図

管理図	工程の状態
	点が上方に集中したクセのある並び方であり，工程が安定していない。
	点が徐々に上昇しており，機械の精度の低下等が考えられる。
	周期性があり，気温等の影響等が考えられる。
	点が連続25点以上管理限界内にあり，点の並び方にクセがなく，工程（品質）は安定状態といえる。

例題

品質管理に関する次の記述のうち，**適当でないもの**はどれか。

(1)　品質管理は，品質特性や品質規格を決め，作業標準に従って実施し，できるだけ早期に異常を見つけ品質の安定をはかるために行う。

(2)　品質管理は，施工者自らが必要と判断されるものを選択し実施すればよいが，発注者から示された設計図書など事前に確認し，品質管理計画に反映させるとよい。

(3)　品質管理に用いられる$\bar{x}$-R 管理図は，中心線から等間隔に品質特性に対する上・下限許容値線を引き，得られた試験値を記入することで，品質変動が判定しやすく早期にわかる。

解答 3

解説 $\bar{x}-R$ 管理図は，平均値である中心線（CL）と，両側に統計的に求めた上方管理限界（UCL）と下方管理限界（LCL）を引き，得られた試験値を記入することにより品質管理を行う。

03 レディーミクスト コンクリートの品質管理

 パパっとまとめ

　レディーミクストコンクリートの受入れ検査は JIS A 5308 により規定されている。スランプ試験の許容差，空気量の許容差，塩化物イオン量，アルカリ総量の数値を覚える。また圧縮強度試験についても理解する。

スランプ試験

☐ 荷卸し地点でのスランプの許容差 **よく出る**

スランプ（cm）	スランプの許容差（cm）
2.5	± 1
5 及び 6.5	± 1.5
8 以上 18 以下	± 2.5
21	± 1.5 [a]

注 a) 呼び強度 27 以上で，高性能 AE 減水剤を使用する場合は，±2 とする。

☐ スランプ試験は，1 回／日，又は構造物の重要度と工事の規模に応じて 20m³〜150m³ ごとに 1 回，及び荷卸し時に品質の変化が認められたときに行う。**よく出る**

☐ スランプは，ワーカビリティーなどを評価する値で，スランプ試験を用いる。

☐ スランプは，試験値のみならず，スランプコーン引抜き後に振動を与えるなどして変形したコンクリートの形状に着目することで，品質の変化が明確になる場合がある。

空気量試験

☐ 荷卸し地点での空気量及びその許容差 **よく出る**

コンクリートの種類（%）	空気量（%）	空気量の許容差（%）
普通コンクリート	4.5	± 1.5
軽量コンクリート	5.0	
舗装コンクリート	4.5	
高強度コンクリート	4.5	

□ スランプ又はスランプフロー，及び空気量の試験で，許容の範囲を外れた場合には，新しく試料を採取して，1回に限り試験を行ったとき，その結果が規定にそれぞれ適合すれば，合格とすることができる。

塩化物イオン量

□ 塩化物イオン量の基準値は，荷卸し地点で0.3kg/m³以下（購入者の承認を受けた場合には，0.6kg/m³以下とすることができる）である。 よく出る

アルカリ総量

□ アルカリ骨材反応については，配合計画書に示されるコンクリート中のアルカリ総量の計算結果が3.0kg/m³以下であれば，対策がとられていると判定される。 よく出る

□ アルカリシリカ反応対策について，配合計画書の確認により対策が取られていれば合格と判定してよい。

□ アルカリシリカ反応対策には，安全と認められる骨材の使用や抑制効果のあるセメントの使用，低アルカリ形セメントの使用，コンクリート中のアルカリ総量の抑制等がある。

圧縮強度試験

□ 圧縮強度試験は，1回の試験結果は購入者が指定した呼び強度の強度値の85％以上であることかつ，3回の試験結果の平均値が指定した呼び強度の強度値以上であることを確認する。 よく出る

□ コンクリートの強度試験は，硬化コンクリートの品質を確かめるために必要であるが，結果が出るのに長時間を要するため，品質管理に用いるのは一般的に不向きである。

単位水量

□ フレッシュコンクリートの単位水量の試験方法には，加熱乾燥法（高周波加熱法，乾燥炉法，減圧加熱乾燥法等）やエアメータ法，静電容量法等がある。

コンクリートの打ち込み

☐ フレッシュコンクリートの状態の良否の確認を行い，均質で打込みや締固めなどの作業に適する**ワーカビリティー**を有していると判断される場合は合格と判定してよい。

☐ フレッシュコンクリートの**ワーカビリティー**の良否の判定は，**配合計画書**ではできない。

☐ 現場での荷卸し時や**打ち込む前**にコンクリートの状態に異常がないか，目視で確かめる。

☐ フレッシュコンクリートの品質管理は，打込み時に行うのがよいが，荷卸しから打込み終了までの**品質変化**が把握できている場合には，荷卸し地点で確認してもよい。

☐ コンクリートの打込み時の温度の上限は，**35℃以下**を標準とする。

☐ 打込み及び締固めでは，打込み順序，打込み**速度**，打込み高さ，**打重ね時間間隔**，打継目の位置，締固め**作業高さ**，締固め**方法**などが計画通りであることを確認する。

☐ 圧送後の先送りモルタルは，原則として型枠内に**打ち込まない**。

☐ 型枠及び支保工は，想定した荷重に対し，十分な**強度**と**安全性**を有することが必要であるため，型枠及び支保工の**計算結果**を十分確認しておく。

☐ 沈みひび割れの防止は，**ブリーディング**が概ね終了した段階で仕上げを終えるように施工管理するのがよい。

コンクリート用骨材

☐ 再生骨材には，再生骨材 H，再生骨材 M，再生骨材 L があるが，レディーミクストコンクリート用骨材として使用可能なものは**再生骨材 H**である。

☐ 高強度コンクリート以外であれば，JIS に規定される**スラグ骨材**を用いてもよい。

☐ 高強度コンクリート以外であれば，JIS に規定される**普通エコセメント**を用いてもよい。

☐ 呼び強度が 36 以下の普通コンクリートには，JIS に適合する**スラッジ水**を練混ぜ水に用いてもよい。

例題

　JIS A 5308 レディーミクストコンクリートの受入れ検査に関する次の記述のうち，**適当なもの**はどれか。

(1)　フレッシュコンクリートのスランプは，レディーミクストコンクリートのスランプの設定値によらず±3.0cmの範囲にあれば合格と判定してよい。

(2)　フレッシュコンクリートの空気量は，レディーミクストコンクリートの空気量の設定値によらず，±3.0%の範囲にあれば合格と判定してよい。

(3)　アルカリ骨材反応については，配合計画書に示されるコンクリート中のアルカリ総量の計算結果が$3.0kg/m^3$以下であれば，対策がとられていると判定してよい。

(4)　塩化物イオン量については，フレッシュコンクリート中の水の塩化物イオン濃度試験方法の結果から計算される塩化物イオン含有量が$3.0kg/m^3$以下であれば，合格と判定してよい。

解答 3

解説 レディーミクストコンクリートの品質は JIS A 5308 に定められており，1 のフレッシュコンクリートのスランプの許容差は，スランプにより異なる。2 のフレッシュコンクリートの空気量の許容差は，コンクリートの種類によらず，±1.5%である。3 は記述の通りである。4 の塩化物イオン量は$0.3kg/m^3$以下とし，購入者の承認を受けた場合には，$0.6kg/m^3$以下とすることができる。

5-4 品質管理

04 盛土の締固めの品質管理 （情報化施工）

 学習 /

▶▶ パパっとまとめ

　盛土の締固めの品質管理方法である，品質規定方式と工法規定方式を理解する。またGNSS（全球測位衛星システム）やTS（トータルステーション）による締固め管理についても理解する。

情報化施工（TS・GNSSを用いた盛土の締固め管理）

☐ 盛土施工のまき出し厚や締固め回数は，使用予定材料の種類ごとに事前に試験施工を行い，品質基準を満足する施工仕様（まき出し厚，締固め回数等）を決定する。なお試験施工に使用するまき出し機械は実施工にあったもので行い，締固め機械は本施工で使用する条件で用いる。 よく出る

☐ TS・GNSSを用いて締固め機械の走行記録をもとに，盛土の締固め管理をする方法は，工法規定方式の一つである。工法規定方式は締固め機械の機種，敷均し厚さ，締固め回数などを規定し，品質を確保する方式である。 よく出る

☐ 盛土材料を締め固める際は，モニタに表示される締固め回数分布図において，盛土施工範囲の全面にわたって，規定回数だけ締め固めたことを示す色になるまで締め固める。 よく出る

☐ TS・GNSSを用いた盛土の締固め管理は，締固め機械の走行位置をリアルタイムに計測し，締固め回数を確認する。 よく出る

☐ 盛土施工に使用する材料は，事前に土質試験で品質を確認し，試験施工でまき出し厚や締固め回数を決定した材料と同じ土質材料であることを確認する。 よく出る

☐ 過転圧が懸念される土質においては，過転圧となる締固め回数を超えて締固めない。

☐ 盛土材料をまき出す際は，盛土施工範囲の全面にわたって，試験施工で決定したまき出し厚以下のまき出し厚となるように管理する。

☐ TS・GNSSを用いた盛土の締固め管理システムの適用にあたっては，地形条件や電波障害の有無等を事前に調査し，システムの適用可否を確認する。

286

情報化施工と環境負荷低減への取組み

□ 情報化施工は，ICT（情報化通信技術）の活用により各プロセスから得られる電子情報と施工で得られる電子情報を活用して，施工や施工管理の効率化，品質の均一化，安全性の向上，環境負荷低減等，施工の合理化を実現するシステムである。

□ 情報化施工では，ブルドーザやグレーダのブレードを GNSS（全球測位衛星システム）や TS（トータルステーション）等を利用して自動制御することにより，均し作業の回数が有人の場合より少なくてすむため機械の作業時間が短くなり，結果として，工事に伴う CO_2 の排出量を抑制することができる。

□ 現場では施工に関する条件が当初の計画から大幅に変わった場合は，最初の施工計画に従うよりも，現場の条件に合わせて，重機や資材の使い方を変更した方が効率的でかつ環境負荷を低減できる。

□ 情報化施工では，変動する施工条件に柔軟に対応して，資材やエネルギーを有効に利用することができるため，環境負荷を低減することにつながる。

□ 多くの工程が複雑に関係する建設工事においては，一部の工程に関する施工法を改善しただけでは全体の環境負荷の改善につながらないので，全体の工程を見渡して最適な改善策を設定する必要がある。

盛土の締固めの品質管理

□ 品質規定方式は施工部位・材料に応じて乾燥密度や施工含水比，強度特性，変形特性など管理項目・基準値・頻度等の品質を仕様書に明示し，締固めの方法は原則として施工者に委ねる方式である。

□ 工法規定方式は使用する締固め機械の機種，まき出し厚，締固め回数等の工法を仕様書に規定し，品質を確保する方式であり，事前に現場での試験施工において，品質を満足する施工仕様を求めておく。

□ 砂置換法は，掘出し跡の穴を乾燥砂で置き換え，掘り出した土の体積を知ることにより，湿潤密度を測定する品質規定方式の１つである。 よく出る

□ プルーフローリングを用いて変形量を測定する方法は，施工時と同等以上の締固め効果のローラー等を走行させ，たわみを観察する品質規定方式の１つである。

5

施工管理

□ RI 計器により密度を測定する方法は，品質規定方式の１つである。

□ 急速乾燥法により含水量を測定する方法は，品質規定方式の１つである。

□ 品質規定方式の締固め度（D 値）は，締固めの良否を判定するもので，現場で測定された締固め土の乾燥密度と室内で行う締固め試験から得られた最大乾燥密度から判定する。

□ 盛土に使用する材料の含水比については，所定の締固め度が得られる含水比の範囲であることを確認し，補助データとして施工当日の気象状況も記録する。

□ 工法規定方式による盛土の品質管理は，締固め機械にタスクメータなどを取付けて，１日の盛土施工量から必要となる締固め回数と作業時間を算出し，実際の稼働時間があらかじめ算定した必要作業時間を上回るようにする。

例題

R2【No. 27 改題】

情報化施工における TS（トータルステーション）・GNSS（衛星測位システム）を用いた盛土の締固め管理に関する次の記述のうち，適当でないものはどれか。

(1) TS・GNSS を用いた盛土の締固め回数は，締固め機械の走行位置をリアルタイムに計測することにより管理する。

(2) 盛土施工に使用する材料は，事前に土質試験で品質を確認し，試験施工でまき出し厚や締固め回数を決定した材料と同じ土質材料であることを確認する。

(3) 盛土施工のまき出し厚や締固め回数は，使用予定材料のうち最も使用量の多い種類の材料により，事前に試験施工で決定する。

解答 3

解説 TS・GNSS を用いた盛土の締固め管理に関しては，国土交通省が「TS・GNSS を用いた盛土の締固め管理要領」（令和２年３月）にまとめている。盛土施工のまき出し厚や締固め回数は，使用予定材料の種類ごとに事前に試験施工を行い，施工仕様（まき出し厚，締固め回数等）を決定する。なお試験施工に使用するまき出し機械は実施工にあったもので行い，締固め機械は本施工で使用する条件で用いる。

05 道路路床・路盤の品質管理

学習　/　

　　締固め度，含水量，プルーフローリングなどは，路床の締固め
が適切かどうかを確認する品質管理である。

品質管理方法

☐ 下層路盤の締固め度の管理は，1,000m² 程度に 1 回の密度試験を
行うのが一般的であるが，試験施工や工程の初期におけるデータか
ら，所定の締固め度を得るのに必要な転圧回数が求められた場合，
現場の作業を定常化して転圧回数で管理することができる。転圧回
数による管理に切り替えた場合には，密度試験を併用する必要はない。
　よく出る

☐ 構築路床の品質管理には，締固め度，飽和度及び強度特性などによ
る品質規定方式の他に，締固め機械の機種と転圧回数による工法規
定方式がある。

☐ セメント安定処理路盤の品質管理は，セメント量の定量試験又は使
用量により管理する。

路床・路盤の品質管理の試験方法

☐ 平板載荷試験は，直径 30cm の厚さ 30mm 程度の鉄板を整形し
た地盤に置き，載荷板に加えた荷重と沈下量の関係から地盤支持力
係数（K 値）を求め，路床や路盤の支持力を把握することを目的と
して実施する。　**よく出る**

☐ 平板載荷試験は，コンクリート舗装の路盤厚の設計に必要な路床の
設計支持力係数を決定するなどのために現場で実施する。

☐ RI（ラジオアイソトープ）による密度の測定は，路床や路盤等の現
場における締め固められた材料の密度及び含水比を求めることを目
的として実施する。　**よく出る**

☐ プルーフローリング試験は，路床や路盤の締固めが適切に行われて
いるか，たわみを観察する試験である。　**よく出る**

5

施工管理

- [ ] トラフィカビリティーとは建設機械の軟弱地盤における**走行性**を表すものであり，**ポータブルコーン貫入試験**で判定する。
- [ ] 砂置換法による土の密度試験は，路床・路盤の**現場密度**を求めることを目的として実施する。
- [ ] 突固め試験は，土が締め固められたときの**乾燥密度**と**含水比**の関係を求め，路床や路盤を構築する際における材料の選定や管理することを目的として実施する。
- [ ] FWD（Falling Weight Deflectometer）試験は，舗装面に錘を落としたときのたわみ量から舗装構成層の各層の**支持力特性**の推定，舗装構造評価などが行える。
- [ ] 路盤工の最大乾燥密度は，路盤の空隙が一番小さくなる最適な状況の密度を締固め試験によって求める。
- [ ] 土工の締固め度は，現場密度の測定を行い，あらかじめ試験を行っておいた最適な乾燥密度に相当しているかを調べる。

例題

H26【B-No. 28】

　路床・路盤の品質管理に用いられる試験方法に関する次の記述のうち，適当でないものはどれか。
(1) 　砂置換法による土の密度試験は，路床・路盤の現場密度を求めることを目的として実施する。
(2) 　RIによる密度の測定は，路床や路盤などの現場において，締め固められた材料の密度及び含水比を求めることを目的として実施する。
(3) 　プルーフローリング試験は，路床のトラフィカビリティーを判定することを目的として実施する。
(4) 　平板載荷試験は，路床の支持力を表す指標の1つである支持力係数の測定を行うことを目的として実施する。

解答 3

解説 プルーフローリング試験は，路床，路盤の締固めが適切に行われているか，たわみを観察する試験である。トラフィカビリティーとは建設機械の軟弱地盤における走行性を表すものであり，ポータブルコーン貫入試験で判定する。

06 アスファルト舗装の品質管理

▶▶ **パパっとまとめ**

アスファルト舗装の品質管理方法，及び品質管理に関する試験の頻度について理解する。安定度は，走行荷重などによるアスファルト変形抵抗性をいい，マーシャル安定度試験を用いる。平坦性試験は，アスファルト路面の平坦性を測定するもので，3mプロフィルメータを用いる。

品質管理に関する試験の頻度

☐ 表層，基層の締固め度の管理は，通常は切取コアの密度を測定して行うが，コア採取の頻度は工程の初期は**多め**に，それ以降は**少なく**して，混合物の温度と締固め状況に注意して行う。**よく出る**

☐ 各工程の初期においては，品質管理の各項目に関する試験の頻度を適切に**増やし**，その時点の作業員や施工機械等の組合せにおける作業工程を速やかに把握しておく。**よく出る**

☐ 各工程の進捗に伴い，工程の安定と受注者が定めた品質管理の限界を十分満足できることが明確であれば，品質管理の各項目に関する**試験頻度を減らしてよい**。**よく出る**

☐ 工事施工途中で作業員や施工機械等の組合せを変更する場合は，品質管理の各項目に関する**試験頻度を増やし**，新たな組合せによる品質の確認を行う。**よく出る**

工程能力図

☐ 品質管理の結果を**工程能力図**にプロットし，その結果が管理の限界をはずれた場合，あるいは一方に片寄っている等の結果が生じた場合，直ちに**試験頻度を増やして**異常の有無を確認する。**よく出る**

管理の合理化

☐ 管理の**合理化**をはかるためには，密度や含水比等を非破壊で測定する RI（ラジオアイソトープ）計器等の使用や，ICT の活用により作業と同時に管理できる敷均し機械や締固め機械等を活用することが望ましい。

5 施工管理

品質管理に関する各種試験方法

☐ ベンケルマンビームによる測定は，車両の移動により生じるアスファルト舗装のたわみ量を測定するものである。

☐ 3mプロフィルメータは，路面の平坦性を測定するもので，3mのはりの両端に移動用の車輪，中央部に凹凸測定用の車輪と測定器が付いている。

☐ ホイールトラッキング試験機は，アスファルト混合物に荷重調整した小型のゴム車輪を繰り返し走行させ，そのときの変形量から動的安定度や耐流動性を測定する。

☐ ラベリング試験機は，表層用混合物の耐摩耗性を評価する試験に適用する。

☐ 浸透水量は，現場透水量試験器を使用し，雨水を路面下に浸透させることができる数値として求める。

☐ アスファルト舗装工の針入度は，針入度試験により行われ，アスファルトの硬さを調べる試験である。

☐ マーシャル安定度試験はアスファルト混合物の配合設計に用いられる。

☐ 回転式すべり抵抗測定器は，動的摩擦係数の測定を行う試験である。

舗装の出来形管理

☐ 道路舗装の出来形が管理基準を満足するような工事の進め方や作業標準は，事前に決めるとともに，すべての作業員に周知徹底させる。

☐ 道路舗装の出来形管理は，締固め度，含水量の外プルーフローリングについて，設計図書に示された値を満足させるために行う。

☐ 道路舗装の出来形管理は，基準高さ，幅，厚さ，延長，平坦性等について行う。

☐ 道路舗装の出来形の項目について実施した測定の各記録は，速やかに整理するとともに，その結果を常に施工に反映させる。

☐ 道路舗装の出来形管理の項目，頻度，管理の限界は，一般に検査基準と施工能力を考慮し，過去の施工実績などを参考に最も能率的に行えるように受注者が定める。

　道路のアスファルト舗装の品質管理に関する次の記述のうち，**適当
でないもの**はどれか。

(1)　各工程の初期においては，品質管理の各項目に関する試験の
頻度を適切に増やし，その時点の作業員や施工機械等の組合せ
における作業工程を速やかに把握しておく。

(2)　工事途中で作業員や施工機械等の組合せを変更する場合は，
品質管理の各項目に関する試験頻度を増し，新たな組合せによ
る品質の確認を行う。

(3)　管理の合理化をはかるためには，密度や含水比等を非破壊で
測定する機器を用いたり，作業と同時に管理できる敷均し機械
や締固め機械等を活用することが望ましい。

(4)　各工程の進捗に伴い，管理の限界を十分満足することが明確
になっても，品質管理の各項目に関する試験頻度を減らしては
ならない。

解答 4

解説 1と2は記述の通りである。3の管理の合理化をはかるために，現地
で非破壊で密度や含水比等の測定が行える RI（ラジオアイソトープ）
計器等の使用や，ICT の活用により生産性の向上と品質の確保をはか
ることを目的とした情報化施工技術が推進されており，舗装工事では
TS を用いた工法規定方式による施工管理や出来形管理等が行われて
いる。4の各工程の進捗に伴い，工程の安定と受注者が定めた品質管
理の限界を十分満足できることが明確であれば，品質管理の各項目に
関して試験頻度を減らしてよい。

5

施工管理

07 鉄筋の加工・鉄筋の継手

▶▶ パパっとまとめ

　　鉄筋の加工及び組立の誤差を覚える。また鉄筋の継手の種類，検査方法を理解する。

鉄筋の加工及び組立の検査

☐ かぶりの判定については，かぶりの測定値が，設計図面に明記されているかぶりから設計時に想定した施工誤差分を差し引いた値よりも大きければ合格と判断してよい。

☐ 床版に4個／㎡配置されるスペーサの寸法が，耐久性照査で設定したかぶりよりも大きい場合は，所定のかぶりが確保されていると判定してよい。

☐ 検査の結果，鉄筋の加工及び組立が適切でないと判断された場合，曲げ加工した鉄筋については，曲げ戻すと材質を害するおそれがあるため，曲げ戻しは原則として行わない。

鉄筋の加工及び組立の誤差

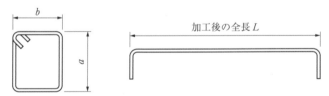

☐ 鉄筋の配置の許容誤差は，柱・梁・壁を有する一般的なコンクリート構造物では，有効高さの許容誤差は，設計寸法の±3％又は±30mmのうち小さい値とし，最小かぶりを確保する。

☐ 鉄筋の中心間隔の許容誤差は，±20mmとする。

☐ 加工後の全長Lに対する寸法の許容誤差は，±20mmとする。

☐ スターラップ，帯鉄筋におけるa，bの許容誤差は，±5mmとする。

☐ スターラップ，帯鉄筋，らせん鉄筋を除く鉄筋の加工寸法a，bの許容誤差は，D25以下の異形鉄筋では，±15mmとする。

機械式鉄筋継手

☐ 継手用スリーブと鉄筋がグラウトを介して力を伝達する**モルタル充填継手**や，内面にねじ加工されたカプラーによって接合する**ねじ節鉄筋継手**などの方法があり，その施工上の制約は，適用鉄筋径，雨天時施工，必要電源の確保，養生方法などがある。

☐ 継手単体の特性は，一方向引張試験や弾性域正負繰返し試験時の引張強度やすべり量によって確認される。

ねじ節鉄筋継手

☐ カプラー内の鉄筋のねじ節とカプラーのねじとのすきまに**グラウト**を充てん硬化させて固定する**グラウト固定方式**とカプラー両側に配置されたロックナットに**トルク**を与えて締め付けて固定する**トルク固定方式**がある。

☐ カプラーに有害な損傷がないこと，**挿入マーク**が施されていること及びカプラー端が挿入マークの所定の位置にあることなどの**外観検査**を行う。

☐ 継手部の**外観検査**は**全数検査**とし，挿入長さは超音波測定検査による**抜取検査**で行う。

モルタル充てん継手

☐ 継手の施工前に継手部の鉄筋の表面及び端部の状態，スリーブの清浄さと不具合の有無，鉄筋の必要挿入長さを示す挿入マークの位置・長さなどについて，目視又は必要に応じて計測により**全数確認**する。

☐ 異形鉄筋と内部がリブ加工されたスリーブの隙間に高強度モルタルを充填する継手で，継手部の外観検査は**全数検査**とし，鉄筋の**挿入長さの超音波測定検査は原則として抜取検査法**とし，プロセス管理や外観検査が適正に行われているか否かを確認する。

☐ 施工にあたり，鉄筋の**挿入長さが十分であることを，マーキング位置で確認する。

☐ 施工後，**モルタル**が排出孔から排出していることを確認する。

鉄筋ガス圧接継手

- [ ] 接合端面同士を突き合わせ，軸方向に圧縮力をかけながら接合部を酸素・アセチレン炎で1200～1300℃に加熱し，接合端面を溶かすことなく，**赤熱状態でふくらみを作り接合する工法である。**

- [ ] ガス圧接継手において直近の異なる径の鉄筋の接合は，**可能である。**

- [ ] 手動ガス圧接の技量資格者の資格種別は，圧接作業を行う鉄筋の種類及び**鉄筋径**によって異なっている。

- [ ] 手動ガス圧接継手の外観検査で，圧接部のずれが規定値を超える場合は，圧接部を**切り取って再圧接する。**

- [ ] 手動ガス圧接継手の超音波探傷検査では，送信探触子と受信探触子を**リブ**にセットし，受信子で受信した反射エコー高さを測定して圧接部の合否を判定する。

- [ ] 鉄筋の切断及び圧接端面の加工は，**圧接作業当日**に行い，圧接技量資格者により圧接作業直前にその状態を確認する。

- [ ] 圧接しようとする鉄筋両端部は，鉄筋冷間直角切断機で切断し，また圧接作業**直前**に，両側の圧接端面が**直角かつ平滑**であることを確認する。

- [ ] 圧接部の超音波探傷試験による検査では，圧接面に不完全接合部等の欠陥が生じている場合に超音波が**反射**され，受信探触子で受信される。

- [ ] 外観検査で圧接部に明らかな折曲がりが確認され不合格と判定された場合は，**再加熱**して修正し，再度外観検査を行う。

- [ ] 圧接部のふくらみの直径や長さが規定値に満たない場合は，再加熱し，加圧して所定の**ふくらみ**に修正し，外観検査を行う。

熱間押抜ガス圧接

- [ ] 圧接の最終加圧工程の終了直後に，赤熱中のふくらみを鉄筋径の1.2倍程度の直径にせん断刃で押抜き除去する継手で，継手部の検査は**全数**を外観検査により行う。

- [ ] 接継手部は，圧接部のふくらみの長さ，オーバーヒートによる表面不整，ふくらみを押し抜いた後の圧接面に対応する位置の圧接部表面の割れ，へこみなどの**外観検査**を行う。

フレア溶接継手

□ 鉄筋同士を重ね合わせた部分をアーク溶接により接合する継手で，重ね継手やガス圧接継手に比べて安定した品質が得にくく，非破壊検査も容易ではない。

例題

鉄筋の継手に関する次の記述のうち，**適当でないもの**はどれか。

(1)　重ね継手は，所定の長さを重ね合わせて，焼なまし鉄線で複数箇所緊結する継手で，継手の信頼度を上げるためには，焼なまし鉄線を長く巻くほど継手の信頼度が向上する。

(2)　手動ガス圧接の技量資格者の資格種別は，圧接作業を行う鉄筋の種類及び鉄筋径によって種別が異なっている。

(3)　ガス圧接で圧接しようとする鉄筋両端部は，鉄筋冷間直角切断機で切断し，また圧接作業直前に，両側の圧接端面が直角かつ平滑であることを確認する。

(4)　機械式継手のモルタル充てん継手では，継手の施工前に，鉄筋の必要挿入長さを示す挿入マークの位置・長さなどについて，目視又は必要に応じて計測により全数確認する。

解答 1

解説 1の重ね継手の焼なまし鉄線を巻く長さは，長すぎるとコンクリートと鉄筋との付着強度が低下し，継手の強度が低下するので，確実に緊結できる適切な長さとし，必要以上に長くしない。2の手動ガス圧接技量資格者（JIS Z 3881に基づき（公社）日本鉄筋継手協会が認証）の資格種別は，圧接作業を行う鉄筋の種類及び鉄筋径によって1種から4種に分けられている。3は記述の通りである。4のモルタル充てん継手は，継手の施工前に継手部の鉄筋の表面及び端部の状態，スリーブの清浄さと不具合の有無，必要挿入長さを示す挿入マークの位置・長さなどについて，目視又は必要に応じて計測により全数確認し，記録する。

5

施工管理

08 鉄筋コンクリート, コンクリートの非破壊検査

▶▶ **パパっとまとめ**

コンクリートの非破壊検査方法と推定できる内容について理解する。特に, リバウンドハンマによる強度推定, 及びコンクリート中の鉄筋位置を推定する試験の留意事項を覚える。

コンクリート強度の推定方法

☐ コンクリートの圧縮強度, 弾性係数などの推定には, リバウンドハンマを用いた反発度法や超音波法, 衝撃弾性波法が用いられる。

☐ 衝撃弾性波法はコンクリート表面をインパクタで打撃し, 縦弾性波速度と強度の関係式からコンクリートの厚さや強度等が推定できる。

☐ コアを採取して強度試験を行う方法は, 実構造物のコンクリートの強度の測定方法として最も基本的かつ重要な試験であるが, 構造物にわずかに損傷を与えることから多用することはできない。

☐ コンクリート構造物から採取したコアの圧縮強度試験結果は, コア供試体の高さ h と直径 d の比の影響を受けるため, 高さと直径との比を用いた補正係数を用いている。

リバウンドハンマによる既設コンクリートの強度推定

☐ テストハンマ (重錘) でコンクリート表面を打撃し反発度を測定する方法は, コンクリートの表層強度や表層部の劣化, 品質を推定する場合に用いる。

☐ リバウンドハンマによるコンクリート表層の反発度は, コンクリートの含水状態や中性化の影響を受けるので, 反発度の測定結果のみでコンクリートの圧縮強度を精度高く推定することは困難である。

☐ 測定器の点検は, テストアンビルを用いて測定の前, 一連の測定の後及び定められた打撃回数ごとに行う。

☐ 1 箇所の測定は, 測定箇所の間隔を互いに 25mm〜50mm 確保して 9 点測定する。

□ 測定面は，仕上げ層や上塗り層がある場合はこれを取り除き，コンクリート面を露出させ，測定面を砥石で平滑に処理した後に測定する。

□ 1箇所の測定で測定した測定値の偏差が平均値の20%以上になる値があれば，その反発度を捨て，これに変わる測定値を補う。

コンクリート中の鉄筋位置を推定する試験方法

□ コンクリート中の鋼材の位置，径，かぶりの推定には，電磁誘導法，電磁波レーダ法，X線法等が用いられる。

□ 電磁誘導法は，コイルに交流電流を流して磁場を発生させ，磁界内にある鉄筋などの磁性体による磁場の変化から，コンクリート中の鋼材の位置や径，かぶりを推定する方法である。 **よく出る**

□ 電磁誘導法において，かぶりの大きさを測定する場合，近接鉄筋の影響を受け，実かぶりよりも小さい値となる傾向があるため，鉄筋間隔が設計かぶりの1.5倍以下の場合は補正が必要になる。

□ 電磁誘導を利用する方法には，コンクリートの含水率と誘電率の関係からコンクリートの含水率を推定する方法がある。

□ 電磁波レーダ法は，鉄筋間隔がかぶり厚さに近いか小さい場合や，脱型直後，雨天直後等，コンクリートが水を多く含んでいると，測定が困難になる可能性がある。

□ 電磁波レーダ法は，電磁波をコンクリート内部に向けて放射すると，鉄筋，空洞など電気的性質が異なる物の境界面で電磁波が反射することを利用し，主に鋼材の位置，かぶり厚等を測定する方法である。

□ かぶりの大きい橋梁下部構造の鉄筋位置を推定する場合，電磁波レーダ法が，電磁誘導法より適する。

□ X線法は，物体を透過したX線の強弱から鉄筋及び空洞を検出する方法である。

コンクリートのひび割れの分布状況

□ コンクリートのひび割れの分布状況には，サーモグラフィーを用いた赤外線法や超音波法，打音法，衝撃弾性波法などが用いられる。

□ AE（アコースティック・エミッション）法は，コンクリートのひび割れなどの微小破壊に伴い発生する弾性波であるAEをコンクリート表面に設置したAEセンサで受振し，ひび割れの位置や規模及び進展を経時的に把握する手法であり，強度の推定はできない。

□ 超音波法は，コンクリート中を伝播する超音波の伝播特性を測定し，コンクリートの品質やひび割れ深さなどを把握する方法である。

□ コンクリート構造物の非破壊検査のうち，電磁波を利用する方法（X線法，電磁波レーダ法，赤外線法）により，コンクリートのひび割れの分布状況，コンクリート中の浮き，はく離，空隙，鋼材の位置，径，かぶりはわかるが，圧縮強度はわからない。

鋼材の腐食速度の推定

□ 分極抵抗法は，鋼材に流入出する電流とこれに伴う鋼材の電位変化の比である分極抵抗から，鋼材の腐食速度を推定する手法である。

□ コンクリート中の鋼材の腐食速度の推定には，自然電位法など電気化学的方法が用いられる。

□ 自然電位法は，鉄筋腐食により変化する鉄筋表面の電位を測定し，鉄筋腐食の発生を推定する方法である。

例題

コンクリート構造物の品質や健全度を推定するための試験に関する次の記述のうち，**適当でないもの**はどれか。
(1)　コンクリート構造物から採取したコアの圧縮強度試験結果は，コア供試体の高さ h と直径 d の比の影響を受けるため，高さと直径との比を用いた補正係数を用いている。
(2)　リバウンドハンマによるコンクリート表層の反発度は，コンクリートの含水状態や中性化の影響を受けるので，反発度の測定結果のみでコンクリートの圧縮強度を精度高く推定することは困難である。
(3)　電磁誘導を利用する試験方法は，コンクリートの圧縮強度及び鋼材の位置，径，かぶりを非破壊的に調査するのに適している。

解答 3

解説 電磁誘導を利用する方法には，コンクリート中の鋼材の位置，径，かぶりを非破壊的に調査する電磁誘導法と，コンクリートの含水率と誘電率の関係からコンクリートの含水率を推定する方法がある。コンクリートの圧縮強度は推定できない。

01 騒音及び振動対策

▶▶ ババっとまとめ

騒音規制法及び振動規制法における,特定建設作業を覚える。また騒音・振動対策についても理解する。

騒音規制法

□ 指定地域と騒音の大きさ・作業時間

指定地域と騒音の大きさ・作業時間は以下に示す通りであるが,工事対象地域において地方公共団体の定める条例などにより,騒音規制法に定めた特定建設作業以外の作業についても,規制,指導を行っていないか把握する必要がある。

規制の種類/区域	第1号区域	第2号区域
騒音の大きさ	敷地境界において85デシベルを超えないこと	
作業時間帯	午後7時～午前7時に行われないこと	午後10時～午前6時に行われないこと
作業期間	1日当たり10時間以内	1日当たり14時間以内
	連続6日以内	
作業日	日曜日,その他の休日でないこと	

第1号区域 ……… 良好な住居の環境を保全するため,特に静穏の保持を必要とする区域他
第2号区域 ……… 指定地域のうちの第1号区域以外の区域

□ 特定建設作業の実施の届出

指定地域内において特定建設作業を伴う建設工事を施工しようとする者は,当該特定建設作業の開始の日の7日前までに,次の事項を市町村長に届け出なければならない。ただし,災害その他非常の事態の発生により特定建設作業を緊急に行う必要がある場合は,速やかに,市町村長に届け出なければならない。

① 氏名又は名称及び住所並びに法人にあっては,その代表者の氏名
② 建設工事の目的に係る施設又は工作物の種類
③ 特定建設作業の種類,場所,実施期間及び作業
④ 騒音の防止の方法
⑤ その他環境省令で定める事項

5

施工管理

□ **特定建設作業**（※ただし，当該作業が開始した日に終わるものは除く） よく出る

1	くい打機（もんけんを除く），くい抜機又はくい打くい抜機（圧入式くい打くい抜機を除く）を使用する作業（くい打機をアースオーガーと併用する作業を除く）
2	びょう打機を使用する作業
3	さく岩機を使用する作業（作業地点が連続的に移動する作業にあっては，1日における当該作業に係る2地点間の最大距離が50mを超えない作業に限る）
4	空気圧縮機（電動機以外の原動機を用いるものであって，その原動機の定格出力が15kW以上のものに限る）を使用する作業（さく岩機の動力として使用する作業を除く）
5	コンクリートプラント（混練機の混練容量が0.45m^{3}以上のものに限る）又はアスファルトプラント（混練機の混練重量が200kg以上のものに限る）を設けて行う作業（モルタルを製造するためにコンクリートプラントを設けて行う作業を除く）
6	バックホゥ（一定の限度を超える大きさの騒音を発生しないものとして環境大臣が指定するものを除き，原動機の定格出力が80kW以上のものに限る）を使用する作業
7	トラクターショベル（一定の限度を超える大きさの騒音を発生しないものとして環境大臣が指定するものを除き，原動機の定格出力が70kW以上のものに限る）を使用する作業
8	ブルドーザ（一定の限度を超える大きさの騒音を発生しないものとして環境大臣が指定するものを除き，原動機の定格出力が40kW以上のものに限る）を使用する作業

□ **改善勧告及び改善命令**

市町村長は，指定地域内での特定建設作業に伴って発生する騒音が定められた基準に適合しない場合，期限を定めて**騒音防止の方法の改善や作業時間を変更すべきことを勧告することができる。** よく出る

建設工事の騒音防止対策

□ 騒音防止対策は，音源対策が基本だが，伝搬経路対策及び受音側対策をバランスよく行うことが重要である。

☐ 建設工事に伴う騒音対策には，建設機械が一時的に集中して稼働しないよう工事計画を工夫する等ソフト的対策も重要である。

☐ 建設工事に伴う騒音対策は，音源対策，伝搬防止対策を実施しても，低減量が目標に達しない場合に，受音側で防音対策を行う。

☐ 建設機械の騒音と作業効率にはあまり関係がなく，低騒音型の建設機械を導入しても作業効率は低下せず，日程の調整の必要もない。

☐ 騒音・振動の防止対策については，騒音・振動の大きさを下げるほか，発生期間を短縮する等全体的に影響が小さくなるよう検討しなければならない。

振動規制法

☐ 都道府県知事は，特定建設作業を伴う建設工事における振動を防止することにより生活環境を保全するための地域を指定しようとするときは，関係町村長の意見を聴かなければならない。

☐ 指定地域と振動の大きさ・作業時間

規制の種類／区域	第1号区域	第2号区域
振動の大きさ	敷地境界において 75 デシベルを超えないこと　**よく出る**	
作業時間帯	午後7時〜午前7時に行われないこと	午後10時〜午前6時に行われないこと
作業期間	1日当たり 10 時間以内	1日当たり 14 時間以内
	連続6日以内	
作業日	日曜日，その他の休日でないこと	

第1号区域 ……… 良好な住居の環境を保全するため，特に静穏の保持を必要とする区域他
第2号区域 ……… 指定地域のうちの第1号区域以外の区域

☐ **特定建設作業の実施の届出**
指定地域内において特定建設作業を伴う建設工事を施工しようとする者は，当該特定建設作業の開始の日の 7 日前までに，次の事項を市町村長に届け出なければならない。ただし，災害その他非常の事態の発生により特定建設作業を緊急に行う必要がある場合は，この限りでない。

① 氏名又は名称及び住所並びに法人にあっては，その代表者の氏名
② 建設工事の目的に係る施設又は工作物の種類
③ 特定建設作業の種類，場所，実施期間及び作業時間
④ 振動の防止の方法
⑤ その他環境省令で定める事項

□ **特定建設作業**（※ただし，当該作業がその作業を開始した日に終わるものは除かれる。） よく出る

1	くい打機（もんけん及び圧入式くい打機を除く），くい抜機（油圧式くい抜機を除く）又はくい打くい抜機（圧入式くい打くい抜機を除く）を使用する作業
2	鋼球を使用して建築物その他の工作物を破壊する作業
3	舗装版破砕機を使用する作業（作業地点が連続的に移動する作業にあっては，1日における当該作業に係る2地点間の最大距離が50mを超えない作業に限る）
4	ブレーカ（手持式のものを除く）を使用する作業（作業地点が連続的に移動する作業にあっては，1日における当該作業に係る2地点間の最大距離が50mを超えない作業に限る）

□ 改善勧告及び改善命令

市町村長は，特定建設作業に伴って発生する振動の改善勧告を受けた者がその勧告に従わないで特定建設作業を行っているときは，期限を定めて，その勧告に従うべきことを命ずることができる。

□ 振動の測定

市町村長は，指定地域について特定建設作業を伴う建設工事における振動の大きさを測定するものとする。

地盤振動の防止，軽減対策

□ 建設工事に伴う地盤振動は，建設機械の運転操作や走行速度によって振動の発生量が異なるため，不必要な機械操作や走行は避ける。

□ 建設機械の運転に関する配慮事項は，以下の通りである。

① 工事を円滑に実施し，不必要な振動を発生させない。
② 点検，整備を十分行い整備不良による振動を発生させない。
③ 待ち時間のエンジン停止など，振動を発生させない。
④ 丁寧かつ滑らかな機械操作を行う。
⑤ 走行速度をむやみに上げない。

建設工事における騒音・振動対策

□ 建設工事に伴う地盤振動は，施工方法や建設機械の種類により大きく異なるため，発生振動レベル値の小さい機械や工法を選定する。

□ 建設工事に伴う地盤振動の防止対策は，発生源，伝搬経路及び受振対象における対策に分類できるが，発生源における対策が最も有効である。

□ 建設工事に伴う地盤振動に対する防止対策においては，振動エネルギーが拡散した状態となる受振対象で実施することは，一般に大規模になりがちであり効果的ではない。

建設機械における騒音・振動防止対策

□ ショベルにより硬い地盤を掘削する場合は，バケットを落下させて，その衝撃によって爪のくい込みをはかるようなバケットの衝撃力を利用する操作は避ける。

□ ブレーカによりコンクリート構造物を取壊す場合は，騒音対策を考慮し，必要に応じて作業現場の周囲に遮音壁，遮音塀，遮音シートを設置するのがよい。

□ ブルドーザにより掘削押土を行う場合は，無理な負荷をかけないようにするとともに，後進時の車速が速くなるほど，騒音が大きくなる傾向にあるため，後進時は高速走行で運転しない。

□ バックホゥにより定置して掘削を行う場合は，できるだけ水平にすえつけ，片荷重によるきしみ音を出さないようにするのがよい。

5

例題

R3【B-No. 18】

建設工事における騒音・振動対策に関する次の記述のうち，**適当でないもの**はどれか。

(1) 建設工事に伴う騒音対策には，建設機械が一時的に集中して稼働しないよう工事計画を工夫する等ソフト的対策も重要である。

(2) 建設工事に伴う騒音対策は，音源対策，伝搬防止対策を実施しても，低減量が目標に達しない場合に，受音側で防音対策を行う。

(3) 建設工事に伴う地盤振動は，発生振動レベル値の小さい機械や工法を選定することが，基本的原則である。

(4) 建設工事に伴う地盤振動の防止対策は，発生源，伝搬経路及び受振対象における対策に分類できるが，受振対象における対策が最も有効である。

解答 4

解説 地盤振動の防止対策は，発生源における対策が最も有効である。振動エネルギーが拡散した状態での対策は一般に大規模になりがちで効果的ではない。

02 水質汚濁対策

▶▶ パパっとまとめ

水質汚濁処理技術, 処理設備などについて理解する。またセメント成分を多量に含む濁水の中和についても理解する。

濁水処理設備

☐ 水質汚濁処理技術には, 粒子の沈降, 凝集処理, 中和処理, 脱水処理がある。

☐ SS 等を除去する濁水処理設備は, 設備の故障・能力不足が起きないように余裕のある設計を行うが, 費用対効果等も同時に考慮する。

☐ 建設工事に伴って発生する濁水に対して処理が必要になる場合には, 工事に先立って経済的で効果的な濁水処理装置を設置する。

☐ 濁水処理設備は, 濁水中の諸成分 (SS, pH, 油分, 重金属類, その他有害物質など) を河川又は下水の放流基準値以下まで下げるための設備である。

☐ 土壌浄化工事においては, 投入する土砂の粒度分布により SS 濃度が変動し, 洗浄設備の制約から SS は高い値になるので脱水設備が大型になる。

☐ pH 測定には, 浸漬形と流通形の 2 種類があり, 浸漬形は電極ホルダを開放槽や開渠に設置するもので, 一般的に多く用いられ, 流通形はパイプラインに組み込むタイプである。

☐ 発生した濁水は, 沈殿池などで浄化処理して放流するが, その際, 濁水量が多いほど処理が困難となるため, 処理が不要な清水は, できるだけ濁水と分離する。

☐ 無機凝集剤及び高分子凝集剤の添加量は, 濁水及び SS 濃度が多くなれば多く必要となるが, SS の成分 (粒度分布など) 及び水質 (M アルカリ度や分散性イオン) によっても影響される。

中和処理

☐ 雨水や湧水に土砂・セメント等が混入した濁水の処理は, SS の除去及びセメント粒子の影響によるアルカリ性分の中和が主となる。

☐ コンクリート吹付機の洗浄排水は，セメント成分を多量に含むため アルカリ化することから，濁水処理装置で濁りの除去を行った後， 炭酸ガスなどで pH 調整を行って放流する。

☐ 中和処理では，中和剤として硫酸，塩酸又は炭酸ガスが使用され，炭酸ガスを過剰供給しても pH5.8 以下にならず，硫酸及び塩酸を過剰供給すると強酸性となり危険である。

濁水発生防止対策

☐ 濁水は，切土面や盛土面の表流水として発生することが多いことから，できるだけ切土面や盛土面の面積が小さくなるよう計画する。

☐ 降雨の際に濁水が発生するような未舗装道路では，適切な間隔に流速抑制のための小盛土などを施しておき，流速を低下させる。

例題

R2【B-No. 33 改題】

建設工事における水質汚濁対策に関する次の記述のうち，**適当なもの**はどれか。

(1) SS などを除去する濁水処理設備は，建設工事の工事目的物ではなく仮設備であり，過剰投資となったとしても，必要能力よりできるだけ高いものを選定する。

(2) 雨水や湧水に土砂・セメントなどが混入することにより発生する濁水の処理は，SS の除去及びセメント粒子の影響によるアルカリ性分の中和が主となる。

(3) 無機凝集剤及び高分子凝集剤の添加量は，濁水及び SS 濃度が多くなれば多く必要となるが，SS の成分及び水質には影響されない。

解答 2

解説 1 の濁水処理施設は，設備の故障・能力不足が起きないように余裕を持った設計を行うことが原則であるが，費用対効果なども同時に考慮する。3 の無機凝集剤及び高分子凝集剤の添加量は，濁水及び SS 濃度が多くなれば多く必要となるが，SS の成分（粒度分布など）及び水質（M アルカリ度や分散性イオン）によっても影響される。

5

施工管理

03　汚染土壌対策

 ババっとまとめ

　土壌汚染対策，汚染土壌の運搬について理解する。

土壌汚染対策

☐ 土壌汚染対策は，汚染状況（汚染物質，汚染濃度等），将来的な土地の利用方法，事業者や土地所有者の意向等を考慮し，覆土，完全浄化，原位置封じ込め等，適切な対策目標を設定することが必要である。

☐ 地盤汚染対策工事においては，工事車両のタイヤ等に汚染土壌が付着し，場外に出ることのないよう，車両の出口に**タイヤ洗浄装置**及び車体の洗浄施設を備え，洗浄水は処理を行う。

☐ 地盤汚染対策工事においては，汚染土壌対策の作業エリアを区分し，作業エリアと場外の間に除洗区域を設置し，作業服等の着替えを行う。

☐ 地盤汚染対策工事における屋外掘削の場合，飛散防止ネットを設置し，散水して飛散を防止する。また，必要な場合は仮設テントなどで作業エリアを覆う。

汚染土壌の運搬

☐ 運搬に伴う悪臭，騒音又は振動によって生活環境の保全上支障が生じないように必要な措置を講ずる。

☐ 汚染土壌の保管は，汚染土壌の積替えを行う場合を除き，行ってはならない。

☐ 積替えは，周囲に囲いが設けられ，かつ，**汚染土壌の積替えの場所**であることの表示がなされている場所で行う。

☐ 運搬の過程において，汚染土壌とその他の物を**混合**してはならない。

308

01 廃棄物処理法

▶▶ ババっとまとめ

廃棄物の適正な分別, 保管, 収集, 運搬, 再生, 処分等の処理
方法について覚える。

目的・定義

☐ この法律は, 廃棄物の排出を抑制し, 及び廃棄物の適正な分別, 保
管, 収集, 運搬, 再生, 処分等の処理をし, 並びに生活環境を清潔に
することにより, 生活環境の保全及び公衆衛生の向上を図ることを
目的とする。(第1条)

☐ 産業廃棄物とは, 事業活動に伴って生じた廃棄物のうち, 燃え殻, 汚
泥, 廃油, 廃酸, 廃アルカリ, 廃プラスチック類その他政令で定める
廃棄物である。(第2条)

排出事業者の責務と役割

☐ 排出事業者は, 原則として発注者から直接工事を請け負った元請業
者が該当する。

☐ 排出事業者は, 自らの責任において建設廃棄物を廃棄物処理法に従
い, 適正に処理し, マニフェスト及び処理実績等を整理, 記録, 保存
する。

処理計画

☐ 排出事業者は, 建設廃棄物の最終処分量を減らし, 建設廃棄物を適
正に処理するため, 施工計画時に発生抑制, 再生利用等の減量化や
処分方法並びに分別方法について具体的な処理計画を立てる。

事業者の処理 (第12条関連)

☐ 事業者は, その産業廃棄物が運搬されるまでの間, 環境省令で定め
る産業廃棄物保管基準に従い, 生活環境の保全上支障のないように
これを保管しなければならない。

☐ 排出事業者が, 当該産業廃棄物を生ずる事業場の外において自ら保
管するときは, あらかじめ都道府県知事へ届け出なければならない。

5

施工管理

☐ 排出事業者は，非常災害時に応急処置として行う建設工事に伴い生ずる産業廃棄物を事業場の外において保管を行った事業者は，当該保管をした日から起算して14日以内に，その旨を**都道府県知事**に届け出なければならない。

☐ 産業廃棄物の運搬を他人に委託する場合には，他人の産業廃棄物の運搬を業として行うことができる者であって，委託しようとする産業廃棄物の運搬がその事業の範囲に含まれるものに委託することが必要である。 **よく出る**

☐ 産業廃棄物の運搬にあたっては，運搬に伴う悪臭・騒音又は振動によって生活環境の保全上支障が生じないように必要な措置を講ずることが必要である。

☐ 事業者は，産業廃棄物の運搬又は処分を委託する場合，当該産業廃棄物の処理の状況に関する確認を行い，発生から最終処分が終了するまでの一連の行程における処理が適正に行われるために必要な措置を講ずるように努めなければならない。

☐ 多量排出事業者は，当該事業場に係る産業廃棄物の減量その他その処理に関する計画を作成し，**都道府県知事**に提出しなければならない。

非常災害時における連携及び協力の確保

☐ 国，地方公共団体，事業者その他関係者は，非常災害時における廃棄物の適正な処理が行われるよう適切に役割分担，連携，協力するよう努めなければならない。

産業廃棄物管理票（第12条の3）

☐ 産業廃棄物を生ずる事業者は，その運搬又は処分を他人に委託する場合，産業廃棄物の引渡しと同時に受託者に対し，産業廃棄物の種類及び数量，受託した者の氏名又は名称を記載した**産業廃棄物管理票**を交付しなければならない。 **よく出る**

☐ 産業廃棄物の運搬を受託した者は，当該運搬を終了したときは，交付された産業廃棄物管理票に定める事項を記入し，産業廃棄物管理票を交付した者にその写しを送付しなければならない。

☐ 排出事業者は，産業廃棄物管理票の写しが定められた期間に送付されない場合，処理を委託した廃棄物の状況を把握し，適切な措置を講じ，その内容を**都道府県知事**に提出しなければならない。

□ 管理票を交付した者は，処理業者から処理困難である旨の通知を受けたときは，委託をした産業廃棄物の運搬又は処分の状況を把握し，適切な処置を講じなければならない。

□ 産業廃棄物管理票の交付者は，産業廃棄物管理票に関する報告書を作成し，これを都道府県知事に提出しなければならない。

□ 処分受託者は処分終了後に，管理票交付者に管理票の写しを送付しなければならない。

□ 産業廃棄物管理票の交付者は，産業廃棄物の運搬又は処分が終了したことを産業廃棄物管理票の写しにより確認し，その写しを 5 年間保管しなければならない。

産業廃棄物処理業（第 14 条関連）

□ 産業廃棄物の収集又は運搬を業として行おうとする者は，専ら再生利用目的となる産業廃棄物のみの収集又は運搬を業として行う者を除き，当該業を行おうとする区域を管轄する都道府県知事の許可を受けなければならない。

□ 産業廃棄物の収集又は運搬時の帳簿には，①収集又は運搬年月日，②交付された管理票ごとの管理票交付者の氏名又は名称，交付年月日及び交付番号，③受入先ごとの受入量，④運搬方法及び運搬先ごとの運搬量，⑤積替え又は保管を行う場合には，積替え又は保管の場所ごとの搬出量を記載しなければならない。

□ 産業廃棄物収集運搬業者は，産業廃棄物が飛散し，及び流出し，並びに悪臭が漏れるおそれのない運搬車，運搬船，運搬容器その他の運搬施設を保有しなければならない。

産業廃棄物の委託処理

□ 排出事業者は，建設廃棄物の処理を他人に委託する場合は，収集運搬業者及び中間処理業者又は最終処分業者とそれぞれ事前に委託契約を書面にて行う。

産業廃棄物処理施設（第 15 条関連）

□ 最終処分場の設置にあたっては，規模の大小にかかわらず都道府県知事及び指定都市の長等の許可が必要である。

□ 管理型最終処分場では，工作物の新築，改築，除却に伴って生ずる紙くず，繊維くず，廃油（タールピッチ類に限る），木くずが混入した建設混合廃棄物を埋立処分できる。

□ 遮断型最終処分場では，環境省令で定める判定基準を超える有害物質を含む燃え殻，ばいじん，汚泥を埋立処分できる。

例題

「廃棄物の処理及び清掃に関する法律」に関する次の記述のうち，**誤っているもの**はどれか。

(1) 産業廃棄物とは，事業活動に伴って生じた廃棄物のうち，燃え殻，汚泥，廃油，廃酸，廃アルカリ，廃プラスチック類その他政令で定める廃棄物である。

(2) 産業廃棄物の収集又は運搬を業として行おうとする者は，専ら再生利用目的となる産業廃棄物のみの収集又は運搬を業として行う者を除き，当該業を行おうとする区域を管轄する地方環境事務所長の許可を受けなければならない。

(3) 産業廃棄物の運搬を他人に委託する場合には，他人の産業廃棄物の運搬を業として行うことができる者であって，委託しようとする産業廃棄物の運搬がその事業の範囲に含まれるものに委託することが必要である。

(4) 産業廃棄物の運搬にあたっては，運搬に伴う悪臭・騒音又は振動によって生活環境の保全上支障が生じないように必要な措置を講ずることが必要である。

解答 2

解説 1は，廃棄物処理法第2条第4項第1号により正しい。2は，同法第14条第1項に「産業廃棄物の収集又は運搬を業として行おうとする者は，当該業を行おうとする区域を管轄する都道府県知事の許可を受けなければならない。ただし，専ら再生利用の目的となる産業廃棄物のみの収集又は運搬を業として行う者その他省令で定める者については，この限りでない」と規定されている。3は，同施行令第6条の2（事業者の産業廃棄物の運搬，処分等の委託の基準）第1号により正しい。4は，同施行令第6条（産業廃棄物の収集、運搬、処分等の基準）第1項第1号により正しい。

02 建設リサイクル法・建設副産物対策

▶▶ パパっとまとめ

建設リサイクル法及び建設副産物対策について，元請業者等の責務と役割を理解する。また特定建設資材の種類を覚える。

用語の定義（第2条）

☐ 建設資材とは，土木建築に関する工事に使用する資材をいう。

☐ 建設資材廃棄物とは，解体工事によって生じたコンクリート塊，建設発生木材等や新設工事によって生じたコンクリート，木材の端材等をいう。

☐ 分別解体等とは，新築工事等に伴い副次的に生ずる建設資材廃棄物を，その種類ごとに分別しつつ当該工事を施工することなどをいう。

☐ 再資源化とは，分別解体等に伴って生じた建設資材廃棄物について，資材又は原材料として利用することができる状態にする行為，また分別解体等に伴って生じた建設資材廃棄物であって燃焼の用に供することができるもの又はその可能性のあるものについて，熱を得ることに利用することができる状態にする行為をいう。

特定建設資材（施行令第1条）

☐ コンクリート，コンクリート及び鉄から成る建設資材，木材，アスファルト・コンクリートの品目が定められている。 よく出る

建設業を営む者の責務（第5条）

☐ 建設業を営む者は，建築物等の設計及びこれに用いる建設資材の選択，建設工事の施工方法等を工夫することにより，建設資材廃棄物の発生を抑制するとともに，分別解体等及び建設資材廃棄物の再資源化等に要する費用を低減するよう努めなければならない。 よく出る

発注者の責務（第6条）

☐ 発注者は，再資源化等に要する費用の適正な負担，建設資材廃棄物の再資源化により得られた建設資材の使用等により，再資源化等の促進に努めなければならない。

5

施工管理

313

分別解体等実施義務（第9条）

☐ 特定建設資材を用いた建築物等に係る解体工事又はその施工に特定建設資材を使用する新築工事等における対象建設工事の受注者又は自主施工者は，正当な理由がある場合を除き，分別解体等をしなければならない。 よく出る

対象建設工事の届出等（第10条）

☐ 対象建設工事の発注者又は自主施工者は，工事着手日の7日前までに，次に掲げる事項を都道府県知事に届け出なければならない。

① 解体工事である場合においては，解体する建築物等の構造
② 新築工事等である場合においては，使用する特定建設資材の種類
③ 工事着手の時期及び工程の概要
④ 分別解体等の計画
⑤ 解体工事である場合においては，解体する建築物等に用いられた建設資材の量の見込み
⑥ その他主務省令で定める事項

対象建設工事の届出に係る事項の説明等（第12条）

☐ 発注者に義務付けられている対象建設工事の事前届出に関し，元請負業者は，届出に係る事項について発注者に書面で説明しなければならない。

再資源化等実施義務（第16条）

☐ 対象建設工事の受注者は，分別解体等に伴って生じた特定建設資材廃棄物について，再資源化をしなければならない。

☐ 当該指定建設資材廃棄物の再資源化をするための施設が存しない，再資源化をすることには相当程度に経済性の面での制約がある等の場合には，再資源化に代えて縮減をすれば足りる。

発注者への報告等（第18条）

☐ 対象建設工事の元請業者は，当該工事に係る特定建設資材廃棄物の再資源化等が完了したときは，その旨を当該工事の発注者に書面で報告するとともに，当該再資源化等の実施状況に関する記録を作成し，これを保存しなければならない。 よく出る

技術管理者の設置（第31条）

☐ 解体工事業者は，工事現場における解体工事の施工の技術上の管理をつかさどる技術管理者を選任しなければならない。 よく出る

下請負人に対する元請業者の指導（第39条）

☐ 対象建設工事の元請業者は，各下請負人が自ら施工する建設工事の施工に伴って生じる特定建設資材廃棄物の再資源化等を適切に行うよう，各下請負人の指導に努めなければならない。

建設副産物適正処理推進要綱

☐ 元請業者は，分別解体等を適正に実施するとともに，排出事業者として建設廃棄物の再資源化等及び処理を適正に実施するよう努めなければならない。

☐ 元請業者は，建設工事の施工にあたり，適切な工法の選択により，建設発生土の発生の抑制に努めるとともに，その現場内利用の促進等により搬出の抑制に努めなければならない。

☐ 下請負人は，建設副産物対策に自ら積極的に取り組むよう努め，元請業者の指示及び指導等に従わなければならない。

☐ 元請業者は，対象建設工事において，事前調査の結果に基づき，適切な分別解体等の計画を作成しなければならない。

☐ 元請業者は，建設副産物の発生の抑制，建設廃棄物の再資源化等に関し，発注者との連絡調整，管理及び施工体制の整備を行わなければならない。

☐ 元請業者は，分別されたコンクリート塊を破砕するなどにより，再生骨材，路盤材等として，再資源化をしなければならない。

☐ 元請業者は，分別された建設発生木材が，原材料として再資源化を行うことが困難な場合においては，熱回収をしなければならない。

☐ 元請業者は，施工計画の作成にあたっては，再生資源利用計画及び再生資源利用促進計画を作成するとともに，廃棄物処理計画の作成に努めなければならない。

建設副産物の有効利用の促進

☐ 建設発生土は，その性質に応じて宅地造成用材料や道路盛土材料，河川築堤材料として利用される。

☐ アスファルト・コンクリート塊は，再生加熱アスファルト安定処理混合物として道路舗装の上層路盤材料に利用される。

☐ コンクリート塊は，再生クラッシャーランとして土木構造物の裏込材及び基礎材に利用される。

☐ 港湾，河川のしゅんせつに伴って生ずる土砂その他これに類するものは，廃棄物処理法の対象となる廃棄物から除外されている。

例題
R2【B-No. 34】

「建設工事に係る資材の再資源化等に関する法律」(建設リサイクル法) に関する次の記述のうち，**誤っているもの**はどれか。

(1) 建設資材廃棄物とは，解体工事によって生じたコンクリート塊，建設発生木材等や新設工事によって生じたコンクリート，木材の端材等である。

(2) 伐採木，伐根材，梱包材等は，建設資材ではないが，建設リサイクル法による分別解体等・再資源化等の義務付けの対象となる。

(3) 解体工事業者は，工事現場における解体工事の施工の技術上の管理をつかさどる，技術管理者を選任しなければならない。

(4) 建設業を営む者は，設計，建設資材の選択及び施工方法等を工夫し，建設資材廃棄物の発生を抑制するとともに，再資源化等に要する費用を低減するよう努めなければならない。

解答 2

解説 1は建設リサイクル法第2条第2項により正しい。2は同条第1項において，建設資材とは「土木建築に関する工事に使用する資材」と定義されており，伐採木，伐根材，梱包材等は建設資材ではないので，建設リサイクル法による分別解体等・再資源化等の義務付けの対象とはならない。3は同法第31条により正しい。4は同法第5条 (建設業を営む者の責務) 第1項により正しい。

索引

さ

た

著者プロフィール

保坂 成司（ほさか せいじ）

日本大学生産工学部環境安全工学科教授。日本大学生産工学部土木工学科
卒，日本大学大学院生産工学研究科土木工学専攻博士前期課程修了。長田
組土木株式会社，日本大学生産工学部副手，英国シェフィールド大学土木
構造工学科客員研究員などを経て現職。博士（工学），一級建築士，1級土
木施工管理技士，測量士，甲種火薬類取扱保安責任者などの資格を持つ。
著書に『1級土木施工管理技士過去問コンプリート』及び『2級土木施工
管理技士過去問コンプリート』（共著，誠文堂新光社）などがある。

装丁　小口 翔平＋阿部 早紀子（tobufune）
DTP　株式会社シンクス

建築土木教科書
1級土木施工管理技士［第一次検定］出るとこだけ！

2023 年 3 月 17 日　初　版　第 1 刷発行
2024 年 7 月 10 日　初　版　第 2 刷発行

著　者　　保坂 成司（ほさか せいじ）
発行人　　佐々木 幹夫
発行所　　株式会社 翔泳社（https://www.shoeisha.co.jp）
印刷・製本　中央精版印刷株式会社

ISBN978-4-7981-7692-5　　　　　　　　Printed in Japan